RECHERCHES

SUR LA

CULTURE DE LA POMME DE TERRE

INDUSTRIELLE ET FOURRAGÈRE,

PAR

AIMÉ GIRARD,
Professeur au Conservatoire des Arts et Métiers et à l'Institut agronomique,
Membre de la Société nationale d'Agriculture.

DEUXIÈME ÉDITION.

NOUVEAU TIRAGE, CONTENANT LES DERNIERS RÉSULTATS OBTENUS.

PARIS,
GAUTHIER-VILLARS, IMPRIMEUR-LIBRAIRE
DU BUREAU DES LONGITUDES, DE L'ÉCOLE POLYTECHNIQUE.
Quai des Grands-Augustins, 55.
1900

LIBRAIRIE GAUTHIER-VILLARS,

QUAI DES GRANDS-AUGUSTINS, 55, A PARIS.

ANDRIEU (**Pierre**), Chimiste agronome. — **Le vin et les vins de fruits.** *Analyse du moût et du vin. Vinification. Sucrage. Maladies du vin. Étude sur les levures de vin cultivées. Distillation.* In-8 avec 78 figures; 1894 .... 6 fr. 50 c.

BOUSSINGAULT, Membre de l'Institut. — **Agronomie, Chimie agricole et Physiologie.** 8 volumes in-8, avec planches sur cuivre et figures; 1886-1886-1864-1868-1874-1878-1884-1891 .... 45 fr.

Les Tomes I et II (3e édition) et les Tomes III à VII (2e édition) se vendent séparément .... 6 fr.

Le Tome VIII, qui termine cette importante collection, se vend séparément .... 3 fr.

DENFER (**J.**), Architecte, Professeur à l'École Centrale. — **Architecture et constructions civiles.** — **Couverture des édifices.** *Ardoises, tuiles, métaux, matières diverses, chéneaux et descentes.* Grand in-8 de 469 pages, avec 423 figures; 1893 .... 20 fr.

DUPLAIS (**aîné**). — **Traité de la fabrication des liqueurs et de la distillation des Alcools**, contenant les procédés les plus nouveaux pour la fabrication des liqueurs françaises et étrangères, fruits à l'eau-de-vie et au sucre, sirops, conserves, eaux et esprits parfumés, vermouths, vins de liqueur; suivi du **Traité de la fabrication des Eaux et boissons gazeuses** et de la description complète des opérations nécessaires pour la **Distillation des Alcools.** 6e édition revue et augmentée par *Duplais jeune.* 2 volumes in-8, avec figures et 15 planches; 1893....... 16 fr.

FIERZ (**E.**), Liquoriste. — **Les recettes du distillateur.** In-18 jésus; 1899 .... 2 fr. 75 c.

LAPPARENT (**Henri de**), Inspecteur général de l'Agriculture. — **Le Vin et l'Eau-de-vie de vin.** *Introduction. Influence des cépages, des climats, des sols, etc., sur la qualité du vin. Le raisin, les vendanges. Vinification. Cuverie et chais. Le vin après le décuvage. Eau-de-vie. Économie et législation.* Grand in-8 de XII-533 pages, avec 111 figures et 28 cartes dans le texte; 1895. .... 12 fr.

GIRARD (**Aimé**), Professeur au Conservatoire des Arts et Métiers et à l'Institut agronomique, Membre de la Société nationale d'Agriculture. — **Recherches sur la culture de la pomme de terre industrielle et fourragère.** 2e édition, revue et augmentée. Un volume grand in-8, avec fig. et Atlas cartonné de 6 belles pl. en héliogravure; 1891 ...... 8 fr.

On vend séparément :

Texte............ 3 fr. 75 c. | Atlas................ 5 fr.

GIRARD (**Aimé**). Professeur au Conservatoire national des Arts et Métiers, Membre de la Société nationale d'Agriculture. — **Amélioration de la culture de la pomme de terre industrielle et fourragère.** (*Instructions pratiques*). In-18 jésus, avec 1 planche; 1893............ 25 c.

Franco par poste.. 35 c.

26984 Paris. — Imprimerie GAUTHIER-VILLARS, quai des Grands-Augustins, 55.

RECHERCHES

SUR LA

CULTURE DE LA POMME DE TERRE

INDUSTRIELLE ET FOURRAGÈRE.

PARIS. — IMPRIMERIE GAUTHIER-VILLARS,
19620 et 26984 Quai des Grands-Augustins, 55.

RECHERCHES

SUR LA

CULTURE DE LA POMME DE TERRE

INDUSTRIELLE ET FOURRAGÈRE,

PAR

AIMÉ GIRARD,

Professeur au Conservatoire des Arts et Métiers et à l'Institut agronomique,
Membre de la Société nationale d'Agriculture.

DEUXIÈME ÉDITION.

NOUVEAU TIRAGE, CONTENANT LES DERNIERS RÉSULTATS OBTENUS.

PARIS,

GAUTHIER-VILLARS, IMPRIMEUR-LIBRAIRE

DU BUREAU DES LONGITUDES, DE L'ÉCOLE POLYTECHNIQUE

Quai des Grands-Augustins, 55.

1900

AVERTISSEMENT.

Le Chapitre VII de cet Ouvrage comprend l'exposé des résultats acquis, dans la culture de la pomme de terre industrielle, par Aimé Girard, et par ceux qu'il a appelés ses collaborateurs. Depuis cette époque et jusqu'à sa mort, l'illustre savant est resté en relations avec eux, publiant chaque année à la Société Nationale d'Agriculture les rendements obtenus, et ne cessant de le faire qu'en 1896, au moment où il jugea que la supériorité des nouveaux procédés était suffisamment établie.

Nous avons pensé que la publication des différents Mémoires d'Aimé Girard relatifs aux recherches exécutées par plusieurs centaines de cultivateurs disséminés sur tout le territoire français, pendant les campagnes 1891-1892-1893-1894-1895, compléterait heureusement le Chapitre VII de notre édition de 1891, et serait un hommage rendu à l'œuvre de vulgarisation agricole entreprise et achevée par le Savant dont l'Agriculture a eu à déplorer récemment la perte.

GAUTHIER-VILLARS.

Octobre 1899.

PRÉFACE DE LA DEUXIÈME ÉDITION.

L'agriculture française a fait, à mes *Recherches sur la culture de la pomme de terre,* un accueil que je n'aurais pas osé espérer.

L'édition que MM. Gauthier-Villars et fils avaient offerte au public en 1889 a été épuisée en dix-huit mois, malgré le prix élevé que l'annexion des belles héliogravures de M. P. Dujardin avait forcé de fixer pour chaque exemplaire.

Pour répondre aux nombreuses demandes que je reçois, je me décide à faire de ces *Recherches* une édition nouvelle; celle-ci, je l'espère, trouvera près du public agricole le même accueil que la précédente.

Depuis l'époque, peu éloignée cependant, où la première édition a paru, la question que j'abordais alors a complètement changé de face.

A nos agriculteurs j'apportais, en 1889, le fruit de quatre années d'études, mais ces études m'étaient absolument personnelles.

Attaché à la recherche d'une pratique agricole qui permît la régénération en France de la culture si arriérée de la pomme de terre, j'avais, peu à peu, pendant ces quatre années, élargi le cercle de mon action. Prenant pour guide exclusif la méthode scientifique, j'avais marché lentement d'observation en observation, multipliant les démonstrations que m'apportaient des cultures modestes pour, ensuite, appliquer sur des surfaces étendues les préceptes dont ces démonstrations m'avaient permis d'établir l'efficacité.

C'est ainsi qu'en 1889 je pouvais faire connaître les résultats remarquables que m'avait fournis, l'année précédente, l'application de ces préceptes sur un champ d'un hectare, et que, confiant dorénavant dans la valeur des procédés culturaux auxquels j'avais été conduit, je croyais ne pas faire acte de témérité en présentant aux agriculteurs français le fruit de mes recherches.

Ces recherches ont porté leurs fruits; grâce à la libéralité de M. le Ministre de l'Agriculture et à l'appui éclairé de mon savant ami M. Tisserand, directeur de l'Agriculture, j'ai pu leur donner une grande publicité.

Une variété remarquable entre toutes par son rendement en poids et sa richesse en fécule, la variété Richter's Imperator, devait être le principal instrument de cette publicité. Cultivée suivant les procédés rationnels que j'avais peu à peu combinés, cette variété avait fourni, sur mes cultures, des résultats inconnus jusqu'alors. J'ai été autorisé par M. le Ministre de l'Agriculture à distraire du produit obtenu dans ces conditions sur la ferme de la Faisanderie, à Joinville-le-Pont, des quantités importantes de plant qui, gratuitement, ont été mises à la disposition du plus grand nombre d'agriculteurs possible. Aujourd'hui, tous les professeurs départementaux d'agriculture, tous les directeurs d'Écoles pratiques et de Fermes-écoles, nombre d'agriculteurs également, étrangers à l'Administration, ont reçu du plant trié et sélectionné par moi en quantité suffisante pour pouvoir entreprendre, chacun dans sa région, la vulgarisation non seulement de la variété, mais aussi et surtout des procédés culturaux qui seuls peuvent assurer les rendements maxima.

Tenu par tous ces collaborateurs, dont le nombre, dès 1890,

a dépassé la centaine, au courant de leurs travaux, instruit des résultats qu'ils obtenaient, j'ai pu ainsi centraliser des documents nombreux dont l'analyse apporte aux procédés que je préconise une force particulière.

C'est par la publication de ces documents que la deuxième édition de mes *Recherches* se distingue surtout de la première : ce n'est plus moi seul qui parle; ce sont les cent et quelques agriculteurs qui ont bien voulu avoir confiance en moi et me suivre, qui apportent à leurs confrères la sanction que leur pratique a donnée à mes travaux.

Ceux-ci les écouteront, je l'espère; la voie du progrès est, aujourd'hui, entièrement déblayée, l'élan est donné de tous côtés; au moment où j'écris cette préface, plus de mille cultivateurs me demandent les moyens de suivre leurs devanciers, et, si rien ne vient contrarier ce mouvement, on verra bientôt la culture de la pomme de terre industrielle et fourragère en France atteindre un degré de prospérité qu'elle n'a jamais connu, que ne connaissent même pas les plus habiles parmi nos concurrents de l'étranger.

AIMÉ GIRARD.

1891.

RECHERCHES

SUR LA

CULTURE DE LA POMME DE TERRE

INDUSTRIELLE ET FOURRAGÈRE.

CHAPITRE I.

DE LA CULTURE DE LA POMME DE TERRE INDUSTRIELLE ET FOURRAGÈRE EN FRANCE; — NÉCESSITÉ D'ENTREPRENDRE DES RECHERCHES DANS LE BUT D'AMÉLIORER CETTE CULTURE.

Étendue et rendement de la culture de la pomme de terre en France.

Considérée au point de vue de l'importance de son développement en surface, la culture de la pomme de terre occupe le quatrième rang sur le domaine agricole de la France; la culture des céréales, celle des fourrages, celle de la vigne, ont seules un développement superficiel plus important.

D'après la statistique officielle la plus récente (1889), elle s'étend sur 1454794 hectares, le vingtième de notre territoire labourable lui appartient, et chaque habitant de la France peut compter à son actif une pièce de 4 ares environ cultivée en pommes de terre.

Mais si, au point de vue de son développement superficiel, cette culture possède une grande puissance, il n'en est plus de même lorsqu'on la considère au point de vue de sa production; celle-ci est absolument misérable.

Sur les 1454794 hectares cultivés en pommes de terre, en effet on n'a, en 1889, récolté que 106998419 quintaux, soit une moyenne de 7355^{kg} à l'hectare; des 4 ares qui lui reviennent en partage, chaque Français n'a retiré que 300^{kg} de pommes de terre. C'est bien là, du reste, le rendement habituel dans notre pays, car, pour la période décennale de 1879 à 1888, c'est à 99877928 quintaux, soit en nombre rond à 100000000 de quintaux que nos récoltes annuelles se sont élevées en moyenne.

Si faible que soit ce rendement en poids, il n'en représenterait pas moins, pour l'agriculture française, si l'on adoptait le prix d'estimation de la statistique officielle (5^{fr},43 les 100^{kg}), une recette annuelle de 543000000 de francs; mais cette estimation est certainement trop élevée. C'est se rapprocher davantage de la vérité que de fixer à 3^{fr},50 le prix moyen du quintal, et même en face de cette estimation modeste on voit la pomme de terre apporter chaque année à notre agriculture une recette de 350000000 de francs.

Rapportée à l'hectare cependant, cette grosse recette représente 260^{fr} à peine; c'est, comme je le disais tout à l'heure, un résultat misérable.

Quelques départements, il est vrai, ont le privilège de récoltes plus fortes. C'est ainsi qu'en 1889, dans le département des Vosges, où la féculerie joue un rôle si important, le rendement s'est élevé à 14480^{kg} par hectare, que dans la Seine, où la culture maraîchère intervient, il a été de 14800^{kg} en 1888 et de 14100^{kg} en 1889, que pour cette dernière année il a atteint dans l'Ardèche le chiffre de 13600^{kg}, que dans les départements des Hautes-Alpes, des Ardennes, du Doubs, de Lot-et-Garonne, de Meurthe-et-Moselle, de l'Oise, de Seine-et-Oise, du Var, de la Vienne, il a varié de 10000 à 11100^{kg}. Mais, dans d'autres départements, par contre, c'est à des chiffres singulièrement bas qu'on voit la récolte descendre; c'est ainsi que, dans les départements de l'Aude, de l'Aveyron, du Cantal, du Gers, de l'Hérault, des Landes, de la Lozère, du Morbihan, le rendement pour l'année 1889 a été inférieur à 4000, souvent même à 3000^{kg}, que dans les Alpes-Maritimes enfin il n'a pas dépassé 2000^{kg} à l'hectare.

Les pommes de terre cultivées sur nos champs n'accusent, d'ailleurs, en général, qu'une faible teneur en matière utile, c'est-à-dire en fécule; c'est chose rare qu'on voie cette teneur dépasser

16 pour 100; la fixer à 14 pour 100, en moyenne, est certainement être bien près de la vérité : de telle sorte qu'en réalité c'est à une production de 1000^{kg} seulement de fécule anhydre à l'hectare qu'on peut, actuellement encore, estimer les résultats fournis en France par la culture de la pomme de terre.

Aussi ne faut-il pas s'étonner si, dans notre pays, c'est aux besoins de l'alimentation humaine que cette culture est principalement destinée, et si l'on ne voit pas les efforts du cultivateur tendre à la production de récoltes appropriées aux besoins de l'industrie et de l'alimentation du bétail.

La distillerie de pommes de terre n'existe pas en France, la féculerie est loin d'y posséder l'importance qu'elle devrait avoir, et c'est accidentellement pour ainsi dire qu'on voit l'agriculteur se préoccuper des services que lui pourrait rendre la pomme de terre pour l'entretien et même pour l'engraissement de tous les animaux qui vivent à la ferme; c'est pour l'élevage des porcs seulement qu'il en connaît le prix.

Les qualités, en effet, que l'on demande à la pomme de terre destinée à l'alimentation humaine sont différentes des qualités qu'imposent à la pomme de terre industrielle et fourragère les usages auxquels celle-ci est réservée. Pour la première sans doute, il convient de rechercher, dans une certaine mesure, le rendement en poids et la richesse en fécule; mais il convient de rechercher surtout la forme, le goût, le bouquet qui, sur le marché, assureront aux tubercules la préférence du consommateur. Pour la seconde, le cultivateur ne doit avoir qu'un seul objectif : la production maxima de matière utile et particulièrement de fécule à l'hectare.

Étendue et rendement de la culture de la pomme de terre à l'étranger.

Les résultats auxquels la culture de la pomme de terre aboutit en d'autres contrées sont souvent supérieurs à ceux que nous obtenons en France. En Angleterre, le rendement moyen s'élève à près de 15000^{kg} à l'hectare; en Belgique, il varie entre 12000^{kg} et 13000^{kg}, etc.

Mais c'est en Allemagne surtout qu'il convient de considérer cette culture, d'une part, à cause des services qu'elle a rendus en transformant les terrains pauvres de ce pays en terrains productifs; d'une autre, à cause du rôle considérable qu'y joue la pomme de terre comme matière première de la fabrication de l'alcool.

C'est sur 3000000 d'hectares environ, c'est-à-dire sur une superficie double de celle qu'elle occupe en France, que la culture de la pomme de terre se développe en Allemagne. Pris dans son ensemble, le rendement en est faible, supérieur cependant au rendement de la culture française; en moyenne, en effet, il ne dépasse guère 9000^{kg} à 10000^{kg} à l'hectare. Mais c'est un fait connu qu'en certaines régions de l'Allemagne, où la culture intensive est en honneur, en Saxe notamment, ces rendements sont de beaucoup dépassés, que là les rendements de 25000^{kg} et de 28000^{kg} à l'hectare, avec des richesses de 17 à 18 pour 100 de fécule, sont considérés comme normaux, et que fréquemment on y constate des rendements de 30000^{kg}, même de 32000^{kg} à l'hectare.

Les comptes rendus des Sociétés d'agriculture, les rapports d'expositions, les catalogues des nombreux producteurs de plant de l'Allemagne ont, depuis quelques années, mis cette supériorité en évidence.

Il ne saurait d'ailleurs en être autrement; pour s'en convaincre il suffit de comparer, au point de vue des applications qu'ils reçoivent, les produits de la culture dans ce pays et dans le nôtre.

Situation économique de la culture de la pomme de terre au point de vue des applications, en France et en Allemagne.

Chaque année, l'Allemagne met sur le marché une masse d'alcool qui dépasse 4000000 d'hectolitres, et dont les trois quarts environ, près de 3000000 d'hectolitres, ont pour origine la fécule contenue dans les tubercules de la pomme de terre.

A cette énorme fabrication d'alcool correspond, et comme conséquence nécessaire, une abondante production de vinasses et de drêches propres à l'alimentation du bétail.

Pour satisfaire aux besoins des distilleries de pommes de terre en Allemagne, l'agriculture de ce pays doit, chaque année, mettre à leur disposition 30000000 de quintaux de tubercules féculents, c'est-à-dire une quantité égale au tiers de la quantité que l'agriculture française tout entière produit.

Ces pommes de terre, en outre, par suite du système de perception de l'impôt sur l'alcool, doivent être portées à la cuve de fermentation, aussi riches que possible en fécule.

De telle sorte que ce devient pour l'agriculture allemande, lorsqu'elle travaille pour la distillerie, une nécessité que d'obtenir sur une surface donnée le plus grand poids possible de tubercules riches.

C'est de cette nécessité que sont nés les progrès accomplis en Allemagne depuis trente années par la culture de la pomme de terre industrielle et fourragère.

En France, la situation de cette culture est toute différente; la fabrication de l'alcool, jusqu'ici, ne lui a rien demandé, et pour produire les 2000000 d'hectolitres qu'accusent nos statistiques officielles, nos distillateurs ont préféré, pendant ces dernières années, importer de l'étranger près de 2500000 quintaux de grains et notamment de maïs, détourner de la fabrication du sucre 1200000 tonnes de betteraves, enlever enfin à l'industrie naissante de la sucraterie 170000 tonnes de mélasses, pour, du traitement de ces trois matières premières, obtenir :

	Hectolitres.
En alcools de grains	765065
En alcools de betterave	672352
En alcools de mélasse	451825
Total	1889242

C'est, en effet, à 100000 hectolitres à peine que s'élèvent les produits alcooliques fournis actuellement par le vin, le cidre et les analogues.

De telle sorte que, résumée en quelques mots, la situation respective de la distillerie en Allemagne et en France peut être caractérisée en disant que les alcools allemands sont, pour les trois quarts de la production, des alcools de pomme de terre, pour un quart des alcools de grain, tandis que les alcools français ne proviennent jamais de la pomme de terre et sont fournis pour $\frac{38}{100}$ par les grains, pour $\frac{32}{100}$ par les betteraves, pour $\frac{25}{100}$ par les mélasses, pour $\frac{4}{100}$ par le vin et les analogues.

Lorsqu'on réfléchit à ces différences profondes dans l'allure de deux industries dont le but (production d'alcool et de drêches) est identique, dont les procédés sont analogues, et qu'on en recherche les causes, on est bientôt conduit à penser que la principale de ces causes réside dans les différences que présente, quant à son prix de revient, la matière alcoolisable offerte par l'agriculture à l'une et à l'autre.

Si les distillateurs allemands préfèrent la pomme de terre aux grains, c'est que la culture met à leur disposition, à bon marché, des tubercules riches en fécule; si les distillateurs français la négligent au contraire, c'est que, dans notre pays, son rendement en tubercules et la teneur de ceux-ci en matière amylacée sont trop faibles pour que son emploi en distillerie soit possible.

De cette faiblesse de nos récoltes et de leur pauvreté en fécule on a vu, depuis quelques années, l'industrie française de la féculerie souffrir dans une large mesure. Ce n'est pas seulement la concurrence des amidons de maïs qui a porté le trouble dans cette industrie, c'est aussi et c'est surtout l'abaissement progressif de la qualité des tubercules mis par l'agriculture à la disposition de nos usines.

Et si enfin la pomme de terre n'intervient aujourd'hui encore que dans une faible mesure à l'alimentation de notre bétail, c'est dans le prix de revient relativement élevé que lui impose la faiblesse de la récolte qu'il en faut chercher la cause.

Ce serait, cependant, une erreur que de considérer comme absolument inconnus en France, même par la grande culture, les hauts rendements auxquels aboutit normalement la culture de la pomme de terre, en certaines parties de l'Allemagne.

Je dois à l'obligeance de mon regretté confrère de la Société nationale d'agriculture, M. Dailly, dont la comptabilité agricole doit, on le sait, être citée comme un modèle, la communication de ses comptes de récolte de pommes de terre, depuis 1843 jusqu'à 1885; ces comptes s'appliquent à une culture qui a varié de 20 à 45 hectares chaque année.

Si l'on considère les deux premières périodes décennales qu'ils embrassent, on voit que la récolte a été de :

	A l'hectare (1)
De 1843 à 1853	15434kg
De 1853 à 1863	13186kg

Ce sont là des nombres déjà supérieurs à la moyenne des cultures françaises, bien inférieurs encore cependant au chiffre des récoltes que l'on obtient régulièrement dans certaines régions de l'Allemagne; mais, à la troisième période, la moyenne se relève; elle atteint :

	A l'hectare.
De 1863 à 1873	24053kg

et donne par conséquent au cultivateur le haut rendement que tout à l'heure j'indiquais comme but. Portée à la féculerie, cette récolte a représenté par hectare une valeur de 758fr.

A la vérité, la moyenne de la quatrième période est moins bonne; elle devient :

	A l'hectare.
De 1873 à 1883	17487kg

Mais, dans cette longue comptabilité, s'étendant sur plus de quarante années de culture, on trouve aussi quelques maxima qui dépassent de beaucoup les rendements moyens. C'est ainsi qu'on voit la récolte s'élever :

	Par hectare. kg
En 1845 (sur 27ha), à	31561
En 1863 (sur 21ha), à	34251
En 1869 (sur 21ha), à	34000
En 1871 (sur 22ha), à	32160
En 1875 (sur 23ha), à	31217

D'autres exemples pourraient être placés à côté de ceux que nous apportent les travaux de M. Dailly; j'en trouverais, notamment, parmi les résultats qu'ont fait connaître quelques habiles cultivateurs : MM. Paul Genay, de Lunéville; Boursier, de Com-

(1) Le compte a été établi par M. Dailly en hectolitres, en attribuant à chacun de ces hectolitres un poids moyen de 67kg.

piègne, etc., à la suite d'essais entrepris par eux dans ces dernières années sur la culture de la pomme de terre, essais dont je parlerai bientôt. Mais ces résultats, s'appliquant à des cultures expérimentales, ne sauraient être aussi démonstratifs que les résultats obtenus en grande culture par M. Dailly; je les laisserai donc de côté en ce moment, me contentant des premiers pour montrer que, si les hauts rendements obtenus couramment dans une partie de l'Allemagne sont rares en France, ils n'y sont pas cependant absolument inconnus.

Quoi qu'il en soit, c'est exprimer la situation respective de la culture de la pomme de terre en Allemagne et en France que de considérer les rendements de 22000 à 25000kg avec des richesses de 17 à 18 pour 100 de fécule comme habituels sur une partie au moins du territoire allemand, les rendements de 10000 à 12000kg avec des teneurs de 13 à 14 pour 100 comme habituels dans notre pays, les rendements de 12000 à 15000kg comme répondant à des cultures soignées, les rendements de 15000 à 20000kg comme exceptionnels, les rendements supérieurs à ces chiffres comme absolument rares.

Des différences aussi considérables ne semblent justifiées par aucune cause nécessaire; le sol et le climat de la France se prêtent aussi bien que celui de l'Allemagne à la culture de la pomme de terre; *a priori*, cette culture semble devoir donner, dans l'un et l'autre pays, des résultats aussi satisfaisants, et, s'il n'en est pas ainsi, il est permis d'admettre comme chose toute probable, sinon démontrée d'avance, que notre agriculture se trouve, au point de vue de la production de la pomme de terre, et, comme elle l'a été si longtemps, au point de vue de la production de la betterave, dans un état d'infériorité dû exclusivement à l'insuffisance des procédés qu'elle emploie.

C'est sous l'empire de cette préoccupation, dans l'espoir d'améliorer la culture de la pomme de terre en France, de l'élever au niveau qu'elle occupe en d'autres pays et notamment dans certaines parties de l'Allemagne, que j'ai entrepris et poursuivi pendant six années, de 1885 à 1891, les recherches scientifiques et les travaux de culture dont je vais exposer le développement, recherches et travaux qui, couronnés par un succès inespéré, aboutissent, en ce moment, à une transformation rapide et profonde de l'une des branches les plus intéressantes de l'agriculture française.

CHAPITRE II.

POSSIBILITÉ D'OBTENIR NORMALEMENT EN FRANCE DE HAUTS RENDEMENTS. — RÉSULTATS PRATIQUES DES CULTURES ENTREPRISES EN VUE DE CETTE DÉMONSTRATION.

Exposé de la méthode adoptée.

Avant de rechercher les causes auxquelles il est permis d'attribuer l'infériorité de la culture de la pomme de terre en France, une première étude s'imposait, toute pratique celle-là, consistant à reconnaître s'il est possible d'obtenir, dans notre pays, de hauts rendements en tubercules, en même temps qu'une richesse satisfaisante de ceux-ci en fécule.

A la vérité, et si l'on n'envisage que d'une façon superficielle la question de l'amélioration de la culture en France, il semble que cette étude ne fût pas nécessaire et que, pour déterminer nos cultivateurs à modifier leurs procédés, il eût suffi de vulgariser les résultats obtenus dans d'autres contrées et notamment en Allemagne.

Ce serait une erreur que de penser ainsi ; cette vulgarisation, alors même qu'elle eût été complète, n'eût, en aucune façon, porté la conviction dans leur esprit ; l'exemple des résistances qu'il a fallu vaincre pour mettre, en France, la culture de la betterave au niveau des cultures étrangères est trop récent pour que la leçon puisse être oubliée.

A nos agriculteurs, que les difficultés de l'œuvre journalière rendent prudents, il faut des démonstrations pratiques, faites sur le sol national et à leur portée. C'est à obtenir des démonstrations de ce genre que je me suis attaché, et c'est certainement à la marche que j'ai suivie que doit être attribuée, pour une large part, la confiance avec laquelle l'agriculture française a accueilli les résultats que je lui faisais connaître.

Pour obtenir ces résultats, je devais, la chose est évidente, me placer dans des conditions différentes des conditions dans lesquelles la culture se place habituellement. Ces conditions, que la pratique agricole ne pouvait indiquer à l'avance, c'est en prenant pour guides, d'un côté les lois de la physiologie végétale, d'un autre les observations culturales recueillies au cours de mes *Recherches sur le développement de la betterave à sucre,* que je les ai conçues et coordonnées de façon à rendre probable le succès des essais de culture que j'allais entreprendre.

La méthode culturale que j'ai ainsi combinée était bonne; elle m'a conduit et elle a conduit après moi des cultivateurs nombreux à des résultats tels, qu'il est aujourd'hui permis d'affirmer hardiment la possibilité pour l'agriculture française d'obtenir des récoltes de pommes de terre, non seulement égales, mais même supérieures à celles qu'elle avait le droit d'envier à l'agriculture de l'Angleterre, de la Belgique et de l'Allemagne.

A la suite d'essais préliminaires exécutés en 1884 et 1885, trois campagnes successives ont été, en 1886, 1887 et 1888, consacrées à la démonstration pratique de ce fait, dont depuis, en 1889 et 1890, de nombreux cultivateurs ont apporté la confirmation.

Ces campagnes se sont poursuivies sur deux terrains différents : l'un dépendant de la ferme de la Faisanderie, à Joinville-le-Pont (Seine), l'autre, du domaine de Clichy-sous-Bois (Seine-et-Oise).

Le terrain, dans l'une et dans l'autre localité, présente une composition nettement différente.

L'un, le terrain de Joinville-le-Pont, est essentiellement sableux : l'autre, le terrain de Clichy-sous-Bois, est, au contraire, sablo-argileux. Le premier reste meuble en tout temps; le second, sous l'influence des pluies, devient gras et plastique. Sous le rapport des éléments fertilisants principaux, la terre de Joinville doit être considérée comme pauvre; la terre de Clichy-sous-Bois, où la potasse atteint $3^{gr},6$, l'acide phosphorique 1^{gr} et l'azote $1^{gr},6$ par kilogramme, doit être regardée comme une terre fertile.

La composition de l'une et de l'autre apparaît du reste plus nettement si l'on consulte le Tableau ci-dessous, dans lequel sont inscrits les nombres fournis par l'analyse des deux premières couches, prises, la première à partir de la surface, sur une épaisseur de $0^{m},20$, la seconde à partir de ce niveau, sur une épaisseur de $0^{m},20$ encore.

Composition des terres tamisées et séchées à 100°.

	Joinville-le-Pont.		Clichy-sous-Bois.	
	1re couche. De 0m à 0m,20.	2e couche. De 0m,20 à 0m,40.	1re couche. De 0m à 0m,20.	2e couche. De 0m,20 à 0m,40.
Sable	93,05	93,25	71,69	74,48
Argile	5,02	5,26	26,06	24,01
Chaux (1)	0,13	0,09	1,22	0,63
Potasse (1)	0,04	0,04	0,36	0,25
Acide phosphorique (1)	0,07	0,03	0,10	0,02
Matière organique noire	0,30	0,25	0,55	0,50
Total	98,61	98,92	99,98	99,88
Azote total	0,10	»	0,16	»

Aux essais de culture que j'allais entreprendre, en les appliquant à des variétés différentes de pommes de terre, j'ai donné une étendue progressivement croissante d'année en année.

En 1886, les parcelles d'essai ont généralement mesuré 120mq seulement; en 1887, c'est à 5 ares que j'ai porté leur superficie, et en 1888 enfin, éclairé par les résultats des années précédentes, je n'ai pas craint de donner à l'une d'entre elles une étendue de 1 hectare, tandis que d'autres, à côté de celle-ci, mesuraient encore 15 et 18 ares chacune.

Cette gradation dans le développement des essais de culture est sage, si je ne me trompe. La pomme de terre, en effet, est une plante éminemment impressionnable par la nature et surtout par la compacité du terrain, et comme c'est chose déjà fort difficile que de rencontrer une surface d'une centaine de mètres sur laquelle la couche arable, d'un côté, le sous-sol de l'autre, se présentent avec les mêmes qualités, il est prudent, au début, d'opérer sur des ilots limités; mais, d'autre part, ce serait prêter

(1) Soluble dans l'eau acidulée.

le flanc à la critique que de se borner à des essais de cette sorte; et, pour démontrer d'une façon sûre un fait agricole, ce devient nécessaire que de se placer dans les conditions mêmes de la grande culture. C'est ce que j'ai fait en 1888, mais en 1888 seulement.

Sans tenir compte de la différence de composition des deux terrains de Joinville et de Clichy-sous-Bois, et afin de les soumettre l'un et l'autre à un traitement identique, je les ai, en 1886, lors de mes premiers essais, additionnés d'un même engrais et en même quantité.

Cet engrais, distribué à la dose de 8^{kg} par are, était composé, sur 100 parties, de :

Superphosphate de chaux riche........	66,6
Azotate de potasse....................	33,4
	100,0

Tous les labours ont été, à l'aide d'un Brabant double et d'une fouilleuse, poussés à 35^{cm}-40^{cm}; la plantation a toujours été faite avec une régularité géométrique; la pièce ayant été rayonnée à 60^{cm}, les plants ont été placés sur chaque ligne à 50^{cm} de distance les uns des autres, de manière à pouvoir compter 3,3 poquets au mètre, 33000 à l'hectare; les façons ordinaires enfin, binages et buttage, ont été données avec soin au cours de la campagne.

Préoccupé, dès l'origine, de l'influence héréditaire que chaque tubercule de plant me semblait devoir imposer à sa descendance, influence que j'ai pu, depuis, établir au cours de mes recherches, j'ai apporté pour chacune de ces trois campagnes le soin le plus attentif au choix des semenceaux.

Je les ai toujours pris de poids moyen, plutôt fort que faible, mais j'ai toujours eu soin de ne faire intervenir, à un essai déterminé, que des tubercules de poids sensiblement égal; l'expérience m'a démontré depuis combien cette manière de faire était favorable au succès.

Le poids des tubercules considérés comme moyens a été, naturellement, différent suivant les variétés cultivées.

Résultats fournis par la campagne de 1886; première comparaison entre les plants d'origine française et les plants d'origine allemande.

Au début de ces essais de culture, et avant même que de chercher à reconnaître les variétés qui, au point de vue de la production de la fécule, possèdent les qualités les plus puissantes, il m'a semblé nécessaire d'examiner, comme préjudicielle, la question de la valeur comparative de plants de choix pris parmi ceux dont la culture allemande dispose et de plants ordinaires pris parmi ceux dont les cultivateurs français font couramment usage.

En cultivant, en effet, les uns et les autres sur le sol français, et dans des conditions identiques, il devait être possible d'établir si, parmi les causes qui déterminent la supériorité des résultats obtenus en Allemagne, il faut compter une qualité spéciale propre aux plants usités dans ce pays.

Pour résoudre cette question, j'ai fait venir d'Allemagne des plants de quatre variétés, choisies parmi celles que recommandait particulièrement le catalogue d'un des plus importants producteurs de plants de pommes de terre de la Saxe.

Je donne ci-dessous le nom de ces variétés avec les rendements en poids annoncés :

	A l'hectare.
	kg
Richter's Imperator	41800
Gelbe rose	25700
Hermann	21700
Magnum bonum	30800

De la richesse en fécule attribuée à ces variétés, je ne parle pas pour l'instant; cette richesse, en effet, a été, en 1887, reconnue exagérée par la personne même qui les proposait à la culture. Déterminées par le procédé de la densité, et en appliquant un coefficient trop élevé, ces richesses ne sauraient être admises comme réelles.

A ces quatre variétés, représentées par des tubercules de choix, j'aurais pu comparer des plants de choix également et que m'auraient aisément fournis nos grandes maisons françaises; je ne l'ai pas voulu, et aux plants de qualité supérieure que j'avais achetés en Allemagne, j'ai tenu à comparer des plants de qualité courante, achetés tout simplement sur le marché des Vosges.

C'était, on le voit, placer intentionnellement l'essai fait avec les tubercules français dans un état d'infériorité vis-à-vis de l'essai fait avec les tubercules allemands.

J'ai choisi, pour cette comparaison, quatre variétés bien connues de nos cultivateurs, variétés que M. Paul Genay, président du Comice agricole de Lunéville, a bien voulu se charger d'acquérir pour mon compte chez les cultivateurs voisins de son exploitation.

Ces quatre variétés étaient la Vosgienne ou Jeuxey, la Chardon, la Red-Skinned, et enfin la Magnum bonum, dont il était particulièrement intéressant de constater le rendement et la richesse en plaçant des plants d'origine française à côté des plants de la même variété, mais d'origine allemande.

Sur le rendement, sur la richesse de ces plants français, aucun renseignement n'a pu m'être fourni. Plants français et plants allemands ont d'ailleurs, à l'arrivée, été triés avec soin et assortis de telle façon que tous les tubercules d'une même variété fussent approximativement de même poids. L'emploi d'une claie à trier, que j'ai fait construire dans ce but, permet d'exécuter cet assortiment avec une grande rapidité.

Le poids des tubercules pris comme plant a été approximativement, tant à Joinville-le-Pont qu'à Clichy-sous-Bois, et pour chaque variété, le suivant :

Plants d'origine allemande (Saxe).	gr	Plants d'origine française (Vosges).	gr
Richter's Imperator...	100	Red-Skinned..........	80
Gelbe rose...........	80	Jeuxey...............	80
Hermann.............	80	Chardon..............	60
Magnum bonum......	80	Magnum bonum......	95

J'avais été assez heureux pour rencontrer, tant à Joinville-le-Pont qu'à Clichy-sous-Bois, deux pièces mesurant l'une et l'autre dix ares, et présentant chacune, dans toute son étendue, une composition parfaitement régulière jusqu'à 1^{m} de profondeur. C'est sur ces deux pièces précisément qu'ont été prélevés les échantillons de terres destinés aux analyses rapportées précédemment.

Sur l'une et l'autre de ces pièces, j'ai délimité huit carrés égaux de 120^m, semblablement disposés et destinés à recevoir, cultivées côte à côte, les huit variétés ci-dessus dénommées.

La plantation, retardée par la lenteur des transports, a été un peu tardive ; elle n'a eu lieu qu'à la fin d'avril, d'où il est résulté que quelques variétés, d'arrière-saison, n'ont pu arriver à maturité complète.

La végétation s'est poursuivie avec une grande régularité, de la façon la plus satisfaisante et sans qu'aucun accident se soit produit.

L'arrachage a eu lieu du 20 au 25 octobre.

Les résultats fournis par la récolte sont résumés dans le Tableau ci-dessous, qui, pour chaque série de plants et pour chaque lieu de culture, indique la surface cultivée et le poids récolté ; à côté de ces données expérimentales est inscrit le rendement calculé par hectare.

		A Joinville-le-Pont.		A Clichy-sous-Bois.	
	Surface cultivée.	Poids récolté.	Évaluation à l'hectare.	Poids récolté.	Évaluation à l'hectare.
Plants d'origine allemande.					
	a ca	kg	kg	kg	kg
Richter's Imperator..	1,20	537	41760	523	43580
Gelbe rose..........	»	305	25400	356	29600
Hermann...........	»	353	29430	375	31200
Magnum bonum.....	»	437	36400	446	35400
Plants d'origine française.					
	a ca	kg	kg	kg	kg
Red-Skinned........	1,20	357	29750	371	30900
Jeuxey.............	»	342	28330	317	26400
Chardon............	»	298	24800	319	26500
Magnum bonum.....	»	454	37800	446	37200

Les résultats de cette première culture sont déjà fort instructifs, et de l'examen des chiffres que le Tableau ci-dessus renferme il est permis de tirer quelques conclusions intéressantes.

1° Cultivés dans le sol français, les plants venus d'Allemagne, loin de dégénérer, ont fourni des rendements en poids supérieurs aux rendements annoncés : c'est ce que montre la comparaison entre, d'un côté, les chiffres inscrits au catalogue du vendeur, d'un autre, les chiffres fournis par la moyenne des cultures réunies de Joinville et de Clichy-sous-Bois; ces chiffres sont indiqués dans le Tableau-ci-dessous :

	Rendements à l'hectare	
	annoncés par le vendeur.	Moyennes des deux cultures.
	kg	kg
Richter's Imperator............	41800	44170
Gelbe rose....................	25700	27500
Hermann......................	21700	30315
Magnum bonum...............	30800	36000

2° On peut rencontrer en France des plants capables de fournir des rendements aussi élevés que ceux annoncés pour les plants venus d'Allemagne; quelquefois même, ces rendements sont supérieurs avec les plants français. C'est ainsi que nous voyons la Jeuxey ou Vosgienne donner 26000kg et même 28330kg, la Chardon atteindre 24800kg et même 26000kg; c'est ainsi surtout que nous voyons la culture de la Magnum bonum donner, avec du plant français, 37800kg, tandis que, cultivé dans les mêmes conditions, le plant acheté en Allemagne n'a pas dépassé 36400kg.

Parmi les variétés de cette origine cependant, il en est une dont le rendement exceptionnellement élevé aura certainement frappé aussitôt le lecteur : cette variété, c'est celle que l'on désigne sous le nom de Richter's Imperator; mais, ainsi que le montreront les résultats prochains, ce n'est en aucune façon à leur origine, c'est aux qualités propres de la variété que ce haut rendement est dû.

Cette variété, d'ailleurs, est loin d'être inconnue en France; quelques cultivateurs, et notamment M. Boursier, de Compiègne, l'ont, depuis trois ou quatre années, acclimatée dans notre pays, et elle tient aujourd'hui une place toute remarquable dans la culture de certaines communes du département de l'Oise. Dans ces communes, on a, sur de grandes surfaces, obtenu, en 1887, jusqu'à 32000kg de Richter's Imperator à l'hectare.

On s'étonnera peut-être qu'à l'estimation des résultats fournis par cette première culture je ne fasse pas intervenir la teneur en fécule des tubercules récoltés. Mon silence à ce sujet s'explique par le peu de confiance que m'inspiraient dès lors les procédés recommandés pour le dosage de la fécule. J'ai depuis reconnu que ces procédés manquaient d'exactitude et j'ai été conduit à en imaginer un nouveau qui, au contraire, offre toute garantie à ce sujet, en même temps que la pratique en est prompte et facile.

C'est à l'aide de ce procédé, qui, du reste, sera décrit plus loin, que j'ai pu, en 1888, joindre aux rendements en poids l'indication de la richesse en fécule des produits récoltés.

Résultats fournis par la campagne de 1887. — Deuxième comparaison entre les plantes d'origine française et les plantes d'origine allemande. — Rendements comparatifs de plusieurs variétés.

Les conditions météorologiques de l'année 1887 ont exercé sur la récolte de la pomme de terre en France une influence fâcheuse; la sécheresse exagérée des mois de juillet et d'août a mis obstacle au développement des tubercules, les pluies exagérées de la fin d'août et du commencement de septembre les ont gorgés d'eau. En somme, la production a été particulièrement mauvaise; aussi convient-il de ne pas s'étonner si les rendements que j'ai obtenus en 1887 ont été généralement inférieurs à ceux de 1886; malgré tout cependant, ces rendements ont été généralement supérieurs à 20000^{kg} à l'hectare; pour certaines variétés, ils se sont élevés au-dessus de 26000^{kg} et même ont atteint 29000^{kg}; pour la Richter's Imperator, la production à Joinville-le-Pont s'est, dans un cas, élevée à 38450^{kg}, et c'est pour cinq cultures seulement que le rendement s'est abaissé au-dessous de 20000^{kg} à l'hectare.

C'est en 1887 que j'ai commencé à donner à mes cultures d'essai un plus grand développement. Aux surfaces de $1^{a},20^{ca}$ environ, j'ai, dans la plupart des cas, substitué des surfaces de 5 ares. Toutes ces surfaces, en outre, ont été rapprochées les unes des autres, de manière à constituer une grande pièce d'un demi-hectare environ qu'il fût possible de labourer, herser, planter, biner, etc., dans les conditions de la grande culture. Cette pièce avait été prise sur une vieille luzerne retournée.

C'est, d'ailleurs, suivant les mêmes données qu'en 1886 que le travail a été conduit : labours profonds, fumure à l'engrais chimique (1000^{kg} à l'hectare d'un mélange à 70 pour 100 de superphosphate, 15 pour 100 de nitrate de soude et 15 pour 100 de chlorure de potassium), plantation en lignes avec espacement régulier, de manière à compter 330 poquets à l'are, etc.

La plantation a malheureusement été très tardive : elle n'a pu avoir lieu que du 1er au 5 mai.

L'arrachage a eu lieu du 1er au 10 novembre.

Entreprise principalement dans l'espoir de voir se confirmer les conclusions fournies par la culture limitée de 1886, la culture déjà plus développée de 1887 devait naturellement comprendre les mêmes éléments de comparaison.

A côté de plants d'origine française achetés simplement sur nos marchés, il convenait de placer, d'une part, de nouveaux plants de choix achetés en Allemagne, d'une autre, des plants de choix également, pris parmi les produits des cultures faites par moi l'année précédente, soit à Joinville-le-Pont, soit à Clichy-sous-Bois.

Les plants d'origine allemande ont été pris à la même source qu'en 1886; c'est à l'un des producteurs de plants les plus renommés de la Saxe que je les ai achetés; les variétés, choisies parmi les plus recommandées, étaient les suivantes : Richter's Imperator, Gelbe rose, Eos, Kornblum, Aurélie. D'autre part, M. Paul Genay, de Lunéville, a bien voulu acquérir pour moi, sur le marché de cette région, les variétés Jeuxey ou Vosgienne et Red-Skinned, tandis que M. Boursier acquérait de même sur le marché de Compiègne les variétés Van der Weer et Chardon.

D'autre part enfin, j'ai cultivé, en comparaison, des plants des variétés suivantes : Richter's Imperator, Gelbe rose, Jeuxey, Red-Skinned et Chardon provenant de ma récolte de 1886, tant à Joinville-le-Pont qu'à Clichy-sous-Bois.

La végétation a été régulière; ralentie en juillet-août par la grande sécheresse, elle a repris de l'activité en septembre; malgré cette reprise cependant, les variétés tardives n'ont pu arriver à maturité.

Dans le Tableau ci-après, j'indique, pour chaque variété, la surface cultivée, le poids récolté et l'évaluation du rendement calculé par hectare.

	Joinville-le-Pont.		
	Surface cultivée.	Poids récolté.	Évaluation à l'hectare.
Plants d'origine allemande.			
	a ca	kg	kg
Richter's Imperator	5,00	1452	29040
Id.	1,20	371	30940
Gelbe rose	5,00	1156	23120
Id.	1,20	213	17725
Eos	4,60	823	18000
Kornblum	2,50	396	16860
Aurélie	2,50	468	18720
Plants d'origine française.			
Richter's Imperator (Joinville)	2,00	769	38450
Gelbe rose (Joinville)	2,00	414	20700
Jeuxey (Lunéville)	5,00	867	17340
Id.	1,20	265	22100
Id. (Joinville)	2,00	411	20535
Van de Weer (Compiègne)	5,00	1163	23260
Red-Skinned (Lunéville)	5,00	1182	23640
Id. (Joinville)	2,00	471	23545
Chardon (Compiègne)	5,00	1314	26280
Id. (Joinville)	1,20	331	27700

Ces rendements sont, on le voit, d'un quart environ, quelquefois de près d'un tiers inférieurs aux rendements de 1886; seule la variété Chardon fait exception; il n'y a pas lieu d'être surpris de cette infériorité générale lorsque l'on considère à la fois la sécheresse de l'été de 1887 et la nature essentiellement graveleuse du terrain de Joinville-le-Pont.

A Clichy-sous-Bois, dans un terrain déjà riche en argile, reposant sur un sous-sol humide, les rendements ont été meilleurs, comme le montrent les nombres ci-dessous, correspondant à une culture limitée faite à l'aide de plants récoltés par moi dans le même terrain l'année précédente.

	Clichy-sous-Bois.		
	Surface cultivée.	Poids récolté.	Évaluation à l'hectare.
Plants d'origine française.			
Richter's Imperator (Clichy)......	2 a	673 kg	33665 kg
Gelbe rose (Clichy)...............	2	529	26470
Jeuxey (Clichy)..................	2	439	21965
Red-Skinned (Clichy).............	2	527	26375

A Joinville encore, j'ai, en 1887, mis en expérience, dans des conditions identiques à celles que j'ai tout à l'heure indiquées, une collection de quatorze variétés, dont l'une (Canada) m'a été remise par M. Paul Genay, dont les treize autres formaient un ensemble suivi déjà, depuis deux ans, à Chevrières, par M. Boursier.

Ne disposant que d'un nombre restreint de tubercules, j'ai dû, en 1887, limiter à 1 are la surface consacrée à chacune de ces variétés, tout en me proposant de les suivre pendant plusieurs années, en leur appliquant la méthode de sélection dont je parlerai à la fin de ce Mémoire.

Les poids de tubercules fournis par ces quatorze variétés, multipliés par 100 pour évaluer le rendement à l'hectare, ont été les suivants :

Canada..............................	32770 kg
Boursier............................	33380
Red-Skinned.........................	31400
Van der Weer........................	34800
Chardon.............................	31200
Idaho...............................	31870
Magnum bonum........................	25860
Richter's Imperator.................	34080
Aurora..............................	31700
Infaillible.........................	22780
Rose de Lippe.......................	23500
Fleur de pêcher.....................	22700
Alcool..............................	26020
Daberche............................	26000

Lorsque l'on considère l'ensemble des résultats qui précèdent, on est bientôt conduit à reconnaître que, malgré leur infériorité relative, ils confirment les conclusions tirées de l'étude des rendements de l'année 1886.

Ils nous montrent, en premier lieu, les plants d'origine française toujours égaux, souvent supérieurs aux plants d'origine allemande. C'est ainsi que la Richter's Imperator, déjà sélectionnée à la suite de la culture de 1886 à Joinville, a donné 38450^{kg}, alors que le plant venant directement de Saxe n'a donné, en moyenne, et sur deux essais, que 30000^{kg}.

C'est ainsi encore que, sur sept essais faits à l'aide de plants allemands, quatre ont donné moins de 20000^{kg}, tandis que, sur vingt-huit essais faits avec des plants d'origine française (les uns s'étendant sur 5 ares, les autres, il est vrai, limités à 1 are), un seul a abouti à un rendement inférieur à ce chiffre.

De la supériorité attribuée par quelques personnes aux plants importés d'Allemagne, il n'y a donc pas lieu de se préoccuper; convenablement choisis, cultivés dans d'aussi bonnes conditions que ceux-ci, les plants français donnent des résultats au moins égaux, souvent supérieurs.

Ils nous apprennent ensuite que, malgré les conditions défavorables de l'année 1887, malgré l'infériorité générale de la récolte en France, la plupart des variétés cultivées tant à Joinville-le-Pont qu'à Clichy-sous-Bois ont fourni des rendements généralement triples, souvent quadruples du rendement moyen général de la culture française, des rendements doubles au moins de ceux que l'on a coutume de considérer comme satisfaisants dans les exploitations bien conduites.

Développée dans des proportions plus considérables qu'en 1886, la culture de 1887 a donc confirmé pleinement, quant aux rendements en poids, les conclusions que mes premiers essais m'avaient permis d'établir.

Ces conclusions cependant sont loin d'embrasser la question dans son entier, elles en laissent un côté absolument dans l'ombre; ce côté, c'est en 1888 seulement que je l'ai mis en lumière, en joignant à la constatation des rendements en poids la constatation de la richesse en fécule des tubercules récoltés.

Résultats fournis par la campagne de 1888. — Culture sur des surfaces étendues. — Rendements en poids et richesse en fécule de 25 variétés plantées en tubercules d'origine française.

Si instructifs que soient les résultats qui précèdent, ils ne sauraient, malgré tout, inspirer au cultivateur une confiance absolue; le peu d'étendue des carrés d'essai (5 ares au maximum) s'éloigne trop des conditions de travail de la grande culture.

Pour déterminer cette confiance, et encouragé par les résultats qui précèdent, j'ai, en 1888, développé mes essais sur des surfaces importantes, en consacrant ces surfaces aux variétés dont les qualités s'étaient montrées les plus remarquables, et notamment à la plus productive d'entre elles, la Richter's Imperator. En même temps, j'ai, sur des surfaces de moindre étendue (4 et 2 ares), continué les essais relatifs aux autres variétés.

C'est à Joinville-le-Pont, à la Ferme de la Faisanderie, que ces essais ont eu lieu en 1888; les plants employés étaient tous d'origine française; les essais de 1886 et de 1887 rendent, en effet, dorénavant inutile toute comparaison nouvelle entre les plants récoltés en Allemagne et les plants récoltés en France.

Une pièce de 2 hectares a été consacrée à ces essais; sur 1 hectare, j'ai cultivé la plus remarquable des variétés étudiées jusqu'alors, la Richter's Imperator, variété un peu tardive, mais à grand rendement et à grande richesse féculente; le plant provenait, en partie, de ma culture de 1887 à Joinville, en partie d'achats faits par moi à Longueil-Sainte-Marie, près Compiègne (Oise), dans la région où cette variété a été acclimatée par M. Boursier; ce plant, bien entendu, a été soigneusement trié et assorti à grosseur; les tubercules plantés pesaient en moyenne 100^{gr} à 120^{gr}, et j'en ai placé 3,33 au mètre.

Sur une surface de 18 ares, j'ai cultivé la variété Magnum bonum (tardive); le plant en avait été acheté dans les Vosges.

Sur deux surfaces de 15 ares chacune, j'ai cultivé les variétés Gelbe rose (hâtive) et Jeuxey; les tubercules plantés provenaient des récoltes faites par moi à Joinville-le-Pont en 1887.

Enfin, sur des surfaces de 4 et de 2 ares, j'ai remis en culture les quatorze variétés que déjà j'avais cultivées en 1887, et dont les premiers plants m'avaient été remis par M. Boursier.

En même temps, j'ai, à Clichy-sous-Bois, mais sur des surfaces restreintes (2,5 ares), continué la culture des quatre variétés que déjà depuis deux ans j'y avais récoltées.

A Joinville-le-Pont, les 2 hectares destinés aux essais de 1888 ont été travaillés, labourés, hersés, plantés d'un seul coup; chacun d'eux a reçu, au mois de février, 20000^kg de fumier de mouton, et l'engrais a été complété par l'addition en mars de 500^kg d'un mélange composé de :

	kg
Superphosphate riche	225
Nitrate de soude	125
Sulfate de potasse	150

A Clichy-sous-Bois, le mode de culture et l'engrais employés ont été les mêmes.

Les plantations ont eu lieu du 17 au 25 avril.

Très belle au début de la campagne, la végétation a malheureusement été influencée d'une manière sensible par l'apparition de la maladie au commencement d'août; un traitement d'ensemble de la culture au moyen de la bouillie bordelaise a permis de réduire dans une mesure importante les conséquences fâcheuses que cette apparition permettait de redouter; appréciables au moment de la récolte, ces conséquences fâcheuses n'ont pas été telles cependant que le sens général des résultats s'en soit trouvé modifié.

La maturité s'est produite de bonne heure, et l'arrachage a eu lieu du 10 au 15 septembre pour les variétés hâtives, du 25 septembre au 1er octobre pour les variétés d'arrière-saison.

La récolte tout entière a été passée à la bascule; des échantillons bien moyens ont été choisis sur chaque lot, rentrés au laboratoire et soumis à l'analyse en recourant au procédé de dosage de la fécule que je décrirai bientôt.

Les résultats de la campagne sont résumés dans le Tableau suivant, où sont indiquées les surfaces cultivées, la teneur en fécule anhydre et l'évaluation à l'hectare du poids de tubercules et du poids de fécule ([1]); les diverses variétés y sont rangées d'après l'ordre décroissant de leur pouvoir producteur en fécule, à l'hectare.

JOINVILLE-LE-PONT.

	Surface cultivée.	Poids récolté.	Teneur en fécule anhydre.	Rendement à l'hectare	
				en poids.	en fécule anhydre.
	ha a	kg		kg	kg
Richter's Imperator..	4	1759	18,4	44000	8096
Id. ..	1. 0	33185	17,6	33185	5808
Id. ..	2	627	17,7	31350	5361
Red-Skinned........	2	580	17,4	29000	5046
Magnum bonum.....	2	592	16,3	29600	4825
Gelbe rose..........	2	584	16,1	29200	4700
Aurora.............	2	636	14,7	31800	4675
Red-Skinned........	2	633	14,5	31650	4589
Alcool..............	2	476	17,4	23800	4141
Jeuxey..............	2	524	15,8	26190	4138
Idaho...............	2	521	15,8	26050	4116
Magnum bonum.....	18	5464	16,3	24800	4042
Kornblum...........	4	952	16,3	23800	3879
Canada..............	2	514	14,9	25700	3839
Eos.................	4	938	16,3	23500	3830
Gelbe rose..........	15	3460	16,4	23050	3780
Aurélie..............	4	847	16,6	21200	3519
Infaillible...........	2	449	15,6	22450	3502
Fleur de pêcher.....	2	441	15,8	22050	3484
Daberche...........	2	427	16,1	21350	3437
Jeuxey..............	15	3332	15,3	22200	3396
Rose de Lippe.......	2	451	14,9	22550	3359
Van der Weer.......	2	465	14,0	23250	3255
Boursier............	2	410	15,8	20500	3239
Chardon............	2	430	14,0	21500	3010
Totaux.......	2. 0	58697			

Soit en poids, *passé à la bascule,* un rendement moyen de 29348^{kg} à l'hectare.

([1]) Il est important de faire remarquer que, dans les publications relatives à des recherches sur le même sujet, on a généralement pour coutume d'exprimer la richesse des tubercules par leur pourcentage en fécule dite *sèche du commerce,* fécule qui renferme toujours de 18 à 20 pour 100 d'eau; d'où résulte la nécessité, pour avoir la proportion de fécule réelle, d'abaisser les chiffres indiqués d'un cinquième. Il est plus rationnel, et c'est ce que j'ai fait, d'indiquer le pourcentage en fécule anhydre.

Clichy-sous-Bois.

	Surface cultivée.	Poids récolté.	Teneur en fécule anhydre.	Rendement à l'hectare en poids.	Rendement à l'hectare en fécule anhydre.
	a ca	kg		kg	kg
Richter's Imperator..	2,50	1026	19,49	41072	8000
Red-Skinned........	»	909	18,92	36380	6975
Jeuxey..............	»	826	18,11	33028	5981
Gelbe rose..........	»	676	18,11	27040	4898

L'enseignement que portent avec eux les résultats précédents est, je crois, décisif. L'année 1888 a été particulièrement mauvaise pour la récolte des pommes de terre ; les pluies continues de juillet, l'apparition de la maladie en août, ont exercé sur le rendement général en France une influence funeste, et les choses ont été à ce point que, au mois d'octobre, les pommes de terre, qui, d'habitude, sont vendues 4fr,50 et 5fr les 100kg, étaient, aux pays de culture, demandées à 7fr,50 et même 10fr les 100kg. Les rendements annoncés comme les plus hauts n'ont pas dépassé 12000 à 15000kg; aux environs de Compiègne même, les habiles cultivateurs chez lesquels la variété Richter's Imperator est acclimatée, qui, en 1887, en avaient obtenu 30000 et 32000kg à l'hectare, n'ont que dans un cas ou deux atteint le rendement de 28000kg. Et cependant, en opérant sur des plants variés, mais bien choisis, j'ai pu, à Joinville-le-Pont, comme produit de 2 hectares, passer à la bascule 58697kg, et sur 1 hectare seul récolter plus de 33000kg de Richter's Imperator.

Si donc, dans la question qui m'occupe, le cultivateur n'avait à envisager que la pesée de la récolte, on pourrait d'ores et déjà considérer comme résolu le problème que j'ai posé au début de ce Chapitre, considérer comme démontrée la possibilité d'obtenir en France des rendements aussi élevés que ceux obtenus par la culture étrangère et notamment la culture allemande; mais, pour chiffrer la valeur de la récolte, le poids de tubercules obtenu ne suffit pas; un autre facteur doit intervenir encore, ce facteur, c'est la richesse en fécule des tubercules récoltés.

A ce point de vue, comme au point de vue du rendement en poids, l'année 1888 a été défavorable; la plupart des variétés dont la richesse en fécule anhydre atteint ordinairement et quelquefois dépasse 17 et 18 pour 100 se sont présentées à la récolte avec une teneur de 16 à 17 pour 100; pour quelques-unes même, cette teneur s'est abaissée à 15 et à 14 pour 100.

Loin de rejeter les résultats médiocres fournis par cette campagne, je leur demanderai, au contraire, la confirmation des idées qui m'ont guidé dans ces Recherches et la démonstration de la possibilité de produire en France, à l'hectare, des quantités telles de fécule anhydre, que la pomme de terre puisse entrer en concurrence avec les autres produits agricoles amylacés, que ceux-ci soient d'origine nationale ou d'origine étrangère. La démonstration, dans ces conditions, n'en aura que plus de valeur.

C'est en trois cas déterminés que la possibilité de cette concurrence doit être examinée.

La pomme de terre industrielle et fourragère, en effet, la seule dont je m'occupe, peut être destinée à la distillerie, à la féculerie, à l'alimentation du bétail.

Cultivée en vue de ces trois applications, la pomme de terre peut-elle, si l'on applique à sa culture des procédés rationnels, mettre à sa disposition une matière première à bon marché, tout en apportant au cultivateur une rémunération suffisante de son travail?

En ce qui concerne l'emploi de la pomme de terre à l'alimentation du bétail, la réponse, pour affirmative qu'elle semble devoir être *a priori,* serait difficile à établir scientifiquement; de ce côté, les démonstrations expérimentales font défaut, et il conviendra plus tard d'en établir d'assez précises pour éclairer la question.

Mais, en ce qui concerne la distillerie et la féculerie, l'étude de la question devient aisée; la pomme de terre, en effet, rencontre à côté d'elle un produit agricole de prix peu élevé qui, importé de l'étranger, alimente, depuis plusieurs années, dans une large mesure nos amidonneries et nos distilleries; ce produit amylacé, c'est le maïs.

Au fabricant d'amidon, c'est-à-dire au concurrent du féculier, comme aussi au fabricant d'alcool, ce maïs apporte, en général, 63 à 65 pour 100 de son poids de matières amylacées, et, à cette teneur, son prix, aux ports de débarquement, est, en moyenne, de 12^{fr} à 13^{fr} les 100^{kg} (¹).

Ceci posé, si nous laissons de côté, pour l'instant, la question des frais de fabrication de l'amidon ou de la fécule, comme aussi celle des frais de fabrication de l'alcool; si de même nous négligeons, quitte à y revenir plus tard, la valeur des pulpes ou des vinasses que ces fabrications présentent à l'alimentation du bétail; si, en un mot, nous nous tenons exclusivement sur le terrain du prix que permet d'attribuer à la matière première la proportion de matière amylacée extractible ou alcoolisable qu'elle contient, ce devient chose aisée que d'établir, au point de vue des applications, la supériorité de la pomme de terre sur le maïs et *a fortiori* sur les autres produits agricoles de même sorte.

Au prix de 13^{fr} les 63 à 65^{kg}, en effet, la matière amylacée, considérée en puissance dans le maïs, doit être comptée pour une valeur de 20^{fr} les 100^{kg} environ, et c'est une valeur égale évidemment qu'on doit attribuer à cette même matière amylacée lorsqu'on la considère en puissance également dans la pomme de terre.

Or, si l'on passe en revue les vingt-neuf résultats, qui, à la dernière colonne des Tableaux de la page 25 et de la page 26 indiquent les poids de fécule anhydre fournis à l'hectare, par les récoltes médiocres de la campagne de 1888, récoltes que l'on doit considérer comme des minima, on est frappé de ce fait que, parmi ces résultats, seize correspondent à une production qui dépasse 4000^{kg} et représente par conséquent une valeur argent de 800^{fr} au moins à l'hectare; que cinq atteignent des résultats correspondant à des poids supérieurs à 5000^{kg}, à des valeurs argent variant par suite entre 1000^{fr} et 1200^{fr}; que, pour le plus important de ces essais (un hectare), le poids de fécule récolté s'est élevé à 5808^{kg} représentant une valeur de 1161^{fr}; que, dans deux cas, enfin, le chiffre énorme de 8000^{kg}, représentant une valeur de 1600^{fr} à l'hectare, a été atteint et même dépassé.

Et si, enfin, concentrant spécialement l'attention sur les variétés

(¹) L'établissement à l'importation d'un droit de 3^{fr} par quintal élève actuellement ce prix à 16^{fr} et 17^{fr}.

à grand rendement qui, pour cette campagne défavorable de 1888, ont cependant donné encore 30000^{kg} à 33000^{kg} de tubercules à l'hectare avec des teneurs de 17,5 pour 100 environ, on envisage l'ensemble de leur production, on arrive à conclure qu'en moyenne, malgré les conditions météorologiques, malgré la maladie, etc., la terre, cultivée suivant des procédés rationnels, peut mettre à la disposition de l'industrie ou de l'alimentation du bétail un produit marchand dont la valeur n'est pas moindre que 1000 à 1200^{fr} à l'hectare.

Traduite en d'autres termes, cette conclusion peut être exprimée en disant que, comptée au prix modeste de $3^{fr},50$ les 100^{kg}, la pomme de terre, même à la suite d'une campagne médiocre, peut fournir au cultivateur une recette double au moins des déboursés auxquels ses frais de culture s'élèvent.

Ces résultats parlent assez d'eux-mêmes pour qu'il soit inutile d'y insister. Les récoltes obtenues en 1889 et en 1890 par mes collaborateurs et par moi montreront mieux encore, par leur abondance et par leur richesse, l'exactitude des conclusions précédentes. Elles me permettront d'établir sans conteste la possibilité de transformer en France la culture de la pomme de terre industrielle et fourragère et d'en tripler le produit.

C'est à rechercher les procédés par lesquels cette transformation peut avoir lieu que je m'attacherai dans les Chapitres suivants.

CHAPITRE III.

TRAVAUX ANTÉRIEURS A CES RECHERCHES.
ÉTAT DE LA QUESTION.

Il y a bien longtemps que, pour la première fois, la question s'est posée de rechercher les conditions les plus favorables à la culture de la pomme de terre. C'est à l'année 1786 que remontent les premiers essais faits en Angleterre par Anderson pour résoudre ce problème; ils ont été contemporains, par conséquent, de ces mémorables cultures de la plaine des Sablons, par la vue desquelles Parmentier a vulgarisé la culture de la pomme de terre aux environs de Paris.

La question qu'Anderson s'était posée était de savoir si les gros tubercules produisent plus que les petits, et les résultats qu'il avait obtenus l'avaient conduit à conclure : en premier lieu, qu'il en est bien ainsi; en second lieu, que, tout en rendant moins en poids, les petits tubercules possèdent une puissance productive proportionnellement plus grande que les gros. Les chiffres publiés par Anderson, si intéressants qu'ils soient, sont loin cependant d'exprimer la limite de cette puissance : il la fixe à 28 fois le poids de la semence; je montrerai qu'il est des cas où elle s'élève à près de 200 fois.

Depuis l'époque d'Anderson, les essais entrepris au même point de vue se sont multipliés tant en France qu'à l'étranger, et ces essais, pour la plupart du moins, ont abouti à des conclusions analogues.

Ce serait, cependant, une superfétation que d'en refaire l'histoire; celle-ci a été écrite avec un très grand soin, il y a une dizaine d'années, par un naturaliste enlevé très jeune à la science agronomique, M. Saint-André, dont les intéressants travaux sur cette question ont été publiés en 1878 dans les *Annales agronomiques*.

C'est à ce Recueil ([1]) qu'il convient de demander la succession des essais entrepris par Bergier (1797), par Schwarz ([2]), par Payen et Chevalier ([3]) (1824), par Magne ([4]), par Huet ([5]), par Villeroy ([6]), par M. de Bouchard, etc...

Lorsqu'on étudie les relations que ces auteurs nous ont données de leurs essais, on est frappé de les voir tous, se plaçant au même point de vue qu'Anderson, se préoccuper exclusivement de la question de savoir quel est le rendement comparé des gros et des petits tubercules.

Presque toujours c'est à la supériorité des premiers qu'ils concluent, mais presque toujours aussi ces conclusions peuvent être regardées comme prématurées; aucun de ces auteurs, en effet, ne paraît tenir compte des modifications inattendues qu'apportent au développement des tubercules nombre de circonstances imprévues, et négligent par suite la seule méthode qui puisse autoriser des conclusions fermes, la méthode des grands nombres.

Deux exemples suffiront pour montrer le bien-fondé de cette observation. J'emprunte le premier aux Tableaux de M. Magne :

10	tubercules du poids de	49^{gr}	chacun	ont donné	$3^{kg},300$	de récolte.
10	» »	$48^{gr},3$		»	$2^{kg},117$	»

De même, dans les Tableaux de M. Villeroy, on trouve que :

30	tubercules du poids de	43^{g}	chacun	ont donné	$5^{kg},576$	de récolte.
30	» »	19^{gr}		»	$5^{kg},236$	»

Ce sont là des rendements, tellement différents dans le premier cas pour des plants égaux, tellement voisins dans le second pour des plants différant de moitié, qu'il n'est vraiment pas possible de les faire entrer en ligne de compte.

Aussi peut-on dire qu'au sujet du rendement des petits et des

---

([1]) *Annales agronomiques*, t. IV, p. 19.
([2]) *Agriculture pratique* de Schwarz, t. III.
([3]) *Journal de Pharmacie* (1824).
([4]) *Traité d'Agriculture*, par Magne.
([5]) *Culture de la pomme de terre*, par Vianne.
([6]) *Traité d'Agriculture* de Girardin et Dubreuil, t. II.

gros tubercules aucune démonstration précise ne découle des essais qui viennent d'être rappelés.

Quoi qu'il en soit, si, négligeant ces recherches déjà anciennes, on étudie les recherches faites à une époque plus récente, c'est tout d'abord la même préoccupation que l'on rencontre, et c'est à comparer encore le rendement des gros et des petits tubercules que presque tous les auteurs s'attachent.

Tel est le but des recherches de M. Dreisch (¹), de MM. Deuschler et Fesca (²), mais là encore les résultats se présentent souvent avec une précision insuffisante; au début des Tableaux que ces recherches nous apportent, on voit bien, il est vrai, et pour une variété déterminée, des plants de 84^{gr} donner une récolte de 189^{kg}, quand des plants de 41^{gr} ne donnent que 154^{kg}; mais, dans ces mêmes Tableaux, on voit aussi deux autres variétés donner, l'une avec des tubercules de 84^{gr} et de 39^{gr}, des récoltes sensiblement égales de 152^{kg} et de 155^{kg}; l'autre, avec des tubercules de 61^{gr} et de 35^{gr}, des récoltes de 129^{kg} et de 116^{kg}.

Mais, si les essais que je viens de rappeler n'ont donné que des résultats imparfaits, on voit, d'un autre côté et à la même époque, MM. Wollny et Pott (³) arriver, au contraire, à des conclusions d'une grande netteté :

1° La récolte augmente avec le volume du plant;

2° Le pouvoir productif des petits tubercules est plus grand que celui des moyens, et ceux-ci ont un pouvoir productif plus élevé que les gros.

Et c'est aux mêmes conclusions qu'arrivent également M. Janowsky, M. Vossler, M. Hellriegel, MM. Bretschneider et Lichtenstædt, M. Rimpau, etc. (⁴).

C'est à la suite de ces essais que vient se placer l'important travail fait en 1877 au Muséum d'Histoire naturelle par M. Saint-André et publié dans les *Annales agronomiques* en 1878. Contrairement à ce qui avait été fait jusqu'alors, c'est vers divers points de vue que M. Saint-André a dirigé son attention à la fois; mais,

(¹) *Biedermann's Centralblatt für agricultur Chemie,* Heft VI; 1876.
(²) *Ibid.,* Heft V; 1876.
(³) *Ibid.,* Heft I; 1876.
(⁴) *Ibid.,* Heft X, XII.

malgré tout, c'est à étudier l'influence exercée sur le rendement en poids et sur le rendement en matière sèche, par les gros tubercules comparés aux petits, qu'il s'est principalement attaché.

Les conclusions auxquelles M. Saint-André a été conduit par ses travaux sont tout analogues à celles de ses prédécesseurs; à ces travaux d'ailleurs, comme aux travaux résumés ci-dessus, on ne saurait s'empêcher d'adresser quelques critiques. C'est, en effet, en comparant, pour diverses variétés et pour chacune d'elles, un gros et petit tubercule seulement que ses essais ont eu lieu. Ce sont là, comme je l'ai tout à l'heure indiqué, de mauvaises conditions expérimentales, et c'est seulement en opérant sur des sujets nombreux qu'on peut, par l'élimination des résultats accidentels, arriver à des conclusions exactes au sujet de la culture d'une plante aussi facile à influencer que la pomme de terre.

Aux essais de M. Saint-André ont succédé, notamment en Allemagne, des recherches nombreuses et qui, souvent, ont produit des résultats importants. Telles sont, notamment, les recherches dues à M. Wollny (1), recherches qui, non seulement l'ont conduit à admettre la supériorité du rendement des gros tubercules, mais encore lui ont permis de donner la raison de cette supériorité. Si aux gros tubercules correspond un rendement plus grand qu'aux petits, il le faut attribuer, d'après M. Wollny, à ce que chaque œil ou bourgeon possède, lorsqu'il appartient à un gros tubercule, une vitalité plus grande que quand il appartient à un petit.

Avant que de démontrer ce fait, M. Wollny lui-même d'un côté, d'un autre, MM. Kreusler (2), Havenstein, Werner, etc., d'autres savants encore, plus récemment, avaient cru pouvoir attribuer cette supériorité à la présence, dans les gros tubercules, d'une quantité plus grande de matières nutritives. Les dernières recherches de M. Wollny, dirigées d'après un point de vue nouveau, ont, à mon avis, donné de la question une solution plus exacte et mieux d'accord avec les lois de la Physiologie végétale.

Lorsqu'on étudie les résultats fournis par les travaux précé-

(1) *Kultur und Pflege der landwirthschaftlischen Pflanzen*; 1880.
(2) WERNER, *Kartoffelbau*. 2e édition; Berlin.

dents, on est porté à les considérer comme exprimant, dans leur ensemble, la réalité des choses, et porté par suite à admettre que les cultivateurs doivent donner la préférence aux gros tubercules, s'ils veulent obtenir une récolte abondante. Dans aucun des essais qui y sont relatés cependant, la démonstration précise de ce fait n'apparaît. Il ne pouvait en être autrement.

Si, en effet, l'opinion ayant cours actuellement se rapproche beaucoup de la vérité, elle ne la représente pas d'une façon absolue; les tubercules moyens, en réalité, ont, au point de vue du rendement cultural, une valeur sensiblement égale à celle des gros tubercules. C'est ce que j'ai démontré en m'appuyant sur les résultats obtenus, non pas en plantant côte à côte, comme on l'a fait jusqu'ici, quelques tubercules gros et petits pris au hasard dans une même récolte, mais en cultivant ensemble tous les tubercules, gros, moyens et petits, préalablement pesés, d'un même pied, et en répétant cet essai sur diverses variétés. A l'influence de la grosseur des tubercules vient se joindre alors l'influence des qualités héréditaires de chaque sujet, et c'est, je l'établirai bientôt, cette influence qui est prépondérante.

Le système de recherches que j'ai ainsi inauguré m'a permis, en outre, d'établir avec précision un fait déjà signalé par M. Vavin [1] et consistant en ceci que, dans la plantation des très gros tubercules, on rencontre un écueil physiologique inattendu, et qu'on voit, en certains cas, ceux-ci avorter complètement.

En dehors des recherches que je viens de résumer et qui représentent la préoccupation principale des expérimentateurs depuis un siècle, d'autres côtés de la question ont été, dans ces dernières années, l'objet d'études importantes.

Si l'on se place au point de vue de la culture française, il convient d'abord d'accorder toute l'attention qu'elles méritent aux recherches exclusivement culturales que l'on doit à MM. Boursier, de Compiègne, Eugène Marie, de Beauvais, et Paul Genay, de Lunéville; à ces habiles agriculteurs nous devons l'étude de

---

[1] *Bulletin de la Société nationale d'Horticulture de France.*

variétés nouvelles, et des recherches heureuses sur l'influence des sols, sur la nature des engrais, etc.

Mais c'est en Allemagne surtout que cette dernière question a été étudiée avec soin; les travaux de M. Werner, les longues recherches de M. Maerker (¹), celles plus récentes de M. Liebscher (²) ont établi avec netteté que, sous l'action d'engrais appropriés, la végétation de la pomme de terre, comme celle de toutes les autres plantes, devient plus puissante et plus productive.

Au premier rang, parmi les questions que soulève la culture de la pomme de terre, figure la considération des yeux ou bourgeons dont la surface des tubercules est inégalement couverte. Cette question a été, en Allemagne, et principalement de la part de M. Wollny, l'objet d'une étude approfondie; c'est à ce savant surtout que nous devons de savoir distinguer, dans chaque tubercule, deux parties différentes au point de vue de la fécondité : l'une, plus éloignée de la tige et qu'on voit riche en yeux ou bourgeons, c'est la partie féconde; l'autre, rattachée à la tige par son ombilic et sur laquelle les yeux sont rares, c'est la partie la moins féconde. C'est M. Wollny également qui nous a montré le pouvoir végétatif des différents bourgeons diminuant à partir du sommet terminal du tubercule et au fur et à mesure qu'ils se rapprochent de l'ombilic. Ce sont là des faits d'une grande importance : ils condamnent, au point de vue de son emploi cultural, le procédé, si répandu pourtant, qui consiste à couper les gros tubercules, pour en planter les parties séparées.

La question de l'accroissement graduel des tubercules, au fur et à mesure que la végétation progresse, a également donné lieu, dans ces dernières années, à des études développées en Allemagne. Parmi ces études, il convient de citer celles de M. Nöble, de M. König, et particulièrement celles de M. Kellermann. Les résultats que ces études ont fournis sont certainement très intéressants. On peut regretter cependant que, dans l'analyse qu'ils

---

(¹) *Die zweckmässigste... für Kartoffeln.*
(²) *Annales de la Science agronomique*, 1888.

ont faite des tubercules récoltés à diverses époques d'une même campagne, leurs auteurs se soient bornés, en général, à évaluer la proportion de matières sèches qui y étaient contenues, sans faire un compte à part de la principale de ces matières, c'est-à-dire de la fécule; on peut regretter encore qu'à l'établissement des conclusions tirées des résultats obtenus, ils n'aient pas fait intervenir la considération des conditions météorologiques précédant chaque récolte; on peut regretter enfin que, concurremment à l'examen des tubercules, ils n'aient pas entrepris l'examen détaillé, d'une part, des tiges et des feuilles, d'une autre, des radicelles.

Aux faits importants qu'ils ont découverts, une étude plus complète leur aurait permis d'adjoindre d'autres faits d'une importance non moindre, et de tirer de ceux-ci des conséquences aussi intéressantes pour la physiologie que pour la culture.

Ces conséquences, je m'efforcerai de les déduire des résultats que m'a fournis l'étude des diverses parties de la plante récoltée dans son entier, aussi bien dans ses parties souterraines que dans ses parties aériennes. Telle est l'étude, en effet, qu'il m'a semblé nécessaire d'entreprendre, comme introduction à la recherche de moyens pratiques propres à améliorer la culture et le rendement des variétés de pommes de terre destinées soit aux travaux de la distillerie et de la féculerie, soit à l'alimentation du bétail.

CHAPITRE IV.

ÉTUDE DU DÉVELOPPEMENT PROGRESSIF DE LA POMME DE TERRE.

Méthodes employées.

L'étude dont je vais, dans ce Chapitre, exposer les résultats principaux, a été entreprise par moi dans le but d'établir, avec autant de précision que la complication du sujet le permet, les conditions physiologiques et pratiques du développement progressif de la pomme de terre.

Poursuivie pendant trois années consécutives (1886, 1887, 1888) d'après une méthode identique à celle qui, appliquée au développement progressif de la betterave à sucre, m'a fourni, en 1885, d'intéressants résultats, cette étude comprend :

1° La constatation des résultats matériels auxquels aboutit en poids, en volume et en surface, l'accroissement des diverses parties de la pomme de terre : tubercules, feuilles, tiges et radicelles;

2° La détermination des proportions de matière végétale et minérale auxquelles cet accroissement progressif correspond;

3° L'évaluation des quantités de matière amylacée formée par la végétation à ses diverses périodes;

4° Le dosage, à ces diverses périodes également, des substances principales qui, indépendamment de la fécule, contribuent à la constitution de la plante;

5° L'appréciation de l'influence exercée par les circonstances météorologiques de la saison sur l'accroissement de celle-ci et son enrichissement en matière sèche, particulièrement en fécule.

En dehors de ces déterminations, dont l'intérêt est plus spécialement cultural, je me suis efforcé d'apporter quelque lumière à la question encore inconnue du mécanisme physiologique suivant lequel les tubercules de la pomme de terre, en un temps relativement court, en cent, et même en quatre-vingts jours quelquefois, emmagasinent une masse de matière amylacée qui, dans quelques cas, s'élève jusqu'à 300^{gr} par sujet.

Disposition des cultures d'étude. — Pour résoudre les différents problèmes que soulèvent les énoncés précédents, et préoccupé surtout de l'accroissement des tubercules, j'ai d'abord entrepris à la Ferme de la Faisanderie, à Joinville-le-Pont, de petites cultures faciles à surveiller (précisément à cause de leur peu d'étendue) pendant les diverses phases du développement de la plante.

Afin de pouvoir donner aux résultats constatés plus de généralité, quatre variétés de pommes de terre ont été, chaque année, mises en observation sur ces petites cultures.

Chacune de ces variétés a été cultivée dans une même terre légère et meuble, convenablement fumée, sur une superficie de 50^{mq} environ, de telle sorte que, les poquets étant au nombre de 3,3 par mètre, il fût possible de procéder, à quatre dates également espacées, à l'arrachage de 20 à 25 poquets destinés à l'évaluation des moyennes et à l'analyse des produits.

Les dates auxquelles ont eu lieu les arrachages successifs, séparées l'une de l'autre par une période d'un mois environ, ont été, à quelques jours près, les 20 juillet, 20 août, 20 septembre et 20 octobre de chaque année.

Les quatre variétés cultivées en 1886 ont été les suivantes : Hermann, Magnum bonum, Jeuxey et Chardon.

De ces quatre variétés, les deux premières ont présenté, à la récolte, quelques inconvénients : la variété Hermann, parce que les tubercules y sont excessivement nombreux, la variété Magnum bonum, parce que les tubercules s'éloignent volontiers du centre de plantation et vont souvent se mélanger aux tubercules du poquet voisin.

Aussi ai-je cru devoir les laisser de côté pour les essais de 1887 et 1888, et pour ces deux campagnes porter mon choix sur les quatre variétés suivantes : Richter's Imperator, Gelbe rose, Jeuxey et Chardon.

Cependant, et quoique les essais entrepris dans les conditions que je viens d'indiquer m'aient fourni des résultats intéressants, il m'a semblé qu'ils n'étaient pas de nature à me conduire à des conclusions d'ensemble, et je me suis, en conséquence, décidé à répéter, en 1888, sur les diverses parties dont chaque pied de pommes de terre est composé : tubercules, feuilles, tiges et radicelles, les longues et délicates expériences que, en 1885, j'avais faites en prenant la betterave à sucre comme sujet.

Le terre-plein sur lequel ces expériences avaient été conduites m'a servi, cette fois encore, de champ de culture.

Je n'insisterai pas sur les dispositions à l'aide desquelles je m'étais attaché à donner aux diverses cases de ce vaste appareil une homogénéité parfaite ([1]); je me contenterai de rappeler que, élevé de 2^m au-dessus du sol, garanti par des murs en terre de $0^m,80$ d'épaisseur que maintenaient de solides cloisons en planches, il était, intérieurement et par des cloisons semblables, divisé en dix compartiments égaux, mesurant chacun une surface de 7^{mq} sur 2^m de profondeur, et remplis d'une même terre passée à la claie, meuble, mais susceptible, cependant, de faire corps par le tassement.

Sur ce terre-plein, après avoir additionné le sol d'une quantité modérée d'engrais complet (superphosphate, nitrate de soude et sulfate de potasse), j'ai, le 20 avril 1888, planté à $0^m,50$ les uns des autres, sur des lignes espacées à $0^m,60$ (soit 3,3 tubercules par mètre carré), 200 tubercules de la variété Jeuxey, pesant chacun 80^{gr} environ, et groupés au nombre de 20 sur chaque compartiment.

Sur ces dix carrés, cependant, prévoyant les grandes difficultés que la récolte simultanée des parties souterraines et des parties aériennes de la pomme de terre allait présenter, je me proposais de procéder à six récoltes seulement pendant la campagne; mais, à cause de ces difficultés mêmes, j'avais trouvé prudent de cultiver, comme réserves, les quatre derniers carrés du terre-plein; j'ai dû, en effet, recourir plusieurs fois à ces carrés de réserve pour l'établissement des moyennes.

([1]) *Annales de l'Institut national agronomique*, t. X (1884-1885), p. 153.

Les dates auxquelles chaque récolte successive devait avoir lieu ont été inégalement espacées; une idée préconçue, et elle était juste, m'avait fait penser qu'il y aurait intérêt à multiplier les récoltes vers la fin de la campagne, quitte à les espacer davantage au début.

C'est ainsi que les récoltes ont eu lieu :

La première,	le 3 juillet.			
La deuxième,	le 4 août,	après une période de	31	jours.
La troisième,	le 28 août,	»	24	»
La quatrième,	le 20 septembre,	»	23	»
La cinquième,	le 10 octobre,	»	20	»
La sixième,	le 25 octobre,	»	15	»

J'ai décrit en détail, en 1885, dans mes *Recherches sur le développement progressif de la betterave à sucre,* la méthode que j'ai inaugurée, à l'occasion de ces recherches mêmes, pour la récolte totale des radicelles des plantes, méthode dont j'avais déjà fait l'application à Joinville-le-Pont en 1883 et 1884; je rappellerai seulement qu'elle consiste, une fois les plantes soutenues au-dessus du sol, à faire ébouler doucement, au moyen de l'eau lancée sous pression tantôt par une lance, tantôt par une pomme d'arrosoir, toute la terre au milieu de laquelle les parties souterraines se sont développées.

Appliquée à la pomme de terre, cette méthode devait présenter de plus grandes difficultés qu'appliquée à d'autres plantes et notamment à la betterave. La souche de celle-ci, en effet, est solidement attachée au bouquet de feuilles qui la surmonte, de telle sorte que, une fois ce bouquet convenablement pincé et soutenu, on n'a pas à craindre que la betterave s'échappe; il en est autrement des tubercules de la pomme de terre : rattachés à la tige par un mince cordon végétal, le stolon, ils ont bientôt, et par leur poids, brisé leur attache, dès que la terre éboulée par l'eau ne les soutient plus.

De là, pour leur récolte, la nécessité d'adopter des dispositions nouvelles, que je décrirai, dans la pensée que d'autres personnes que moi pourront les utiliser.

Au-dessus des rangs de pommes de terre à récolter, des traverses métalliques horizontales étaient dressées à $0^m,80$ environ du sol; sur ces traverses étaient posées, à cheval, des mâchoires susceptibles de glisser à leur surface et en nombre égal au nombre des pieds à soutenir.

A ces mâchoires venaient se rattacher, comme dans le cas de la récolte des betteraves, des chaînettes légères portant à leur extrémité inférieure des colliers de liège destinés à pincer et à soutenir les organes aériens des plantes.

A l'avant de chacune de ces mâchoires, j'avais fait disposer un anneau livrant passage à une tige verticale de 1^m de longueur environ. A l'extrémité inférieure de cette tige était vissé un croisillon supportant un plateau rond, annulaire, de $0^m,30$ de diamètre, composé de deux parties mobiles, semblables et établies à l'aide de deux demi-cercles de fer, concentriques, reliés par un plateau en toile métallique.

Le croisillon, vissé à la tige, était alors descendu au ras de terre, la tige verticale serrée sur la traverse, le bouquet de feuilles relevé, maintenu à l'aide du collier et de quelques liens, et le plateau en toile métallique fixé sur le croisillon.

Les choses étant ainsi disposées, la cloison établie en face de la case de végétation était abattue, et la terre attaquée doucement par le jet d'eau jusqu'à ce que les tubercules apparaissent. Aussitôt, et au-dessus de chaque tubercule, une aiguille verticale en acier, à pointe aiguë, portant une broche de liège à sa partie supérieure, était enfilée à travers une des mailles de la toile métallique et fortement enfoncée dans le corps du tubercule, jusqu'à ce que la broche vînt s'appuyer sur le plateau.

L'arrosage du sol, son éboulement à l'aide du jet d'eau, pouvaient alors être continués, avec les précautions nécessaires pour ne point briser les radicelles, sans qu'on eût à craindre de voir les tubercules, solidement suspendus au-dessous du plateau de toile métallique, briser leur attache aux diverses tiges de la plante.

Au début de ce long et difficile travail de récolte, l'eau était dirigée indistinctement à la surface des deux premiers rangs de pommes de terre (10 sujets), de façon à découvrir les tubercules; puis, lorsque, parmi ces 10 sujets, ceux qui représentaient le mieux la moyenne avaient été reconnus, tous les efforts se concentraient sur ceux-ci, de manière à en récolter quatre ou cinq, dans leur entier et jusqu'à l'extrémité des radicelles les plus longues; les autres, destinés à l'établissement des moyennes et de l'analyse, étaient arrachés simplement à la bêche, sans se préoccuper des radicelles.

Lotissement de la récolte. Établissement des moyennes. — C'est toujours au nombre de huit ou dix que les pieds arrachés, les uns pourvus, les autres dépourvus de leurs radicelles, étaient rentrés au laboratoire pour y être examinés. Le lotissement en a, dans certains cas, été difificile, par suite des variations de grosseur et de poids offertes par des pieds voisins; pour augmenter le nombre des sujets déjà récoltés, il a fallu, lorsque ces cas se sont présentés, recourir aux carrés de réserve.

Pour les cultures faites en 1886 et 1887 sur les carrés de 50^{m} dont j'ai parlé, comme aussi pour les essais faits en 1888 sur des carrés semblables, parallèlement aux essais du terre-plein, c'est de la même façon, mais sans se préoccuper des parties souterraines, que la récolte et le lotissement ont été conduits. Le lotissement, d'ailleurs, dans cette circonstance, a été moins difficile, la possibilité d'arracher, pour chaque variété, 20 ou 25 pieds à chaque opération permettant de rejeter *a priori* les pieds de force ou de petitesse exagérée.

Ce serait une nomenclature bien peu intéressante pour le lecteur que celle de ces récoltes et de ces lotissements successifs. J'en ai dû faire, en effet, 8 en 1886, 16 en 1887, et 22 en 1888.

Je me contenterai de transcrire ici, comme exemples pris parmi toutes ces données, les résultats obtenus à deux dates différentes, en 1888, sur deux des variétés cultivées : l'un d'eux, le premier, peut être considéré comme le type des récoltes dans lesquelles les poids ont, pour les différents pieds arrachés, présenté les variations maxima; l'autre, le second, comme le type au contraire des récoltes où ces poids ont présenté les moindres différences.

Ces deux exemples d'ailleurs sont pris parmi les résultats fournis par les cultures ordinaires, faites en dehors du terre-plein; il n'y est, par conséquent, pas question des radicelles, et c'est, en outre, par un seul nombre que le poids des feuilles et des tiges réunies est exprimé.

L'étude des produits récoltés sur le terre-plein de Joinville-le-Pont montrera de quelle facon a été établi le compte des diverses parties de la plante.

1er EXEMPLE DE LOTISSEMENT. — GELBE ROSE (VARIÉTÉ HATIVE).

1re récolte. — 20 juillet 1888.

	Tubercules.					Tiges.	
	Nombre.	Poids.	Répartition.	Poids moyen.		Nombre.	Poids.
		kg		gr	gr		kg
1er pied....	10	0,340	1 gros	75	75	6	0,215
			7 moyens...	245	35		
			2 petits	20	10		
2e pied....	35	0,925	2 gros	120	60	7	1,120
			14 moyens...	510	36		
			19 petits	295	15		
3e pied....	25	0,880	2 gros	135	67	9	0,810
			12 moyens...	570	47		
			11 petits	175	16		
4e pied....	21	0,630	2 gros	125	63	6	0,610
			9 moyens...	365	40		
			10 petits	140	14		
5e pied....	10	0,350	1 gros	65	65	5	0,265
			7 moyens...	255	37		
			2 petits	30	15		
6e pied....	13	0,370	0 gros	»	»	7	0,320
			8 moyens...	305	38		
			5 petits	65	13		
7e pied....	31	0,875	1 gros	90	90	13	0,745
			12 moyens...	500	41		
			18 petits	285	16		
8e pied....	31	0,760	2 gros	150	75	8	0,685
			12 moyens...	470	40		
			17 petits	190	11		
Moy...	22	0,640				7 à 8	0,500

2° EXEMPLE DE LOTISSEMENT. — RICHTER'S IMPERATOR.

2° *récolte.* — 20 *août* 1888.

	Tubercules.					Tiges.	
	Nombre.	Poids.	Répartition.	Poids moyen.		Nombre.	Poids.
		kg		gr	gr		kg
1er pied....	10	1,645	1 gros ..... 5 moyens... 4 petits	620 940 85	620 188 21	3	0,800
2e pied....	16	1,310	0 gros ..... 4 moyens... 12 petits	" 560 750	" 140 62	6	0,590
3e pied....	15	1,360	1 gros ..... 5 moyens... 9 petits	290 600 470	290 120 52	4	0,640
4e pied....	14	1,370	0 gros ..... 5 moyens... 9 petits	" 720 650	" 144 61	4	0,700
5e pied....	18	1,770	1 gros ..... 5 moyens... 12 petits	320 720 720	320 120 60	6	0,920
6e pied....	16	1,280	0 gros ..... 6 moyens... 10 petits	" 900 380	" 150 38	6	0,590
7e pied....	23	1,030	0 gros ..... 4 moyens... 19 petits	" 500 530	" 125 27	6	0,500
8e pied....	14	1,060	0 gros ..... 5 moyens... 9 petits	" 660 400	" 132 44	2	0,540
Moy...	15 à 16	1,353				4 à 5	0,660

Ces deux exemples suffisent à montrer les résultats que le lotissement fournit; c'est à des résultats analogues que les autres récoltes m'ont conduit, et c'est à l'aide de ces résultats que les poids moyens de chaque récolte ont été fixés.

Reproduction photographique des pieds moyens. — Pour conserver un souvenir graphique des récoltes faites sur le terre-plein de Joinville-le-Pont, pour permettre, à toute époque, la vérification des données constatées, il m'a semblé utile de reproduire, à chacune de ces récoltes, et à l'aide de la photographie, le sujet qui, parmi ceux ayant servi à établir les moyennes, apparaissait comme le plus moyen par le nombre et la grosseur de ses tubercules, par la longueur de ses tiges et l'abondance de son feuillage, par le développement, enfin, de ses radicelles.

Cette reproduction photographique, pour laquelle l'un de mes préparateurs, M. Herbet, m'a particulièrement aidé, présentait d'assez grandes difficultés. La pomme de terre Jeuxey, en effet, acquiert, dans des circonstances favorables, un très grand développement aérien; je l'avais choisie parce que ses tubercules se massent régulièrement autour du centre végétal, et, de ce côté, j'ai, en effet, rencontré un grand avantage; mais, d'autre part, c'est une plante à tiges couchées, et l'on voit souvent ces tiges s'étendre sur le sol jusqu'à près de 2[m] du poquet.

Ces tiges formant quelquefois un véritable buisson, il fallait alors les relever, sans les briser, les soutenir à l'aide de grandes aiguilles contre l'écran blanc formant le fond de la vue photographique, et, de même, après avoir délivré chaque tubercule de l'aiguille verticale qui le soutenait, le fixer par une aiguille semblable, mais horizontale, contre ce même écran.

Toutes ces difficultés ont été heureusement surmontées, et j'ai pu, ainsi, dans les circonstances qui viennent d'être indiquées, obtenir six belles images photographiques représentant au dixième de la grandeur naturelle la pomme de terre (tiges, tubercules et radicelles) aux différentes époques de sa végétation. Reproduites en héliogravure avec un succès complet, par les remarquables procédés de M. Paul Dujardin, ces images permettront au lecteur, s'il juge convenable de les joindre à ce volume, de se rendre compte, à la simple vue, des conditions suivant lesquelles s'accomplit l'accroissement respectif des diverses parties de la pomme de terre.

Mesure des diverses parties de la plante. — En dehors du poids moyen de chacune des parties de la plante, j'ai trouvé intérêt à noter, à chaque récolte, les diverses données fournies par la mesure des longueurs et des surfaces de quelques-unes de ces parties.

Pour les tubercules, bien entendu, aucune mesure de ce genre n'est à considérer.

Pour les feuilles, la surface qu'elles développent à travers l'atmosphère a été établie, en détachant les limbes d'un sujet moyen, les profilant sur des grandes feuilles de papier, et pesant ensuite ces découpures comparativement au poids de 2 ou 3 décimètres carrés du même papier ([1]).

Pour les tiges, la longueur à chaque récolte a été soigneusement prise sur plusieurs pieds convenablement choisis, et la moyenne déduite de la comparaison de ces longueurs.

Pour les radicelles, la longueur a été notée de même, et la surface, enfin, mesurée par l'enrobage au soufre, en suivant le procédé que j'ai fait connaître il y a quelques années ([2]).

Analyse des tubercules. — L'un des points les plus importants et les plus délicats en même temps des analyses de cette sorte est le dosage de l'eau. Pour que celui-ci soit exact, il est nécessaire d'abord que l'échantillonnage soit parfait, ensuite que le produit végétal ne subisse à la dessiccation aucune altération.

Pour obtenir ce double résultat, j'ai, pour chaque analyse, choisi, sur le lot, les vingt tubercules les plus moyens, et sur chacun d'eux j'ai détaché un fuseau mince, de façon à opérer sur un poids de 50^{gr}. Enfilés alors sur un fil mince d'argent, soutenus par deux petites potences, ces 50^{gr} de fuseaux ont été d'abord soumis à la dessiccation à l'air libre, à une température ne dépassant pas 40°, puis logés dans un vase conique léger, à bouchon rodé, et la dessiccation achevée dans une étuve à vide à la température de 60°-65° au maximum.

Aussitôt ce dosage mis en train, les 2 kilogrammes environ laissés par le découpage des tubercules moyens étaient passés au moulin-râpe que j'ai imaginé et fait construire par M. Digeon pour obtenir une division parfaite des tissus végétaux, et ainsi transformés en une pulpe fine. Sur les dispositions de ce moulin-

---

([1]) *Annales de l'Institut national agronomique*, t. X (1884-1885), p. 173.

([2]) *Comptes rendus des séances de l'Académie des Sciences*, t. CII, p. 1257.

râpe, je ne m'arrêterai pas : on en trouvera la description détaillée dans mon Mémoire *Sur le développement progressif de la betterave à sucre* (¹).

C'est sur la pulpe ainsi obtenue que tout le travail d'analyse était ensuite conduit.

Pour déterminer la proportion relative des matières insolubles (ligneux et fécule), 50gr de cette pulpe étaient jetés sur un filtre à vide, et là soumis au lavage jusqu'à élimination de tous produits solubles; le résidu, séché d'abord à l'air, allait ensuite achever sa dessiccation dans l'étuve à vide à 60°-65°.

L'évaluation de la richesse des tubercules en fécule est, on le comprend aussitôt, capitale au point de vue des recherches que je poursuis. Les procédés à l'aide desquels cette évaluation est faite d'habitude ne peuvent pas cependant être considérés comme satisfaisants. Celui auquel on recourt le plus souvent, et qui consiste dans la mesure de la densité des tubercules, est insuffisant au point de vue scientifique.

D'autre part, le procédé par saccharification qui repose sur l'action de l'eau à haute température d'abord, sur l'action des acides étendus ensuite, entraîne, par suite d'une solubilisation partielle de la cellulose, une surcharge, variable avec le temps de chauffe, mais généralement voisine de 1 pour 100 dans le pourcentage de la matière amylacée. On sait en quoi ce procédé consiste : le produit végétal bien divisé est recouvert d'eau, logé dans un flacon de verre et celui-ci chauffé dans un autoclave à 120°-130°, de façon à obtenir la solubilisation de l'amidon ou de la fécule ; filtré ensuite, le liquide fourni par cette solubilisation est saccharifié à l'aide des acides et traité enfin par la liqueur de Fehling, suivant les procédés ordinaires.

Si, comme cela a lieu en distillerie, on se propose d'évaluer la somme des matières alcoolisables à la suite d'un chauffage sous pression, comme celui auquel les distillateurs allemands soumettent la pomme de terre, cette manière de faire peut, à la rigueur,

(¹) *Annales de l'Institut national agronomique*, t. X (1884-1885), p. 178.

être admise; mais, si l'on se propose de doser exactement et spécialement la matière amylacée, il n'en est plus de même. Lorsque, en effet, on chauffe un produit végétal amylacé à 120°-130°, en présence de l'eau, une partie de la cellulose qui forme les parois cellulaires du tissu se solubilise, en même temps que la fécule, et vient, par suite, augmenter la dose des produits que plus tard le chimiste évaluera, d'après le poids de cuivre réduit que l'ébullition avec la liqueur de Fehling lui fournira.

J'ai vérifié ce fait, par l'expérience directe. Un mélange de ligneux et de fécule, obtenu par le lavage soigné d'une pulpe de pommes de terre, a été, par l'action successive de l'eau bouillante et de la diastase, amené à l'état de ligneux pur. Les traitements à l'eau de malt ont été répétés jusqu'à ce que le résidu ne donnât plus, au contact de l'eau iodée, la moindre coloration violette, puis ce résidu a été séché et pesé; il représentait 1,85 pour 100 du poids de la pomme de terre.

Un résidu exactement semblable a été préparé ensuite, puis, une fois lavé, chauffé deux heures à l'autoclave en présence de l'eau à 130°; lavé ensuite et séché, il ne représentait plus que 1,05 pour 100 du poids de la pomme de terre.

C'est donc une surcharge de 0,80 pour 100, de près de 1 pour 100, que le procédé à l'autoclave aurait dans ce cas apportée au dosage de la fécule.

Ce sont ces inconvénients qui m'ont engagé à rechercher un procédé prompt et précis à la fois pour le dosage des matières amylacées contenues dans les produits agricoles et, notamment, de la fécule contenue dans la pomme de terre.

J'ai fait connaître ce procédé en détail en 1887 (¹), et je ne puis que renvoyer le lecteur à la description que j'en ai donnée. Il doit suffire de rappeler ici qu'il repose sur l'observation de ce fait, que la cellulose d'amidon, convenablement dilatée, fixe, au contact de l'eau iodée, une quantité d'iode constante, mais différente de la quantité que fixe, de son côté, la granulose solubilisée; d'où résulte, pour chaque matière amylacée, la faculté d'absorber, en se colorant en bleu, une proportion d'iode qui lui est propre et

(¹) *Annales de Chimie et de Physique*, 6ᵉ série, t. XII, p. 275.

qui dépend des proportions de granulose et de cellulose que cette matière amylacée contient.

Quatorze dosages exécutés sur des fécules de pomme de terre d'origines diverses m'ont conduit à fixer à $0^{gr},122$ la quantité d'iode pur absorbée par 1^{gr} de fécule anhydre.

Dans l'application de ce procédé aux recherches actuelles, $12^{gr},5$ de pulpe récente et bien mélangée étaient coulés dans un bocal à l'émeri d'un demi-litre environ, la matière additionnée de quelques gouttes d'acide chlorhydrique, afin de déterminer la désagrégation des pectates du tissu cellulaire, et le tout laissé en contact quelques heures; recouverte alors de 100^{cc} de liqueur de Schweitzer aussi riche en cuivre que possible, la matière commence bientôt à se modifier; après une nuit, quelquefois après une nuit et un jour de contact, le tissu examiné au microscope se montre désagrégé en partie et laisse nager en liberté les granules amylacés gonflés et prêts à éclater. Sur le magma ainsi préparé pour l'analyse, on versait alors une quantité d'acide acétique suffisante pour sursaturer la liqueur, et le dosage enfin avait lieu à l'aide d'une liqueur d'iode récemment titrée avec de la fécule pure.

Au cours de ces recherches, également, j'ai attaché une grande importance au dosage du squelette végétal et à la séparation des principaux éléments qu'il renferme.

Le procédé que j'y ai employé a consisté à laver jusqu'à épuisement 50^{gr} de pulpe, à faire bouillir le résidu pour transformer la fécule en empois, et enfin à faire macérer à 70° le produit avec des solutions de diastase renouvelées jusqu'à ce que le magma laissé par ce traitement ne prît aucune coloration au contact de l'eau iodée.

Ainsi débarrassé de toutes les matières solubles et de la fécule, le produit était séché à basse température, puis, après dessiccation et pesée, divisé en deux parties dont l'une était consacrée au dosage de l'azote, l'autre au dosage des matières minérales.

Déduites du poids du résidu desséché, les quantités de ligneux azoté et de matières minérales ainsi établies, fournissaient par différence le pourcentage de la cellulose.

L'importance que présente, au point de vue physiologique, la détermination des proportions de matières solubles, c'est-à-dire susceptibles de migration directe, que les tubercules renferment, aux diverses périodes de leur végétation, ne saurait échapper à personne.

Pour doser ces matières dans leur ensemble, la pulpe étant pressée, le jus fourni directement par cette pression était filtré et, après filtration, logé sous le volume tantôt de 25^{cc}, tantôt de 50^{cc}, dans un vase conique pour, dans ce vase, être évaporé à 40°, d'abord à l'air libre, puis dans l'étuve à vide à 60°-65°.

Une fois pesé, l'extrait ainsi obtenu était traité pour y doser l'azote tantôt par le procédé à la chaux sodée, tantôt par le procédé à l'acide sulfurique de M. Kjeldahl. Les résultats obtenus soit par l'un, soit par l'autre procédé, n'ont jamais présenté de différences supérieures à celles que comportent les erreurs d'analyses.

Une autre partie du jus fourni directement à la presse était réservée pour le dosage des hydrates de carbone solubles, et notamment des matières sucrées. Les matières de cette sorte que le jus des tubercules contient sont au nombre de deux : d'une part, le glucose, ou tout au moins un sucre réducteur, d'une autre, le saccharose. A côté de ces matières sucrées, j'ai, à diverses reprises, recherché les dextrines et l'amidon soluble : je ne les ai jamais rencontrés.

La présence d'un sucre réducteur dans le jus des tubercules de la pomme de terre, à certains moments de la végétation du moins, était connue, la présence du saccharose ne l'était pas.

Dès mes premiers essais de 1886, étudiant le développement progressif de ces tubercules, je constatais dans le jus provenant de leur pression directe la présence d'une matière sucrée, ne réduisant pas la liqueur de Fehling bouillante, déviant à droite le plan de polarisation et s'invertissant au contact des acides étendus. Même, et quoique la proportion de cette matière sucrée fût relativement faible, dans le jus, j'avais constaté que son pouvoir rotatoire pour la lumière jaune du gaz salé était de 67° / environ. Cette matière sucrée était donc nécessairement du saccharose.

Déjà, en outre, l'analyse des tubercules m'avait permis de reconnaître qu'au début de la végétation, dans les tubercules jeunes, la proportion du saccharose était égale à 1 pour 100 environ et qu'avec l'âge elle allait en décroissant. C'est ce qu'établissent les nombres ci-dessous qui, pour deux périodes de la campagne 1886, indiquent en centièmes la quantité de saccharose contenue dans les tubercules récoltés le 1er juillet et le 13 août.

	Hermann.	Jeuxey.	Magnum bonum.	Chardon.
1er juillet........	0,88	1,27	0,88	1,23
13 août..........	0,22	0,22	0,81	0,35

Dès cette époque, j'avais été frappé de l'importance que doit présenter, au point de vue physiologique, la présence régulièrement décroissante du saccharose dans un produit végétal en voie de formation aussi rapide qu'un tubercule de pomme de terre; mais, désireux de contrôler ce fait par des expériences plus nombreuses, j'en avais retardé la publication jusqu'à l'époque où le but de mes recherches serait atteint.

Entre temps cependant, M. Hungerbühler annonçait que dans le jus de tubercules jeunes, récoltés en juin, il avait découvert un principe sucré soluble dans l'eau et l'alcool, et qui, chauffé en présence de l'acide chlorhydrique étendu, réduisait la liqueur de Fehling. Il ne s'était pas prononcé sur la nature de cette matière sucrée. Tout récemment, MM. Schulze et Seliwanoff (1), reprenant cette étude, parvenaient à extraire des tubercules de la pomme de terre le saccharose à l'état cristallisé. C'est donc à ces savants que revient le mérite d'avoir les premiers fait connaître la présence du saccharose dans le jus des tubercules de pommes de terre. J'indiquerai bientôt de quelle façon, à mon avis, il intervient à la formation de ces tubercules.

Je n'ai d'ailleurs, pour le dosage des matières sucrées, employé que les procédés ordinaires; le jus étant déféqué à l'acétate de plomb basique, filtré d'abord et passé au polarimètre, une partie était traitée directement par la liqueur de Fehling, pour la recherche du sucre réducteur, tandis qu'une autre partie, additionnée de 10 pour 100 d'acide chlorhydrique, chauffée vingt minutes à la vapeur d'un bain-marie, était soumise à l'inversion, puis, comme la première, mélangée à une solution bouillante de tartrate de cuivre et de potasse.

(1) *Landwirtch. Vers. Stat.*, XXXIV, p. 403; 1887.

Les matières minérales enfin étaient dosées par l'incinération directe en présence de l'acide sulfurique, et le poids constaté soumis à la correction ordinaire du dixième.

Analyse des feuilles. — Les détails que je viens de donner sur l'analyse des tubercules me permettront d'être beaucoup plus bref à propos de l'analyse des autres parties de la plante.

Dans les feuilles, je me suis attaché à doser l'eau en desséchant 50^{gr} de feuilles enfilées sur un fil d'argent, d'abord à l'air libre à 40°, puis dans l'étuve à vide à 60°-65°; le ligneux en lavant rapidement 50^{gr} de pulpe préparée au moulin-râpe et recourant, pour faciliter ce lavage, à l'emploi de la presse hydraulique;

Les matières solubles, en bloc, en évaporant, à l'état d'extrait, 25^{cc} ou 50^{cc} de jus direct préalablemeut filtré;

Les matières azotées solubles, tantôt par le procédé à la chaux sodée, tantôt par le procédé de Kjeldahl;

Les matières sucrées, sucre réducteur et saccharose de la façon qui vient d'être dite pour les tubercules (ce n'a pas été, certainement, l'un des faits les moins intéressants établis par ces recherches que la découverte du saccharose dans les feuilles de la pomme de terre);

Les matières minérales enfin, par l'incinération directe.

Analyse des tiges. — Tout ce que je viens de dire relativement à l'analyse des feuilles s'applique également à l'analyse des tiges; je ferai seulement observer que, pour le dosage de l'eau surtout, j'ai eu soin de m'astreindre à prendre sur plusieurs tiges de longs fuseaux représentant leur composition depuis le niveau du sol jusqu'au dernier bouquet de feuilles; entre la partie basse et la partie haute de ces tiges, en effet, on observe, sous le rapport de la teneur en eau, en ligneux, etc., des différences notables.

Analyse des radicelles. — La marche suivie pour l'analyse des radicelles a été la même encore; la seule particularité à laquelle il convienne, en ce cas, d'arrêter l'attention, est celle qui résulte de la nécessité de laver soigneusement ces radicelles, et de les ramener, avant tout dosage, à un état d'humidité normal.

Pour réaliser ces deux conditions, trois ou quatre perruques de chevelu, récoltées à l'aide du jet d'eau dans toute leur longueur, étaient d'abord noyées dans un grand bassin plat, démêlées à la main et débarrassées ainsi de la terre, des cailloux et surtout des radicelles étrangères qu'elles avaient apportées avec elles. Propres alors, ces perruques étaient logées dans le panier d'une turbine et essorées jusqu'à ce que leur surface ne mouillât plus une feuille de papier buvard; leur état d'hydratation était à ce moment considéré comme normal.

CONDITIONS MÉTÉOROLOGIQUES.

C'est un fait bien connu des cultivateurs que la pomme de terre doit être comptée au nombre des plantes sur lesquelles les conditions météorologiques exercent l'influence la plus grande. C'est dès lors une nécessité que de placer ici, à côté des résultats fournis par l'évaluation des récoltes et par l'analyse des produits récoltés, les données numériques correspondant aux quantités de pluie, de chaleur et de lumière, que la plante a eues à sa disposition pendant chaque période de sa végétation.

C'est ce que je puis faire, grâce à l'obligeance de mon savant confrère de la Société d'Agriculture, M. Renou. Les registres d'observation si complets dont il dirige la rédaction à l'observatoire du Parc de Saint-Maur ont été, par lui, mis à ma disposition, et j'en ai extrait le Tableau suivant, où sont relatées, pour les mois de juillet, août, septembre et octobre 1888 :

1° La quantité d'eau tombée chaque jour, exprimée en millimètres et en dixièmes de millimètre;

2° La température moyenne de chaque jour;

3° La nébulosité moyenne de chaque jour (le nombre 100 correspondant à un ciel absolument couvert, le nombre 0 à un ciel absolument lumineux).

La comparaison entre les chiffres contenus dans ce Tableau et les résultats fournis tant par les récoltes que par les analyses m'a permis, au cours de mes recherches, d'expliquer, à plusieurs reprises, des faits en apparence anormaux.

OBSERVATIONS MÉTÉOROLOGIQUES POUR LA CAMPAGNE 1888.

Parc de Saint-Maur. — M. E. Renou, Directeur.

JUILLET.				AOUT.				SEPTEMBRE.				OCTOBRE.			
	PLUIE.	TEMPÉRATURE.	NÉBULOSITÉ.		PLUIE.	TEMPÉRATURE.	NÉBULOSITÉ.		PLUIE.	TEMPÉRATURE.	NÉBULOSITÉ.		PLUIE.	TEMPÉRATURE.	NÉBULOSITÉ.
1	″	12,3	68	1	1,1	14,8	64	1	″	10,8	23	1	″	7,8	59
2	6,1	13,8	62	2	1,6	13,0	54	2	″	11,1	63	2	5,4	6,5	94
3	9,1	16,0	96	3	″	14,4	48	3	″	14,0	36	3	1,9	8,8	33
4	0,8	15,7	98	4	″	16,2	35	4	″	15,3	28	4	″	9,1	40
5	1,7	15,6	88	5	8,8	14,7	69	5	″	16,2	25	5	1,4	6,2	44
6	1,2	15,8	66	6	0,4	3,5	75	6	″	16,5	35	6	16,6	5,4	68
7	11,3	15,1	58	7	1,2	15,7	66	7	″	14,4	46	7	″	4,4	41
8	5,3	14,7	95	8	″	18,9	23	8	2,1	11,7	58	8	0,4	4,8	40
9	0,1	15,9	33	9	″	20,8	21	9	2,4	11,1	82	9	1,8	4,9	91
10	0,9	14,9	78	10	″	21,9	4	10	″	11,4	38	10	3,4	9,4	100
11	2,3	11,5	82	11	″	22,9	14	11	″	11,1	13	11	″	8,3	45
12	″	12,6	99	12	″	21,3	62	12	″	12,0	0	12	″	7,9	33
13	″	14,5	44	13	″	18,9	33	13	″	14,7	8	13	3,2	8,0	59
14	″	15,9	24	14	″	16,7	38	14	″	17,4	18	14	″	5,9	34
15	″	18,3	82	15	9,5	17,4	80	15	″	17,5	3	15	″	5,0	5
16	″	16,7	95	16	1,4	14,1	100	16	″	16,3	82	16	″	5,2	64
17	1,2	15,7	81	17	″	14,0	95	17	″	15,3	81	17	″	8,1	28
18	1,0	15,7	95	18	″	13,0	83	18	″	16,4	45	18	″	8,0	1
19	″	14,9	70	19	″	13,9	60	19	″	14,6	0	19	″	6,8	0
20	0,5	16,1	95	20	0,3	15,6	86	20	″	13,0	0	20	″	4,6	6
21	″	17,8	56	21	4,0	17,9	91	21	″	13,7	5	21	″	4,5	0
22	19,8	19,1	40	22	6,6	15,5	56	22	″	14,9	0	22	″	4,5	1
23	10,3	17,2	82	23	″	15,6	28	23	″	17,0	44	23	″	3,2	0
24	0,4	16,4	66	24	0,3	20,0	28	24	″	18,6	69	24	″	3,4	16
25	″	18,9	64	25	5,5	17,2	61	25	10,7	16,5	85	25	″	8,5	21
26	1,8	17,3	64	26	″	16,4	44	26	″	15,3	84	26	″	12,9	50
27	2,2	17,5	70	27	0,9	16,8	62	27	″	14,4	56	27	″	12,2	5
28	0,1	14,8	82	28	1,1	16,6	74	28	″	16,1	69	28	″	11,5	9
29	0,5	14,3	90	29	″	14,6	29	29	8,8	17,8	98	29	″	12,4	70
30	4,3	15,5	98	30	″	14,3	38	30	1,8	11,9	57	30	″	15,2	98
31	0,7	15,9	80	31	″	11,8	34	″	″	″	″	31	0,1	11,8	97
	81,6				42,7				24,8				34,2		

Étude des tubercules.

La végétation de la pomme de terre présente à l'observateur deux périodes bien distinctes. Des tubercules mis en terre, trois semaines environ après la plantation, sortent d'abord des tiges qui, aussitôt, se garnissent de radicelles, et pendant un mois, six semaines quelquefois, c'est au développement simultané de ces tiges et de ces radicelles que le travail végétal se borne; puis, à cette première période en succède une seconde : à la base des tiges s'allongent des rameaux souterrains dont l'extrémité s'arrondit sous forme de tubercules féculents; ceux-ci vont ensuite grossissant pendant un temps qui, suivant les variétés, se prolonge de deux à trois mois.

Plantée dans la première moitié d'avril, montrant ses premières tiges du 1er au 10 mai, la pomme de terre forme ses tubercules vers la fin de juin, et les accroît progressivement jusqu'au milieu de septembre, si la saison est favorable, jusqu'au milieu d'octobre si la saison est mauvaise, au contraire.

Des deux périodes que je viens de définir, il m'a semblé que, au point de vue des applications qui forment l'objectif principal de ces recherches, la première pouvait être négligée, et c'est au moment même où les tubercules apparaissent au pied de la plante que j'ai placé le début de mes observations.

A ce moment, d'ailleurs, et même en se tenant sur le terrain purement physiologique, plusieurs questions importantes se posent.

Au sujet des tubercules, dont je m'occupe exclusivement en ce moment, on est conduit alors à se demander :

1° Quelle est, en poids, la marche de leur accroissement progressif;

2° Quelle est, en poids, la marche de l'accroissement de la matière sèche qu'ils renferment;

3° Quelle est, à des dates déterminées et convenablement espacées, la composition des tubercules fournis par chaque récolte;

4° Quelle est cette composition par rapport au poids sec des tubercules et indépendamment de l'eau que la végétation y a fixée;

5° Quel est, à l'état sec, le poids de chacune des matières principales contenues dans les tubercules formant, à chacune de ces dates, la récolte d'un sujet moyen;

6° Quelle peut être enfin l'origine physiologique de ces matières principales et surtout de la fécule;

Déterminer, en un mot, le poids de matière utile fixée par la plante sous la forme de tubercules, au cours de sa végétation, et rechercher le mécanisme de cette formation : tel est le but qu'il convient de poursuivre.

ACCROISSEMENT EN POIDS DES TUBERCULES.

J'ai indiqué précédemment ([1]) dans quelles conditions et à quelles dates ont eu lieu en 1886, 1887 et 1888, les récoltes successives des diverses parties de la plante et particulièrement des tubercules.

C'est de ces tubercules seulement que je dois m'occuper en ce moment, et, pour faire connaître aussitôt les résultats auxquels aboutit leur accroissement progressif, j'indiquerai dans les quatre Tableaux qui vont suivre, le poids moyen de tubercules qui, pour chacune des époques choisies, a été récolté au pied des sujets de chacune des variétés mises en expérience.

Campagne 1886.

Variétés.	1er juillet.	13 août.	15 septembre.	15 octobre.
	kg	kg		kg
Hermann............	0,240	0,453	»	1,064
Jeuxey.............	0,244	0,539	Récolte	0,804
Magnum bonum......	0,292	0,660	perdue.	1,063
Chardon...........	0,175	0,514	»	0,695

Campagne 1887.

Variétés.	18 juillet.	18 août.	20 septembre.	20 octobre.
	kg	kg	kg	kg
Richter's Imperator..	0,020	0,166	0,826	0,960
Gelbe rose...........	0,033	0,207	0,494	0,548
Jeuxey.............	Néant.	0,080	0,521	0,674
Chardon...........	0,079	0,289	0,710	0,863

([1]) *Voir* pages 38 et 39.

Campagne 1888.

Variétés.	20 juillet.	20 août.	20 septembre.	20 octobre.
	kg	kg	kg	kg
Richter's Imperator..	0,715	1,330	1,332	1,530
Gelbe rose...........	0,641	1,042	1,173	Réc. faite.
Jeuxey...............	0,352	1,121	1,094	1,350
Chardon.............	0,578	1,118	1,131	1,260

Campagne 1888 (terre-plein).

	3 juillet.	4 août.	28 août.	20 sept.	10 octobre.	25 octobre
Jeuxey....	0^{kg},031	0^{kg},719	1^{kg},270	1^{kg},530	1^{kg},770	1^{kg},553

De l'examen des chiffres qui précèdent et de leur comparaison découlent plusieurs conséquences importantes.

C'est d'abord la vérification, à l'aide de nombres recueillis à dates fixes, de l'accroissement en poids des tubercules. Quelque année, quelque variété que l'on considère, on voit, du début à la fin de la campagne, les tubercules subir, au pied de chaque sujet, un accroissement considérable.

Mais cet accroissement, on est aussitôt frappé des anomalies qu'il présente. C'est ainsi qu'en 1888 on constate que la récolte de chacune des quatre variétés conserve, du 20 août au 20 septembre, un poids sensiblement égal; c'est ainsi, au contraire, que sur le terre-plein la récolte de chaque pied de Jeuxey se montre, le 25 octobre, inférieure de 250^{gr} environ à ce qu'elle était le 10 octobre.

Ces anomalies ne sont qu'apparentes; on en aura bientôt la preuve lorsque, soumettant les tubercules à la dessiccation, et faisant abstraction de l'eau qu'ils contiennent, on considérera le poids de matière sèche que chaque pied a fourni sous la forme de tubercules; à l'irrégularité apparente que je viens de signaler, se substituera alors une régularité parfaite.

Mais, avant d'examiner ce point de vue, il en est un autre que je ne dois pas négliger : ce point de vue, c'est la considération du moment auquel, suivant l'année, a lieu, au pied de la pomme de terre, l'apparition des tubercules. Des différences très grandes se produisent à ce sujet, et, pour les apprécier, il suffit de comparer le poids de ces tubercules à des dates identiques, mais au cours de campagnes différentes.

C'est ainsi que nous voyons la variété Jeuxey fournir à chaque pied, le 2 juillet 1888, un poids de tubercules égal à $0^{kg},352$, tandis qu'à la même date de l'année 1887 on ne trouve encore aux pieds de cette variété aucun tubercule formé, que nous voyons cette même variété fournir, sur le terre-plein en 1888, le 1er juillet, 31^{gr} de tubercules seulement, et en donner $0^{kg},244$ à la même date, en 1886.

Sur les Tableaux qui précèdent, on peut également constater des différences de même ordre pour les autres variétés et les autres dates de récolte; les plus remarquables certainement sont celles offertes par les récoltes du 18 août en 1887, et du 20 août en 1888, où l'on voit les quatre variétés mises en culture fournir à chaque pied des poids de tubercules qui, d'une année à l'autre, varient de près d'un kilogramme.

Ces différences, il n'est pas cependant nécessaire d'en rechercher bien loin la cause : c'est à la différence des conditions météorologiques dans l'un et l'autre cas qu'il les faut imputer; c'est particulièrement, pour l'exemple que je viens de citer, aux retards apportés à la levée en 1887 par un mois de mai pluvieux et froid (1).

C'est à la différence aussi des conditions météorologiques correspondant aux mois successifs de la campagne 1888 qu'il faut attribuer les anomalies que paraissent présenter les récoltes de cette année.

Ces anomalies apparentes sont singulières : c'est ainsi qu'au 20 août et au 20 septembre les quatre variétés cultivées côte à côte apportent à la récolte un poids moyen de tubercules sensible-

---

(1) D'après les données qu'a bien voulu me communiquer M. E. Renou, on a observé pour le mois de mai :

	En 1887.	En 1888.
Pluie tombée	76^{mm}	20^{mm}
Température moyenne	$11^{\circ},37$	$13^{\circ},33$

ment égal, d'où il semble résulter que, pendant un mois entier, la végétation est restée stationnaire.

Plus singulière encore est l'anomalie que présente, sur le terre-plein, la récolte en fin de campagne : le 20 septembre, le poids des tubercules s'élève à 1kg,530 par pied; le 10 octobre, il a augmenté

Diagramme n° I.

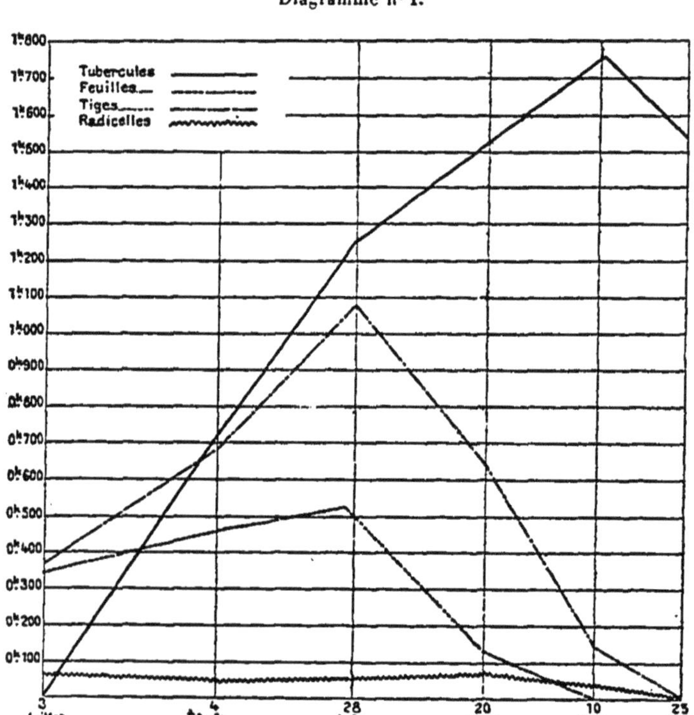

Accroissement, en poids, des diverses parties de la pomme de terre, à six époques successives de sa végétation.

de 240gr, il égale 1kg,770; mais quinze jours plus tard, le 25 octobre, on le trouve inférieur de 217gr : il est retombé à 1kg,533, c'est-à-dire à un chiffre à peine supérieur au chiffre du 20 septembre. Ces différences sont représentées avec une grande netteté par la ligne qui, sur le diagramme n° I, exprime l'accroissement en poids des tubercules.

Ces diverses anomalies, cependant, c'est chose aisée que d'en faire disparaître l'apparence. Si, en effet, profitant des données que l'analyse des tubercules, aux diverses époques de récolte, apportera bientôt, on considère les tubercules non plus à l'état d'hydratation sous lequel le sol les livre, mais après qu'ils ont été, par une chaleur de 100°, amenés à l'état de matière sèche, les choses se présentent avec un aspect tout différent; le poids moyen des tubercules, supposés secs, devient alors à chaque pied :

Campagne 1888.

	20 juillet.	20 août.	20 septembre.	25 octobre.
	gr	gr	gr	gr
Richter's Imperator......	132	338	387	406
Gelbe rose..............	144	257	291	Réc. faite.
Jeuxey..................	62	271	276	317
Chardon...	109	254	268	277

De l'examen de ces poids de matière sèche, il faut alors conclure que, du 20 août au 20 septembre, la végétation a fait encore sentir ses effets au point de vue de l'accroissement des tubercules, surtout pour les variétés Richter's et Gelbe rose où cet accroissement atteint 49^gr et 34^gr, mais que cet accroissement a été faible, comme d'ailleurs il a été faible aussi du 20 septembre au 20 octobre; résultat important et qui déjà nous montre que six semaines, deux mois au plus, après l'apparition des tubercules, le travail de l'accroissement est déjà avancé.

C'est de même à l'hydratation différente des tubercules au 20 septembre, au 10 et au 25 octobre qu'il faut attribuer l'anomalie apparente présentée par la récolte du 10 octobre sur le terre-plein; pour le reconnaître, il suffit de consulter le Tableau suivant, qui représente, à l'état sec, le poids moyen de tubercules récolté à chaque pied :

3 juillet.	4 août.	28 août.	20 septembre.	10 octobre.	25 octobre.
5^gr	138^gr	277^gr	360^gr	350^gr	356^gr

La démonstration est ici plus nette encore, et sur le diagramme n° II (¹), la ligne pleine qui, représentant le poids des tubercules

(¹) *Voir* page 61.

secs, s'étend horizontalement du 20 septembre au 25 octobre, suffit à établir que, de l'une à l'autre date, le poids de matière sèche a cessé de s'accroître; le travail de la végétation était achevé.

Je n'insisterai pas davantage sur ce point en ce moment, j'y reviendrai bientôt, lorsque j'aborderai l'étude des feuilles, des tiges et des radicelles, et j'établirai alors que cet arrêt d'accroissement des tubercules correspond précisément au moment où les

Diagramme n° II.

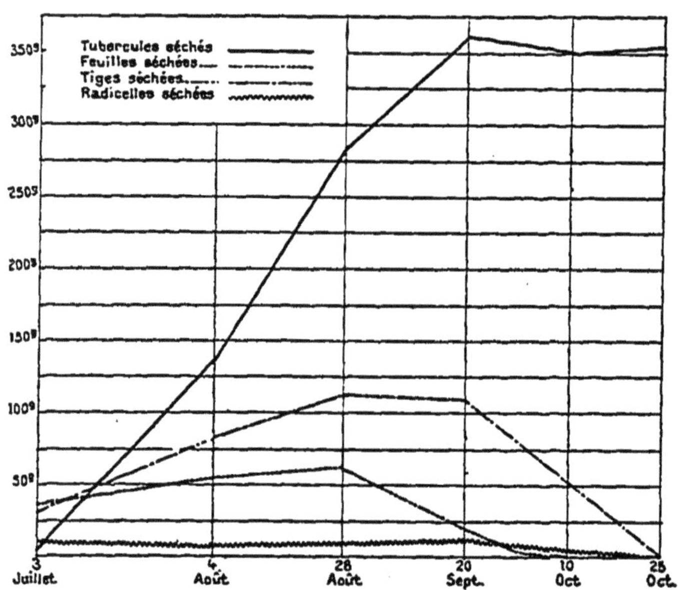

Accroissement, en *poids sec,* des diverses parties de la pomme de terre, à six époques successives de végétation.

feuilles, du fait de leur fanaison, à quelque date que cette fanaison se produise, ont perdu la faculté de produire de nouvelles quantités de matière organique.

C'est, d'ailleurs, un phénomène considérable, à certains moments, que celui de l'accroissement en poids des tubercules, et l'on doit remarquer combien est grande la quantité de matière sèche qu'à ces moments la pomme de terre accumule au pied de chaque sujet sous cette forme, et indépendamment des quantités de matière, sèche également, qu'elle constitue à l'état de feuilles, de tiges et de radicelles.

L'étendue de ce phénomène est établie par les chiffres inscrits ci-dessous, chiffres qui expriment la quantité de matière sèche emmagasinée par chaque sujet sous forme de tubercules, d'un côté pendant la période de temps qui sépare une récolte de la suivante, d'un autre pendant chaque jour de cette période.

ACCROISSEMENT DU POIDS DE MATIÈRE SÈCHE DES TUBERCULES.

Campagne 1888.

	Du 20 juillet au 20 août.		Du 20 août au 20 septembre.		Du 20 septembre au 20 octobre.	
	Total.	Par jour.	Total.	Par jour.	Total.	Par jour.
	gr	gr	gr	gr	gr	gr
Richter's Imperator...	206	6,6	49	1,6	19	0,1
Gelbe rose...........	113	3,6	34	1,0	Réc. faite.	
Jeuxey..............	209	6,8	5	0,1	41	1,3
Chardon............	45	1,5	14	0,5	9	0,3

Campagne 1888 (terre-plein).

	Du 3 juillet au 4 août.	Du 4 août au 28 août.	Du 28 août au 20 sept.	Du 20 sept. au 10 octobre.	Du 10 oct. au 25 octobre.
	gr	gr	gr		
Total........	133	139	83	Néant.	Néant.
Par jour......	4,3	4,6	3,6		

Ces chiffres sont dignes d'attention : ils montrent combien est puissante l'activité productive d'un végétal qui, indépendamment des matériaux nécessaires à son propre développement, peut élaborer et emmaganiser, sous forme de tubercules, une quantité de matière sèche qui, à certains moments, s'élève au delà de 6gr par jour.

Mais ce n'est pas seulement à démontrer l'intensité de la puissance productive de la pomme de terre que ces chiffres peuvent servir, ils établissent en outre que cette intensité varie avec l'époque du développement de la plante dans les plus larges limites;

tout d'abord, à partir du moment où les tubercules se sont formés, l'accroissement est extrêmement rapide, et pendant deux mois environ cette rapidité se soutient, puis l'activité productive diminue et enfin l'accroissement s'arrête.

Ces différences dans l'intensité du phénomène sont nettement indiquées dans le diagramme n° I et surtout dans le diagramme n° II ([1]), où l'on voit la ligne pleine qui représente le poids sec des tubercules s'élever rapidement du 3 juillet au 28 août, s'incliner vers la ligne des abscisses du 28 août au 20 septembre et enfin lui devenir parallèle à partir de cette date.

C'est à la variété Jeuxey cultivée sur le terre-plein de Joinville que les données précédentes s'appliquent, mais on observerait des faits absolument semblables avec toutes les variétés de pommes de terre; les conditions météorologiques de l'année, la qualité hâtive ou tardive de ces variétés, amèneraient seules des changements dans les dates successives auxquelles on les pourrait constater.

De tout ce qui précède, il résulte que, dès à présent, une conclusion est acquise au sujet de l'accroissement des tubercules, conclusion que l'analyse de ces tubercules confirmera; rapide d'abord, plus lent ensuite, cet accroissement s'arrête enfin à une date moins avancée en saison qu'on ne le croit généralement. A partir de cette date, ce devient chose inutile que de retarder l'arrachage.

Cette conclusion, cependant, ne saurait avoir toute sa force que si, à partir de cette date, le poids de matière utile, c'est-à-dire de fécule, reste stationnaire comme le poids total de la matière sèche.

Il convient de rechercher, en outre, si, par quelques caractères extérieurs, la plante elle-même ne peut pas permettre de fixer cette date : c'est ce que l'étude des parties aériennes apprendra bientôt.

([1]) *Voir* pages 59 et 61.

Composition des tubercules aux diverses dates de récolte. — Accroissement en poids des diverses substances qu'ils contiennent.

A l'étude de l'accroissement progressif des tubercules pris dans leur masse entière doit succéder l'étude de l'accroissement personnel de chacune des substances qui interviennent à leur composition. De cette étude doivent résulter : au point de vue pratique, la connaissance du poids de chacune de ces substances, et notamment de la fécule, logé au pied de chaque sujet; au point de vue physiologique, un aperçu du mécanisme à l'aide duquel cette fécule se forme et s'accroît avec le temps.

Pour atteindre ces deux buts, l'examen des résultats obtenus en 1888 suffira; je ferai connaître d'abord ceux qu'a fournis l'analyse des tubercules de la variété Jeuxey cultivée sur le terre-plein de Joinville; et, de leur examen, je chercherai à tirer des conclusions dont je demanderai ensuite la confirmation aux résultats fournis par l'analyse des quatre variétés cultivées la même année, à côté les unes des autres.

Dans le Tableau suivant sont résumées les données fournies par l'analyse des tubercules moyens de la variété Jeuxey, récoltés dans les cases du terre-plein de Joinville-le-Pont.

Composition des tubercules du terre-plein (Jeuxey, 1888).

	3 juillet.	4 août.	28 août.	20 sept.	10 oct.	25 oct.
Eau	85,22	80,79	78,16	75,94	80,22	77,05
Matières solubles.						
Saccharose	1,48	1,12	0,64	0,27	0,10	0,02
Sucre réducteur	0,67	0,00	0,00	0,00	0,00	0,00
Matières azotées	1,36	0,91	1,19	2,06	1,99	1,98
Mat. organ. autres	0,35	0,72	0,13	0,96	1,19	1,14
Matières minérales	0,86	1,14	1,38	1,31	1,39	1,46
Total	4,72	3,87	3,34	4,60	4,67	4,60

	3 juillet.	4 août.	28 août.	20 sept.	10 oct.	25 oct.
			Matières insolubles.			
Fécule........	8,40	13,92	15,67	17,44	13,70	16,38
Cellulose......	1,66	1,23	1,60	1,60	1,31	1,66
Ligneux azoté.........		0,08	0,19	0,32	0,19	0,19
Matières minérales....		0,09	0,09	0,09	0,13	0,06
Total......	10,06	15,22	17,55	19,47	15,33	18,29
Total général.....	100,00	100,00	99,05	99,99	100,22	99,94
Polarisation du jus direct, déféqué........	»	1°,15 ↗	1°,10 ↗	0°,88 ↗	0°,55 ↗	0°,00

Parmi les diverses matières dont les nombres ci-dessus représentent le pourcentage aux six époques successives de récolte, celle dont l'accroissement progressif doit en premier lieu fixer l'attention est la fécule; c'est, en effet, à la production maxima de cette matière que tendent les recherches actuelles.

Cet accroissement se montre d'abord bien régulier, et d'une récolte à l'autre on voit, jusqu'au 20 septembre, la proportion de fécule augmenter; mais, à ce moment, une brusque anomalie se produit, et les tubercules qui, à cette date, se montraient riches à 17,44 pour 100 de fécule anhydre n'en contiennent plus le 10 octobre que 13,70 pour 100; la perte est de 4 pour 100 environ.

Cet abaissement de la teneur en fécule est passager d'ailleurs; quinze jours plus tard, le 25 octobre, ce sont des tubercules, non pas aussi riches que ceux du 20 septembre, mais s'en rapprochant cependant, que la récolte fournit.

Pour comprendre d'où provient cet abaissement subit de la proportion de fécule, d'où provient ensuite son relèvement, il suffit, après avoir étudié les variations centésimales de cette fécule, d'examiner les variations centésimales de l'eau. Le pourcentage de celle-ci est très élevé au début; le 2 juillet, il atteint 85,22 pour 100 du poids des tubercules; mais régulièrement, à partir de cette date, on le voit décroître, jusqu'à 75,94 pour 100, pour, le 10 octobre, se relever subitement, atteindre 80,22 pour 100, et quinze jours après retomber à 77,05 pour 100.

Du 20 septembre au 10 octobre, en un mot, la fécule a diminué de 4 pour 100 environ, l'eau a augmenté de 4 pour 100 environ.

Ce rapprochement est frappant; il conduit aussitôt à penser que, sous une influence à déterminer, les tubercules se sont d'abord hydratés d'une façon excessive, pour se déshydrater ensuite. Le calcul suivant permet d'établir le bien-fondé de cette hypothèse; si l'on considère le poids moyen de chaque poquet lors de l'une et de l'autre récolte : $1^{kg},530$ et $1^{kg},770$, si l'on calcule le poids d'eau que chacune de ces récoltes contient, on trouve, pour la première, $1^{kg},161$; pour la seconde, $1^{kg},419$, dont la différence $1^{kg},419 - 1^{kg},161 = 0^{kg},258$ représente un poids d'eau sensiblement égal à la différence du poids brut des récoltes : $1^{kg},770 - 1^{kg},530 = 0^{kg},240$.

C'est donc bien, en réalité, un accroissement important de la quantité d'eau emmagasinée par les tubercules, et non pas, comme on aurait pu le croire, la disparition d'une partie de la matière utile qui y était logée qui, dans le premier cas, a abaissé leur teneur en fécule, et, par un calcul tout semblable, il serait facile d'expliquer comment, entre la récolte du 10 et celle du 25 octobre, une perte d'eau de 200^{gr} environ par pied a relevé de 3 pour 100 environ le pourcentage de la fécule sans que le poids absolu de celle-ci ait augmenté, et abaissé de 3 pour 100 environ le pourcentage de l'eau.

Cette relation inverse entre les proportions d'eau et de fécule n'est pas du reste spéciale au cas que je viens d'examiner, et, pendant toute la durée de la végétation, on voit le pourcentage de l'eau s'abaisser quand le pourcentage de la fécule augmente; les variations, dans l'un et dans l'autre sens, sont alors assez régulières pour que l'on puisse considérer les quantités d'eau et de fécule entrant dans la composition des tubercules comme formant une constante, non pas générale à toutes les variétés, mais propre à chacune d'elles.

C'est ainsi que l'on voit la variété Jeuxey, cultivée sur le terre-plein de Joinville, fournir en centièmes, pour la somme de l'eau et de la fécule, les nombres suivants :

3 juillet	93,62	20 septembre	93,38
4 août	94,71	10 octobre	93,92
28 août	93,83	25 octobre	93,43

Si on laisse de côté le chiffre relatif au 4 août, chiffre qui peut avoir été influencé par quelque erreur d'analyse, on voit qu'en effet, et pour cette variété, la somme de l'eau et de la fécule a été continûment égale à 93,5 pour 100 en moyenne, pendant toute la durée de la végétation.

Des constatations analogues faites sur d'autres variétés m'ont permis, d'autre part, de reconnaître la généralité de cette observation.

Son importance ne saurait échapper; elle montre, en effet, que, contrairement à une idée assez répandue, l'activité de la végétation aérienne, à la suite d'une période de pluies, n'est due en aucune façon à la consommation des réserves accumulées au pied de la plante; ces réserves subsistent intégralement; si le tissu dans lequel elles sont logées paraît proportionnellement plus pauvre, c'est qu'il s'est hydraté, et c'est à l'aide de matériaux nouveaux empruntés à l'atmosphère que la végétation s'accroît.

Déjà, en 1885, l'étude de la betterave à sucre m'avait permis de reconnaître des faits identiques.

Les courbes à l'aide desquelles, sur le diagramme n° III (1), le pourcentage de l'eau et celui de la fécule sont représentés, rendent frappante la démonstration des faits que je viens d'établir : l'une s'élève quand l'autre s'abaisse, et réciproquement, suivant des hauteurs sensiblement proportionnelles si bien que les deux courbes sont inversement superposables.

C'est dans les variations de l'état météorologique aux diverses époques de la végétation que l'on trouve la cause déterminante des variations d'hydratation des tubercules de pomme de terre qui viennent d'être constatées.

Il me suffira, pour le montrer, de mettre en parallèle, d'un côté, les résultats des trois dernières récoltes, d'un autre, l'état météorologique qui s'est produit du 28 août au 25 octobre.

Les observations dirigées au Parc de Saint-Maur par M. Renou

---

(1) *Voir* page 68.

apportent à ce sujet un enseignement complet (¹) : du 28 août au 20 septembre, le temps a été remarquablement beau et sec; en vingt-quatre jours, il n'est tombé que $5^{mm},6$ d'eau, et, dans ces conditions, les tubercules ont continué leur accroissement nor-

Diagramme n° III.

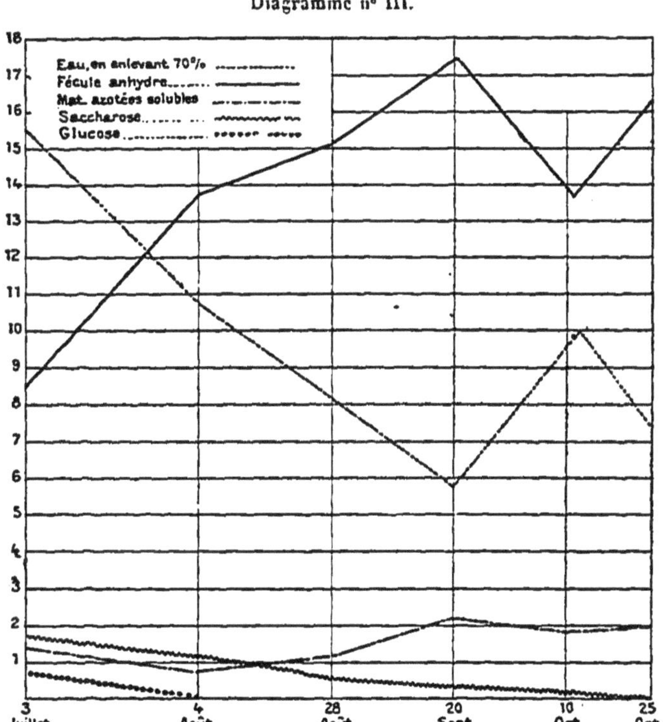

Pourcentage des principaux produits contenus dans les tubercules de la pomme de terre, à six époques successives de la végétation.

mal; mais, du 20 septembre au 10 octobre, le temps a été tout autre : sur une période de vingt jours, on a compté dix jours de pluie, et celle-ci, en certain cas, a été assez abondante pour qu'au total elle se soit élevée à $55^{mm},2$; dans ces conditions, les tubercules à peine enterrés, à fleur de sol par suite de l'abaissement

(¹) *Voir* le Tableau des observations météorologiques, page 54.

des buttes, indépendants des tiges et des radicelles mortes à ce moment, se sont, dans une large mesure, imprégnés de l'eau que la terre avait reçue; puis, du 10 au 25 octobre, le temps chaud et sec a reparu ; dans la quinzaine, on n'a compté qu'un seul jour de pluie, et celui-ci n'a fourni que $3^{mm},2$ d'eau; aussi, dans ces conditions, les tubercules se sont-ils rapidement séchés et débarrassés de l'eau en excès dont ils s'étaient imprégnés, pour redescendre au poids constaté un mois auparavant.

On conçoit, dès lors, quelles différences doit présenter dans ses résultats le rendement d'une culture, suivant que la récolte en a lieu à la suite d'une période de pluie ou d'une période de sécheresse.

Si, considérant encore les tubercules en l'état où la récolte les fournit, on étudie les variations des matières autres que l'eau et la fécule qui interviennent à leur composition, il est trois de ces matières surtout qui appellent l'attention et qui, au point de vue physiologique, semblent devoir jouer un rôle important : ce sont, d'une part, les sucres, d'une autre, les matières azotées solubles.

Lorsque le tubercule est jeune, on y constate la présence d'un sucre réducteur que, pour simplifier, j'appellerai un glucose, et celle du saccharose; mais de bonne heure, dès le 4 août, le glucose a disparu, et jusqu'à la fin de la campagne on ne le voit pas réapparaître, tandis que, du premier au dernier jour de cette campagne, le saccharose subsiste, allant en diminuant d'une récolte à l'autre, pour enfin disparaître lors de la dernière.

C'est dans un sens contraire qu'ont lieu les variations de la matière azotée soluble; à partir du 4 août et jusqu'au 20 septembre, on la voit augmenter pour, à partir de cette date et jusqu'à la fin de la campagne, rester stationnaire.

Quant aux autres matières, ligneux, matières azotées insolubles, matières minérales solubles ou insolubles, leur proportion centésimale ne varie, au cours de la campagne, que dans des limites assez faibles pour qu'on puisse attribuer à des défauts d'échantillonnage ou à des erreurs d'analyse les différences constatées.

L'allure qu'affectent dans leurs variations les matières principales dont le tubercule est composé est déjà clairement indiquée sur le diagramme n° III ([1]), mais cette allure devient plus appréciable encore si, au lieu de considérer le tubercule normal, on fait abstraction de l'eau qu'il contient, pour ne considérer que la matière sèche.

Sur cent parties de tubercules moyens desséchés, on trouve alors, aux six époques successives de récolte, en négligeant les matières organiques non dosées et réunies à l'analyse directe sous le nom de *matières autres* :

Composition centésimale des tubercules secs.

	2 juillet.	3 août.	27 août.	20 sept.	20 oct.	23 oct.
Saccharose................	10,0	5,8	3,0	1,2	0,5	0,1
Glucose....................	4,5	0,0	0,0	0,0	0,0	0,0
Matières azotées solubles....	9,2	4,7	5,4	8,5	10,0	8,6
Matières minérales solubles..	5,8	5,9	6,3	5,4	6,0	6,3
Fécule....................	56,7	72,4	71,7	72,4	69,2	71,3
Ligneux....................	11,2	7,2	8,6	8,3	8,2	8,3

Les conditions dans lesquelles la matière sèche des tubercules s'accroît apparaissent alors avec netteté.

Du 2 juillet au 23 octobre, le saccharose décroît régulièrement; après le 2 juillet, le glucose ne se retrouve plus.

Les matières azotées solubles, plus abondantes au début, décroissent dans la période du 3 juillet au 4 août, remontent au taux primitif entre le 4 août et le 20 septembre et y restent stationnaires.

Pendant toute la campagne, la proportion des matières minérales solubles reste sensiblement invariable.

La proportion centésimale de fécule, après avoir grandi rapidement du 3 juillet au 4 août, reste, elle aussi, stationnaire jusqu'au moment de la récolte; c'est là un résultat absolument inattendu.

Quant aux ligneux, la proportion en reste toujours sensiblement la même dans les tubercules.

Sur le diagramme n° IV, les faits que je viens de résumer sont reproduits graphiquement d'une façon saisissante; du 3 juillet au 4 août, la courbe de la fécule s'élève rapidement, tandis que toutes les autres, à l'exception de la courbe des matières minérales,

---

([1]) *Voir* page 68.

sensiblement parallèles entre elles, s'inclinent vers la ligne des abscisses.

Puis, à partir du 4 août, la courbe du saccharose continue de s'abaisser régulièrement, celle des matières azotées se relève, tandis qu'à côté d'elles les autres s'allongent parallèlement entre elles et parallèlement à la ligne des abscisses.

La conséquence à tirer de ces observations au point de vue de

Diagramme n° IV.

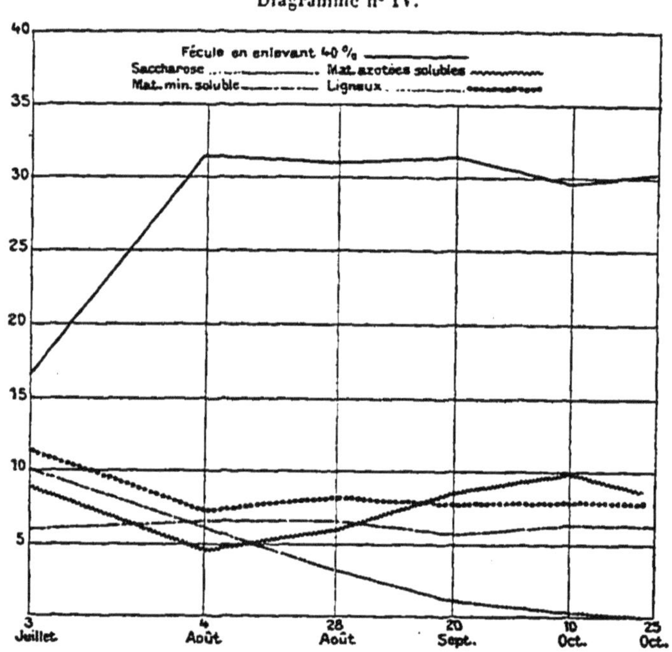

Pourcentage des principaux produits contenus dans les tubercules *séchés* de la pomme de terre, à six époques successives de la végétation.

l'accroissement des diverses matières contenues dans les tubercules est, je crois, des plus nettes; à partir du 4 août, c'est-à-dire à partir du moment où la plante est constituée dans son entier, toutes obéissent à la même loi d'accroissement, à l'exception du saccharose et des matières azotées; la fécule, le ligneux, les matières minérales augmentent parallèlement et dans les mêmes proportions relatives; ce sont donc de simples produits de la végétation.

Le saccharose et la matière azotée seuls se comportent différemment : le saccharose décroît et la matière azotée croît, et dès lors il semble naturel de voir en eux non seulement des produits, mais aussi des agents de la végétation; dans quelques instants, l'étude du point de vue physiologique de la question me ramènera en face de cette hypothèse.

Mais, avant que d'aborder ce point de vue, et pour achever l'étude pratique de l'accroissement des tubercules, il convient de dresser le Tableau des quantités qui, en poids, représentent, à chaque pied, les matières formées par la végétation. Voici comment ce Tableau se présente :

Poids des matières diverses contenues dans la récolte en tubercules d'un poids moyen.

	3 juillet.	4 août.	28 août.	20 sept.	10 oct.	25 oct.
	gr	gr	gr	gr	gr	gr
Saccharose............	0,46	8,09	8,31	4,32	1,75	0,36
Glucose................	0,20	0,00	0,00	0,00	0,00	0,00
Matières azot. solubles..	0,50	6,49	14,95	30,60	35,00	30,61
Matières minér. solubles.	0,26	8,14	17,45	19,44	21,00	22,42
Fécule...............	2,60	100,00	199,00	264,00	245,00	254,00
Ligneux...............	0,51	9,94	23,87	29,88	28,70	29,55

C'est à des conclusions absolument semblables à celles qu'a déjà fournies l'étude de l'accroissement des tubercules en poids de matière sèche que l'examen de ces chiffres conduit.

On y voit, en effet, qu'à partir du 20 septembre, c'est-à-dire à partir du moment où les tubercules ont cessé de croître en poids sec, la matière utile, la fécule, a également cessé de croître; le 20 septembre, le 10 octobre, le 25 du même mois, la quantité de fécule emmagasinée par chaque pied moyen reste sensiblement constante : les différences de 10^{gr} à 20^{gr}, en effet, que l'on constate dans le poids de cette substance aux trois dernières dates d'arrachage sont de l'ordre de celles qui peuvent être expliquées par des erreurs d'échantillonnage ou d'analyse.

De cette constatation, il résulte que les considérations que je n'ai fait qu'indiquer précédemment, au sujet de l'inutilité des récoltes tardives, se trouvent définitivement confirmées.

Cependant, et à bon droit, on pourrait considérer comme hasardées les conclusions qui, à la suite des études précédentes, se présentent à l'esprit, si je n'avais, pour les appuyer, que les documents fournis par une seule culture. Aussi, pour donner à ces conclusions la force qui leur est nécessaire, et sans remonter jusqu'à 1886 et 1887, donnerai-je ici les résultats fournis par l'analyse des tubercules récoltés, aux époques que j'ai précédemment indiquées, au pied des sujets moyens appartenant aux quatre variétés cultivées en sol ordinaire, et côte à côte, à Joinville-le-Pont. Ces variétés sont celles qui précédemment, et pour la campagne 1888, m'ont servi [1] à confirmer, au point de vue de l'accroissement en poids, les résultats obtenus par la culture de la variété Jeuxey sur le terre-plein.

Voici les nombres que ces analyses ont fournis :

RICHTER'S IMPERATOR.

	20 juillet.	20 août.	20 septembre.	20 octobre.
Eau	81,50	74,52	71,88	73,43
Matières solubles.				
Saccharose	0,97	1,00	0,92	0,43
Glucose	0,51	0,00	0,00	0,68 [2]
Matières azotées	0,66	0,88	1,62	1,33
Matières organiques autres	0,14	0,28	0,41	0,55
Matières minérales	0,82	1,30	1,47	1,42
Total	3,10	3,46	4,42	4,41
Matières insolubles.				
Fécule	14,00	19,15	20,98	19,87
Cellulose	1,17	1,87	2,10	1,62
Ligneux azoté	0,14	0,12	0,29	0,21
Matières minérales	0,09	0,09	0,11	0,06
Total	15,40	21,21	23,48	21,76
Total général	100,00	99,19	99,78	99,60
Polarisat. du jus direct, déféqué.	»	1°,65 ↙	1°,42 ↙	0°,66 ↙

(1) *Voir* page 57.

(2) Cette réapparition du glucose est accidentelle; l'explication en est donnée dans le texte.

GELBE ROSE.

	20 juillet.	20 août.	20 septembre.	20 octobre.
Eau	77,47	75,35	74,32	Réc. faite.
Matières solubles.				
Saccharose	0,96	0,55	0,57	»
Glucose	0,16	0,00	0,00	»
Matières azotées	1,00	1,85	1,97	»
Matières organiques autres	0,35	0,50	0,62	»
Matières minérales	0,94	1,39	1,39	»
Total	3,41	4,29	4,35	
Matières insolubles.				
Fécule	17,25	17,77	18,15	»
Cellulose	1,48	2,36	2,05	»
Ligneux azoté	0,22	0,14	0,19	»
Matières minérales	0,12	0,09	0,36	»
Total	19,07	20,36	20,75	
Total général	100,15	100,00	99,62	
Polarisat. du jus direct, déféqué.	»	0°,66	0°,66	

JEUXEY.

	20 juillet.	20 août.	20 septembre.	20 octobre.
Eau	82,50	75,81	74,81	76,48
Matières solubles.				
Saccharose	1,04	0,72	0,50	0,26
Glucose	0,36	0,00	0,00	0,15 (1)
Matières azotées	0,81	1,35	1,32	1,41
Matières organiques autres	0,45	0,67	0,11	0,72
Matières minérales	0,98	1,27	1,39	1,46
Total	3,64	4,03	3,32	4,00

(1) Cette réapparition du glucose est accidentelle; l'explication en est donnée dans le texte.

	20 juillet.	20 août.	20 septembre.	20 octobre.
Matières insolubles.				
Fécule	12,40	17,39	19,50	17,66
Cellulose	1,50	2,33	2,26	1,74
Ligneux azoté	0,33	0,16	0,31	0,32
Matières minérales	0,11	0,08	0,07	0,09
Total	15,17	19,96	22,14	19,81
Total général	99,87	99,80	100,22	100,29
Polarisat. du jus direct, déféqué.	»	1°,1	0°,88	0°,49

CHARDON.

	20 juillet.	20 août.	20 septembre.	20 octobre
Eau	81,15	77,26	76,30	77,98
Matières solubles.				
Saccharose	1,16	1,02	0,50	0,29
Glucose	0,49	0,20	0,21	0,66 (1)
Matières azotées	0,77	1,31	1,31	1,50
Matières organiques autres	0,19	0,38	0,62	0,47
Matières minérales	0,94	1,10	1,23	1,16
Total	3,55	4,01	3,87	4,08
Matières insolubles.				
Fécule	13,44	15,96	17,20	15,83
Cellulose	1,38	2,35	1,84	1,45
Ligneux azoté	0,24	0,11	0,31	0,21
Matières minérales	0,11	0,12	0,06	0,07
Total	15,17	18,54	19,41	17,57
Total général	99,87	99,81	99,58	99,52
Polarisat. du jus direct, déféqué.	»	1°,3	1°,15	0°,77

Les chiffres dont la longue série précède confirment, d'une façon aussi satisfaisante qu'on peut le désirer, les faits que l'étude

(1) Cette augmentation du glucose est accidentelle; l'explication en est donnée dans le texte.

de la variété Jeuxey, cultivée sur le terre-plein de Joinville-le-Pont, m'a déjà permis d'établir. Tout au plus y rencontre-t-on un petit nombre de résultats anormaux qu'expliquent aisément la multiplicité et la difficulté des analyses exécutées. Le sens général des phénomènes n'en est pas moins net et précis.

Considère-t-on, par exemple, les proportions relatives d'eau et de fécule, on voit celle-là diminuer régulièrement du 20 juillet au 20 septembre, celle-ci augmenter avec la même régularité, puis, du 20 septembre au 20 octobre, l'effet contraire se produit. C'est un résultat identique à celui que j'ai précédemment constaté, et c'est à la même cause, c'est aux pluies du commencement d'octobre, à l'hydratation consécutive des tubercules que ce résultat est dû.

Pour toutes les variétés d'ailleurs, les proportions centésimales de fécule et d'eau vont croissant ou décroissant inversement aux quatre époques de récolte, d'où résulte une démonstration nouvelle de la conservation des réserves et particulièrement de la fécule, alors que, du fait de leur hydratation, les tubercules semblent s'appauvrir.

C'est également suivant le sens déjà constaté pour les tubercules précédemment étudiés que se modifie, avec l'âge, le pourcentage du saccharose dans les tubercules de ces quatre variétés. Régulièrement on le voit décroître du 20 juillet au 20 octobre, et si, à la fin de la campagne, il en subsiste une petite proportion, c'est à coup sûr à une maturation encore incomplète qu'il le faut attribuer.

Pour trois des variétés, on voit, comme on l'a déjà précédemment reconnu, le glucose disparaître dès la seconde récolte; seule et sans que j'aie pu en découvrir la cause, la variété Chardon fait exception : ses tubercules contiennent encore, à la deuxième et à la troisième récolte, une petite quantité : 0,20-0,21 pour 100 de glucose; cette exception doit, provisoirement, être laissée de côté.

Pour ces trois variétés, par conséquent, la loi des variations du glucose est certainement la même que pour les tubercules de Jeuxey déjà étudiés. A la vérité, soumis à l'analyse, les tubercules de la dernière récolte ont de nouveau fourni du glucose, mais cette réapparition du sucre réducteur est le résultat d'un accident. A la suite de cette récolte, en effet, j'ai dû, pendant près de deux mois, et par suite d'un excès de travail, abandonner ces tubercules en cave, avant que de les analyser. Or, c'est un fait connu que, dans ces conditions, une partie de la fécule se saccharifie; de cette réapparition accidentelle du glucose, il convient donc de ne pas tenir compte; elle ne porte aucune atteinte à la généralité du fait constaté.

C'est à une même conclusion que conduit l'examen des chiffres relatifs à l'accroissement centésimal des matières azotées solubles; cet accroissement, notable au début de la campagne, s'arrête vers la fin d'août, et le pourcentage de ces matières devient constant.

Il en est de même des matières minérales et du ligneux.

Quelle que soit donc la matière intervenant à la composition des tubercules que l'on considère, les faits qu'a permis de reconnaître l'analyse des récoltes de Jeuxey faites sur le terre-plein en 1888 doivent être regardés comme n'offrant rien d'exceptionnel et comme représentant, d'une manière générale, les conditions d'accroissement et de variation de composition des tubercules de la pomme de terre.

CONSÉQUENCES DES FAITS PRÉCÉDENTS AU POINT DE VUE DE LA FORMATION DE LA FÉCULE ET DE SON ACCUMULATION DANS LES TUBERCULES.

Des faits constatés au sujet de ces conditions d'accroissement doivent naturellement découler des conséquences pratiques que j'essayerai de formuler bientôt; mais, auparavant, il convient de voir si l'étude de ces faits ne peut pas fournir quelques aperçus au sujet du mécanisme d'où résultent la formation et l'accumulation de la fécule dans les tubercules de la pomme de terre.

Lorsqu'on étudie les données fournies par l'analyse des tubercules, on est frappé de cette considération qu'en dehors de l'eau et de la fécule deux matières seulement subissent, au cours de la végétation et dans le tissu de ces tubercules, des variations régulières : la matière azotée d'une part, le saccharose, d'une autre.

Au fur et à mesure que la végétation s'avance, la matière azotée soluble croît; on n'a pas lieu d'en être surpris; cette matière azotée, en effet, est dans tous les tissus végétaux l'intermédiaire principal de l'élaboration organique; sur cet accroissement, par suite, il semble inutile d'insister; mais, en même temps et par un phénomène absolument inattendu, on voit le saccharose, abondant au début, aller en décroissant, au fur et à mesure que le tubercule s'enrichit en fécule, pour enfin disparaître lorsque ce tubercule est arrivé à maturité.

Dans cette concomitance, de la diminution du saccharose et de l'augmentation de la fécule, il est bien difficile de ne pas voir, d'un côté, la cause, d'un autre, l'effet.

Au début de la formation des tubercules, le 3 juillet, on trouve, au pied de chaque sujet, pour $2^{gr},60$ de fécule, $0^{gr},46$ de saccharose; celui-ci représente 17 pour 100 du poids de celle-là; l'activité végétale est alors très intense, et les tubercules croissent avec rapidité; puis, à partir de cette date et jusqu'au 28 août, l'accroissement, tout en restant rapide, prend une régularité parfaite, il devient constant; constant aussi reste pendant cette période le poids de saccharose qu'au 4 août, au 28 août, on trouve emmagasiné dans les tubercules de chaque pied : c'est à 8^{gr} environ que ce poids s'élève à l'une et à l'autre date; puis l'accroissement en poids de la fécule devient plus lent et, par une coïncidence frappante, le poids de saccharose diminue; à partir du 20 septembre enfin cet accroissement s'arrête et rapidement les dernières portions de saccharose disparaissent.

La relation de ces deux mouvements me paraît évidente; les faits que je viens de rapporter d'ailleurs présentent une analogie remarquable avec d'autres faits que je me réserve d'exposer plus tard, et qui tous aboutissent à démontrer l'importance de l'intervention du saccharose à la formation des tissus végétaux.

Ces faits m'ont conduit à penser qu'en maintes circonstances le saccharose devient l'agent principal de cette formation. Des recherches, dues à Levallois, ont appris, il y a quelques années, que la cellulose dont est formée la trame des tissus végétaux dévie, à gauche, au moins en certaines circonstances, le plan de la lumière polarisée. Une hypothèse se présente alors à l'esprit qui, si je ne me trompe, est de nature à expliquer un grand nombre de faits de physiologie végétale : elle consiste à imaginer que le saccharose, se dédoublant au sein des tissus en lévulose et en glucose, constitue, à l'aide du premier, la cellulose, à l'aide du second, la matière amylacée : fécule ou amidon. Sans doute les produits de ce dédoublement n'interviennent pas par leur poids tout entier à ces formations; aisément oxydables, ils deviennent, pour une grande partie au moins, les agents de la respiration végétale, et c'est dans une moindre mesure qu'on les voit jouer le rôle d'agents plastiques que j'indiquais à l'instant.

Si cette hypothèse est admise, il devient aisé de comprendre comment, se remplaçant par des apports nouveaux au fur et à mesure que les tubercules le consomment, en partie pour en brûler les dérivés, en partie pour immobiliser ceux-ci à l'état de cellulose ou de fécule, le saccharose figure dans la masse de ces tubercules, sous des poids égaux, tant qu'un approvisionnement abondant est nécessaire; comment, aussitôt que la végétation perd son activité, aucun apport nouveau ne se produisant plus, la réserve est rapidement consommée.

Ces apports incessants de saccharose, dont l'hypothèse qui vient d'être développée oblige à rechercher l'origine, ce sont les parties aériennes, ce sont les feuilles qui les fournissent. L'étude qui va suivre en apportera la preuve.

Étude des feuilles.

Les résultats auxquels aboutit l'accroissement des tubercules de la pomme de terre, soit en poids, soit en richesse féculente. donnent un intérêt particulier à l'étude des parties aériennes de cette plante, et notamment de ses feuilles.

Dans ces feuilles, en effet, la physiologie nous apprend à reconnaître le laboratoire synthétique où prennent naissance, soit immédiatement, soit médiatement, toutes les matières organiques que les tubercules contiennent, et particulièrement la fécule.

Cette conception se trouve bientôt confirmée lorsque, parallèlement à l'accroissement des tubercules, on étudie l'accroissement d'abord, et la diminution ensuite des organes foliacés de la plante.

Tant que les feuilles, abondantes et fraîches, vivent étagées sur la tige, les tubercules s'accroissent avec rapidité; dès qu'une partie de ces feuilles commence à se dessécher, les tubercules s'accroissent lentement; lorsque la fanaison des feuilles est complète, l'accroissement des tubercules s'arrête, quelque temps qu'on les abandonne dans le sol.

ACCROISSEMENT ET DIMINUTION SUCCESSIFS DU POIDS ET DE LA SURFACE DES FEUILLES.

Les phases successives de la vie des tubercules ont été caractérisées dans le paragraphe précédent; je m'attacherai maintenant à montrer, par des données numériques, leur relation avec les phases successives du développement des feuilles.

J'ai dit précédemment comment et par quel procédé les feuilles ont été recueillies; leur récolte cependant n'a pu être prolongée au delà du 20 septembre; le 10 octobre, toutes les feuilles étaient fanées et la plupart d'entre elles gisaient sur le sol; le 25 octobre, les tiges, desséchées à leur tour, n'en retenaient plus une seule.

Portées sur la balance, à l'état vert et frais, ces feuilles ont, par sujet, fourni les poids moyens suivants :

3 juillet.	4 août.	28 août.	20 septembre.	10 octobre.	20 octobre.
0^{kg},338	0^{kg},458	0^{kg},520	0^{kg},125	Mortes.	Tombées.

Dès le 20 septembre, comme le montre d'ailleurs avec une grande netteté la vue photographique prise à cette date sur un sujet moyen et qui porte le n° 4 dans l'album d'héliogravure anexé à ce volume, les trois quarts des feuilles étaient fanées; ces feuilles fanées, j'ai eu soin de les recueillir, de les sécher et de les ramener, par le calcul, au même état d'hydratation que les feuilles encore vertes portées par la tige (eau : 84,62 pour 100); mais, malgré cette reconstitution, je n'ai pu constater alors un poids égal à celui qu'un sujet, moyen également, m'avait fourni le 28 août. Au lieu de 0^{kg},520, je n'ai pu retrouver (feuilles vertes et feuilles fanées reconstituées) que 0^{kg},353; le tiers environ des feuilles était déjà, et après fanaison, tombé sur le sol; au delà du 20 septembre, aucune récolte n'était plus possible.

Si, ces constatations faites, on se reporte au Tableau de l'accroissement en poids des tubercules, on est frappé de cette coïncidence qu'à partir de cette date (20 septembre) leur accroissement a cessé absolument, après avoir, du 28 août au 20 septembre, diminué sous l'influence de la fanaison partielle des feuilles.

Cependant la pesée directe des feuilles vertes ne saurait donner une idée suffisamment précise de leur accroissement. Pour se rendre compte de cet accroissement, il est nécessaire de considérer le poids de matière sèche que les feuilles, à chaque récolte, représentent par sujet moyen. Ces poids sont les suivants :

3 juillet.	4 août.	28 août.	20 septembre.
40gr	63gr	69gr	19gr

On voit alors nettement de quelle façon l'accroissement de la matière qui constitue le tissu même des feuilles se produit; du 3 juillet au 4 août, l'accroissement est de 23gr : c'est un accroissement de 0gr,75 par jour; du 4 au 28 août, l'accroissement n'est plus que de 6gr, soit 0gr,25 par jour.

Ces chiffres ne sont, en aucune façon, comparables aux chiffres de 4gr et même 6gr par jour, par lesquels, aux mêmes moments, se traduit l'accroissement journalier des tubercules.

Entre ces deux phénomènes, on observe donc une différence complète; les feuilles croissent jusqu'à ce que leur développement corresponde au maximum de puissance travaillante de la plante; ce point atteint, l'appareil foliacé reste stationnaire, tandis que la réserve souterraine, au contraire, croît jusqu'à ce que cet appareil, en perdant sa vitalité, cesse de l'alimenter.

Bientôt, d'ailleurs, cette vitalité commence à s'affaiblir, et, pour avoir la mesure de cet affaiblissement, il suffit de considérer que, du 28 août au 20 septembre, en vingt-trois jours, un sujet moyen a perdu 50gr, soit plus de 2gr par jour, plus de 3 pour 100 par rapport au poids de matière sèche que représentent, par sujet, les feuilles arrivées à leur maximum de développement.

On n'a pas lieu d'être surpris alors de voir, sous l'influence du développement rapide de l'appareil foliacé d'abord, de son état stationnaire ensuite, enfin de sa caducité non moins rapide, le poids des tubercules, au pied d'un sujet moyen, augmenter de 4gr,3 par jour du 3 juillet au 4 août, de 4gr,6 du 4 au 28 août, pour, à partir de ce jour, quand la fanaison des feuilles commence, ne plus gagner que 3gr,6 par jour, et finalement rester stationnaire lorsque, à partir du 20 septembre, cette fanaison devient générale.

Les relations que les observations précédentes ont permis de constater entre les changements de poids des tubercules et des

Diagramme n° I.

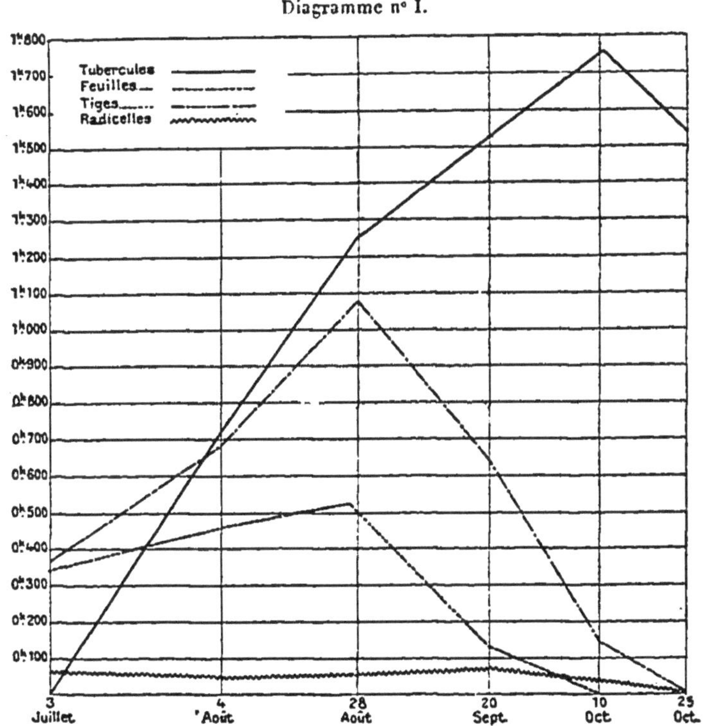

Accroissement, en poids, des diverses parties de la pomme de terre, à six époques successives de sa végétation.

feuilles sont aisées à reconnaître sur le diagramme n° I, et particulièrement sur le diagramme n° II où les matières sèches seules sont considérées. On voit sur celui-ci la courbe des feuilles, s'élevant plus lentement que la courbe des tubercules, redescendre du 28 août au 20 septembre, période pendant laquelle la courbe des tubercules continue à s'élever, mais plus lentement que pendant les périodes précédentes. A partir du 20 septembre, la relation devient plus frappante encore : la courbe des feuilles rejoint rapidement la ligne des abscisses, tandis qu'en même temps la courbe des tubercules lui devient parallèle.

Pour corroborer les appréciations qui précèdent, il est bon de considérer non seulement le poids des feuilles, mais encore la sur-

Diagramme n° II.

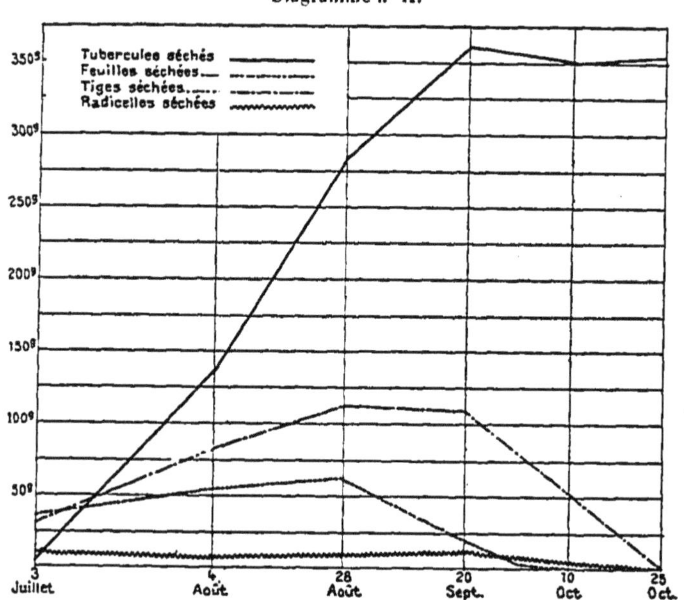

Accroissement, en *poids sec*, des diverses parties de la pomme de terre, à six époques successives de sa végétation.

face qu'à travers l'atmosphère elles présentent à la synthèse organique. Calculée par le procédé des découpures sur papier, cette surface a été :

3 juillet.	4 août.	28 août.	20 septembre.	10 octobre.	25 octobre.
$0^{mq},46$	$1^{mq},48$	$1^{mq},84$	$0^{mq},48$ (1)	Nulle.	Nulle.

(1) En reconstituant, à l'état vert, les feuilles fanées cueillies sur la plante, on

On constate ainsi, entre les données qu'apportent, d'un côté, les poids, d'un autre, les surfaces, une concordance absolue.

Arrivé à ce point, il n'est pas sans intérêt de chercher à se rendre compte de l'étendue de la surface offerte par un champ de pommes de terre à l'absorption des différentes matières premières que l'atmosphère en mouvement lui présente incessamment.

Dans le système de culture que j'ai adopté, on doit compter (à moins d'emploi de variétés exceptionnelles) 33000 pieds de pommes de terre à l'hectare. Si l'on se place au moment du développement maximum de l'appareil aérien, les feuilles de chacun de ces sujets (du moins pour la variété Jeuxey) occuperont dans l'espace une surface simple de $1^{mq},84$, soit par hectare une surface de 6 hectares environ ; si l'on admet que la feuille travaille par ses deux faces, cette surface sera double, c'est-à-dire de 12 hectares environ.

COMPOSITION DES FEUILLES ; PRÉSENCE DES SUCRES DANS LEURS TISSUS ; LEUR ROLE AU POINT DE VUE DE LA SYNTHÈSE VÉGÉTALE.

Ces faits constatés, il convient de rechercher quels sont les produits dont la réunion constitue la masse végétale que limite cette énorme surface.

Il en est dont la nature est toute prévue, ce sont les matières azotées solubles et insolubles, les matières minérales, la cellulose et les analogues, et enfin, à côté de matières organiques solubles et mal définies, des matières sucrées ; mais, parmi ces matières sucrées, il en est une dont la présence jusqu'ici, à ma connaissance du moins, n'avait pas été signalée dans les feuilles de la pomme de terre : c'est une matière sucrée, douée d'un pouvoir rotatoire droit, ne réduisant pas la liqueur de Fehling et s'invertissant au contact des acides faibles ; une seule matière sucrée réunit ces différents caractères : c'est le saccharose.

---

trouve une surface totale égale à $1^{mq},36$, ce qui montre, comme la pesée l'avait montré déjà, que, dès le 20 septembre, une portion des feuilles fanées était détachée de la plante.

C'est seulement aux quatre premières époques de récolte que ces différents produits ont été dosés dans les feuilles de pomme de terre; le 10 octobre, on ne trouvait plus sur les tiges qu'un petit nombre de feuilles mortes et dont l'étude n'aurait offert aucun intérêt; le 25 octobre il eût été impossible de trouver les matériaux nécessaires pour une analyse.

Les données obtenues à ces quatre époques sont réunies dans le Tableau suivant :

	3 juillet.	4 août.	28 août.	20 septembre.
Eau	88,26	86,24	86,72	84,62
Matières solubles.				
Saccharose	0,06	0,36	0,09	0,29
Sucre réducteur	0,25	0,87	0,45	0,26
Matières azotées	2,37	2,75	1,75	2,59
Matières organiques autres	1,36	2,04	1,94	3,27
Matières minérales	1,54	1,32	1,94	2,73
Total	5,58	7,34	6,07	9,14
Matières insolubles.				
Cellulose	4,20	3,62	3,99	4,29
Ligneux azoté		0,85	1,57	0,92
Matières minérales	0,96	1,30	1,40	1,25
Total	5,16	5,77	6,96	6,46
Total général	99,00	99,35	99,75	100,22

Des nombres qui précèdent, il serait difficile de tirer quelque conclusion certaine au sujet des transformations que peut subir, dans son ensemble, au cours de la végétation, la composition des feuilles de la pomme de terre; en présence des anomalies que présentent quelques dosages, par exemple, celui des matières azotées solubles, le 28 août, on est obligé de reconnaître que le nombre des observations n'est pas assez considérable.

Le seul fait bien net, quant à l'ensemble de cette composition, c'est l'abaissement progressif de l'état d'hydratation des feuilles : du 3 juillet au 20 septembre, la proportion d'eau s'abaisse de près de 4 pour 100, et l'on constate que c'est parallèlement à la diminution de l'activité organique de la feuille que cette diminution dans la proportion d'eau se manifeste.

Mais si, pour tous les autres produits, on ne peut baser, sur les chiffres qui précèdent, une loi de croissance ou de décroissance graduelle, tout au moins convient-il d'arrêter l'attention sur la présence simultanée d'un sucre réducteur et du saccharose dans les feuilles de la pomme de terre.

Ce fait est loin d'être isolé. Déjà j'ai montré (¹) que les feuilles de la betterave à sucre donnent directement naissance au saccharose, au milieu de leurs tissus, qu'elles le produisent pendant le jour, et cela en quantité d'autant plus grande que la lumière est plus vive, pour ensuite l'écouler vers la souche.

Depuis la publication de ce fait important, et même avant cette époque, j'avais fait, sur les feuilles d'un certain nombre de plantes, des constatations analogues.

Je ne saurais incidemment exposer ici les résultats de ces recherches; je les publierai bientôt dans leur ensemble et me contenterai d'en résumer aujourd'hui quelques-uns.

C'est ainsi que, dès 1884, j'avais reconnu la présence d'une matière sucrée qui, d'après tous ces caractères, semble pouvoir être considérée comme du saccharose dans les feuilles de pois, d'hélianthus, de wigandia, de betteraves fourragères, de ricin, de carottes fourragères, etc., qu'en 1885 je l'ai retrouvée dans les feuilles du blé, de l'avoine, du pavot, etc.

Dans un grand nombre de cas, soumettant les feuilles des plantes à l'analyse, d'abord après une journée lumineuse, ensuite après la nuit consécutive à cette journée, j'ai vu, comme pour la betterave à sucre, la proportion de saccharose accusée par le dosage du soir diminuer dans une mesure importante lors du dosage du matin.

Ces dosages comparatifs du soir et du matin, je n'ai pu les faire en 1888 pour les feuilles de la pomme de terre; la campagne était en vérité trop chargée, mais si ce document important, au point de vue de l'influence de la lumière, me fait défaut, il me sera permis cependant de faire remarquer que, des quatre dosages compris au Tableau précédent, ceux qui sont faibles correspondent à des journées sombres, ceux qui sont forts à des journées lumineuses ou au moins convenablement éclairées.

(¹) *Recherches sur le développement de la betterave à sucre* (*Annales de l'Institut agronomique*, t. X (1884-1885), p. 223 et suiv.

C'est ce que montre le rapprochement des chiffres indiquant, d'un côté, l'état météorologique aux jours de récolte; d'un autre, la proportion de saccharose constatée aux mêmes jours.

	Pluie. mm	Température.	Nébulosité.	Saccharose p. 100.
3 juillet..............	9,1	16,0	96	0,06
4 août................	0,0	16,2	35	0,36
28 août...............	1,1	16,6	74	0,09
20 septembre.........	0,0	13,0	0	0,29

Sans donner à ces observations plus d'importance que ne permet de leur en accorder leur petit nombre, on ne peut s'empêcher d'être frappé de l'analogie qu'elles présentent avec les observations si nombreuses que j'ai faites en 1885 sur les feuilles de la betterave à sucre, comme aussi avec celles que je viens de rappeler et dont les feuilles de diverses plantes ont été le sujet.

On est conduit alors à penser que, dans les feuilles de la pomme de terre, comme dans les feuilles de ces plantes, le saccharose figure au nombre des matières primordiales qui, formées sous l'action de la lumière solaire, deviennent ensuite, par leurs migrations et leurs transformations, les agents constituants des diverses parties du tissu végétal.

Entraîné dans les tiges et circulant à travers celles-ci sous l'influence des mouvements osmotiques qui s'y croisent, amené, par ces mouvements mêmes, dans la masse des tubercules, le saccharose peut ainsi, et suivant la théorie que j'ai précédemment esquissée avec réserve, devenir la matière première de la production de la fécule.

L'étude des tiges apportera un nouvel argument à l'appui de cette manière de voir.

Étude des tiges.

Le rôle physiologique des tiges est certainement moins important que celui des feuilles; il mérite l'attention cependant. C'est dans le tissu des tiges, en effet, que s'effectuent les échanges réciproques d'où dérive le transport vers les tubercules des matériaux qui doivent s'y accumuler sous forme de réserve.

Ces tiges, d'ailleurs, représentent une fraction considérable de la plante entière. Lorsqu'elles ont atteint leur développement maximum, le poids moyen s'en élève, pour chaque sujet, au double du poids des feuilles, aux deux tiers, quelquefois aux trois quarts du poids des tubercules.

Un temps relativement court leur suffit pour atteindre ce développement maximum; mais c'est pendant un temps court également qu'elles se maintiennent au point atteint. Pour la variété Jeuxey, cultivée en 1888, c'est dès le 20 septembre que les tiges ont commencé à se dessécher et à perdre leur vitalité: le 10 octobre, leur dessiccation était complète, et le 25 enfin, à moitié détruites déjà, par une décomposition singulièrement rapide, elles gisaient informes sur le sol.

J'ai pensé néanmoins qu'il serait intéressant de poursuivre la récolte des tiges jusqu'à la fin de la campagne, non point dans le but d'en apprécier le poids, ce qui eût été sans intérêt, puisqu'elles n'interviennent plus dès ce moment à la végétation, mais pour chercher à reconnaître, par l'analyse, dans quelle condition leur décomposition s'opère.

ACCROISSEMENT ET DIMINUTION SUCCESSIFS DES TIGES EN POIDS.

Coupées au ras du sol, débarrassées des feuilles qu'elles portaient, les tiges vertes ont, aux époques successives de récolte, fourni par sujet les poids moyens ci-dessous notés.

3 juillet.	4 août.	28 août.	20 septembre.	10 octobre.	25 octobre.
0kg,366	0kg,692	1kg,080	0kg,642	175gr (sèches)	altérées.

L'accroissement est, on le voit, beaucoup plus rapide que celui des feuilles : du 3 juillet au 4 août, il est de près de 90 pour 100; du 4 au 28 août, il est encore de 50 pour 100; mais, arrivé à ce point, l'accroissement s'arrête, et dès le 20 septembre le poids des tiges encore vertes retombe au chiffre auquel il s'élevait le 4 août; à côté de ces tiges vertes, se dressent encore, à ce moment, celles qui, sur pied, se sont partiellement desséchées; récoltées séparément, séchées et ramenées, par le calcul, à l'état d'hydratation normal, ces tiges représentaient, le 20 septembre, un poids de $0^{kg},367$ de tiges vertes, soit, pour les deux récoltes (vertes et desséchées), un poids de $1^{kg},059$, sensiblement égal au poids de $1^{kg},080$ constaté le 28 août. L'exactitude de cette constatation se trouve ainsi confirmée.

Puis, à partir du 20 septembre, la dessiccation sur pied s'accélère, et, le 10 octobre, à la place d'un poids de tiges vertes égal à $1^{kg},080$, on ne trouve plus que 175^{gr} de tiges entièrement desséchées; c'est au cours de cette période (20 septembre au 10 octobre) que les organes aériens ont perdu leur vitalité.

Cependant, on ne saurait avoir de l'accroissement organique des tiges une notion précise qu'en substituant aux poids fournis par la récolte directe les poids de matière sèche que ces tiges représentent; ces poids sont les suivants :

3 juillet.	4 août.	28 août.	20 septembre.	10 octobre.
28^{gr}	60^{gr}	115^{gr}	119^{gr}	79^{gr}

L'allure de la végétation dans les tiges se trouve ainsi nettement caractérisée; jusqu'au 28 août, on les voit assimiler une proportion importante de matière organique pour se constituer elles-mêmes; puis, à partir du 28 août, cette assimilation cesse, le poids de matière sèche organisée devient stationnaire, et jusqu'au moment (10 octobre) où leur altération commence, cessant de vivre pour elles-mêmes, elles se bornent au rôle d'appareils de transport pour les matières organiques élaborées dans les feuilles, comme aussi pour les produits minéraux enlevés au sol par les radicelles.

ACCROISSEMENT DES TIGES EN LONGUEUR.

A côté du poids des tiges, il est intéressant de considérer leur longueur. Dans son accroissement, en effet, on trouve un contrôle de l'allure végétative qui vient d'être définie.

La variété Jeuxey à laquelle s'appliquent les observations actuelles offre, sous le rapport de la forme et de la longueur des tiges, une particularité; ces tiges sont traçantes, en effet, et s'étendent au loin sur le sol; aussi ne faut-il pas s'étonner si leur longueur atteignait

3 juillet.	4 août.	28 août.	20 septembre.
0m,80	1m,45	1m,80	1m,80.

Comme pour le poids, on observe, dans ce cas, une période d'accroissement rapide (3 juillet au 28 août) suivie d'une période stationnaire (28 août au 20 septembre); celle-ci correspond au maximum de longueur.

Des faits qui viennent d'être notés, il résulte que, sur les diagrammes n° I et n° II (*voir* p. 82 et 83), l'accroissement et la diminution du poids des tiges doivent être représentés différemment; sur le diagramme n° I, en effet, ne figurent que les tiges encore vertes récoltées à chaque époque; sur le diagramme n° II figure le poids sec de matière existant à cette époque sous la forme de tiges, soit vertes, soit déjà partiellement desséchées.

C'est pourquoi, sur le diagramme n° I (*voir* p. 82), la courbe des tiges, après s'être élevée rapidement jusqu'au 28 août, commence à s'infléchir pour bientôt descendre rapidement aussi, tandis que, sur le diagramme n° II, cette courbe se maintient à même hauteur le 28 août et le 20 septembre, pour ne redescendre qu'à partir de cette époque, c'est-à-dire à partir du moment où commence l'altération chimique des tiges mortes.

L'examen des six vues héliogravées que renferme l'album annexé à ce volume et dont chacune représente l'un des sujets moyens de chacune des six récoltes donne, d'autre part, une idée exacte de l'accroissement rapide des tiges pendant la période active de la végétation et de leur décadence également rapide, lorsque cette végétation prend fin.

COMPOSITION DES TIGES AUX DIVERSES ÉPOQUES DE RÉCOLTE.

Soumises à l'analyse chimique, les tiges, aux six époques de récolte, ont fourni les résultats suivants :

	3 juillet.	4 août.	28 août.	20 sept.	10 oct.	23 oct.
Eau	92,16	91,27	89,33	88,74	55,00	12,44
Matières solubles.						
Saccharose	0,27	0,07	0,15	0,14	0,00	0,00
Glucose	0,00	0,54	0,23	0,00	0,00	0,00
Matières azotées	1,11	0,77	0,75	0,57	0,28	0,38
Matières organiques autres	0,03	0,99	0,28	0,35	0,23	1,12
Matières minérales	1,38	1,33	1,93	1,60	1,26	2,13
Total	2,78	3,40	3,33	2,56	1,77	3,60
Matières insolubles.						
Cellulose	3,99 (Cellulose et Ligneux azoté)	4,48	6,17	6,81	19,17	72,27 (Cellulose et Ligneux azoté)
Ligneux azoté		0,36	0,30	0,36	8,10	
Matières minérales	0,76	0,67	0,87	0,78	15,36	11,13
Total	4,73	5,51	7,34	7,95	42,63	83,30
Total général	99,68	99,88	100,00	99,35	99,40	99,34

Des six analyses qui précèdent, deux doivent être considérées à part : ce sont les deux dernières. Seules les récoltes du 3 juillet au 28 août ont fourni des tiges vertes, c'est-à-dire douées de vie; seules, par conséquent, elles présentaient de l'intérêt au point de vue de la marche de la végétation. C'est de ces quatre récoltes qu'il convient de s'occuper en premier lieu.

Des données fournies par l'analyse des tiges récoltées le 3 juillet, le 4 et le 28 août, le 20 septembre enfin, on peut tirer quelques conclusions intéressantes. Parmi les matières diverses dont les tiges sont composées, il en est deux, en effet, qui, inversement, décroissent et croissent avec régularité; d'un côté, la proportion d'eau s'abaisse progressivement de 92,16 à 88,74; d'un autre, la proportion de ligneux (cellulose, produits azotés et minéraux réunis) s'élève progressivement aussi de 4,73 à 7,95, si bien que, aux quatre époques de récolte, la somme de l'eau et du ligneux représente une constante, comme le montrent les chiffres suivants :

3 juillet.	4 août.	28 août.	20 septembre.
96,89	96,78	96,67	96,69

C'est donc bien à s'organiser sous la forme de tiges solides et élevées que la matière est principalement appelée dans ce cas.

Mais ces tiges ont un autre rôle à jouer encore : elles doivent servir au transport des matériaux destinés à l'accroissement des tubercules; parmi ces matériaux, il en est dont la présence attire aussitôt l'attention : ce sont, d'un côté, un sucre réducteur, d'un autre, le saccharose.

Chose remarquable d'ailleurs, deux fois le sucre réducteur fait défaut à l'analyse, tandis qu'aux quatre récoltes le saccharose figure parmi les produits solubles qui cheminent à travers la tige, comme si la présence du premier était moins nécessaire au développement végétal que la présence du second.

Des quantités de saccharose que la tige contient aux diverses récoltes, on ne saurait, il est vrai, tirer aucune conclusion quant à son importance au point de vue de l'accroissement du végétal; mais le fait seul de sa présence constante dans la tige en activité suffit à donner un certain poids à l'hypothèse que j'ai précédemment émise, de la formation dans le tissu des feuilles d'un sucre invertible, le saccharose très probablement, qui, du laboratoire où il a pris naissance, descendrait à travers les tiges pour, dans les tubercules, s'invertir et donner naissance à des sucres réducteurs utilisés en partie pour la formation de la fécule, en partie pour la formation du tissu cellulaire, en partie pour la respiration de ces tubercules mêmes.

A l'appui de cette hypothèse, il est une observation encore que je ne dois pas négliger. Les sucres réducteurs logés dans les feuilles et ceux logés dans les tiges ont des pouvoirs rotatoires de sens différent; convenablement déféqué, le jus des feuilles dévie à gauche le plan de polarisation, le jus des tiges le dévie à droite. Dans le premier cas, c'est du sucre inverti (lévulose et glucose) qui masque le pouvoir droit du saccharose; dans le second, le lévulose a disparu sans doute et c'est le glucose seul qui ajoute son pouvoir droit au pouvoir de même sens du saccharose.

Les déviations constatées, dans l'un et l'autre cas, étaient trop petites pour que j'aie pu y trouver les éléments d'un dosage; mais le sens en était si nettement prononcé qu'aucune hésitation sur la différence des sucres réducteurs contenus dans les feuilles et dans les tiges n'est possible.

C'est encore un examen intéressant que celui des tiges desséchées qui, sur le champ et en attendant l'arrachage des tubercules, vont se décomposant peu à peu sous l'influence de la combustion par l'oxygène atmosphérique et du lavage par l'eau de la pluie.

Pour rendre la marche de cette décomposition plus sensible, je ramènerai par le calcul, à l'état de siccité, les matières principales dont l'analyse a fixé la proportion dans les tiges récoltées directement, le 10 et le 25 octobre, en rapprochant des nombres ainsi obtenus les nombres obtenus en appliquant un calcul semblable aux tiges vertes récoltées le 20 septembre; les proportions ainsi calculées sont ci-dessous exprimées en centièmes du poids sec :

		20 sept.	10 octobre.	25 octobre.
Matières solubles	Saccharose	1,2	0,0	0,0
	Glucose	0,0	0,0	0,0
	Matières azotées	5,0	0,6	0,4
	Matières minérales	14,2	2,8	2,4
Ligneux		70,0	94,7	95,1

On voit combien est rapide, en ce cas, l'altération des matières solubles contenues dans les tiges. Dès le 10 octobre, ces matières ont presque totalement disparu, et c'est à l'état de ligneux que ces tiges sont réduites.

DÉMONSTRATION DE L'EXISTENCE D'UN RAPPORT RÉGULIER ENTRE LA RICHESSE DE LA VÉGÉTATION AÉRIENNE ET L'ABONDANCE DE LA RÉCOLTE DES TUBERCULES.

A côté des faits que je viens d'exposer et qui intéressent surtout le point de vue physiologique de la question du développement progressif de la pomme de terre, il en est un autre d'ordre scientifique et pratique à la fois qui mérite l'attention tant par lui-même que par les services qu'il est appelé à rendre à la culture.

Ce fait, c'est celui de la relation qui existe, dans une variété déterminée, entre la puissance du développement aérien de chaque sujet et la richesse de la récolte de tubercules que ce sujet doit fournir.

Beaucoup de personnes seraient, *a priori*, portées à nier l'existence d'une relation de cette sorte; beaucoup, en effet, supposent que, dépensant ses produits à la formation de tiges et de feuilles abondantes, la plante n'en doit plus avoir à sa disposition une quantité suffisante pour former des réserves.

Des expériences très nombreuses m'ont permis d'établir que cette manière de voir n'est pas exacte, et que l'on doit considérer comme certaine l'existence, dans chaque variété, d'une relation déterminée entre le développement des tiges foliacées et l'abondance de la récolte en tubercules.

Sans doute ce serait exagérer que de considérer cette relation comme proportionnelle, quoiqu'en certaines circonstances elle se rapproche beaucoup de la proportionnalité, et l'on doit se contenter de dire qu'au pied de chaque bouquet vigoureux on trouve, à de rares exceptions près, une riche récolte, comme aussi au pied de tiges maigres et peu feuillues on ne trouve généralement qu'un faible poids de tubercules.

Je pourrais, à ce propos, rapporter un grand nombre d'exemples; je me contenterai d'en citer quelques-uns.

Les deux premiers sont pris sur une culture ordinaire; dans les carrés où j'ai chaque année cultivé quatre variétés côte à côte, pour en établir la composition (carrés sur lesquels avaient été plantés des tubercules de bonne qualité, pris à même la récolte de l'année précédente et ne présentant aucune particularité d'origine), j'ai arraché, sur une même ligne et sans choisir, huit pieds à la file. Les tiges et les tubercules de ces huit pieds contigus ont été alors pesés séparément en leur état d'hydratation normal et ont donné les résultats suivants :

Produit, en tubercules et en tiges, de huit pieds de la variété Jeuxey, arrachés à la file sur une culture ordinaire, le 20 septembre 1887.

	Tubercules.		Tiges.	
	Nombre.	Poids.	Nombre.	Poids.
		kg		kg
1er pied..........	12	0,550	7	0,505
2e »	16	0,670	7	0,670
3e »	12	0,495	6	0,505
4e »	7	0,180	2	0,240
5e »	9	0,550	7	0,490
6e »	7	0,520	7	0,470
7e »	10	0,450	4	0,405
8e »	8	0,845	7	0,605

Produit, en tubercules et en tiges, de huit pieds de la variété Richter's Imperator, arrachés à la file sur une culture ordinaire, le 20 *août* 1888.

	Tubercules.		Tiges.	
	Nombre.	Poids. kg	Nombre.	Poids. kg
1er pied	10	1,645	3	0,800
2e »	16	1,310	6	0,590
3e »	15	1,360	4	0,640
4e »	14	1,370	4	0,700
5e »	18	1,770	6	0,920
6e »	16	1,289	6	0,590
7e »	23	1,030	2	0,500
8e »	14	1,060	6	0,540

Traduits graphiquement sur les diagrammes V et VI, les résultats numériques fournis par ces deux exemples deviennent

Diagramme n° V.

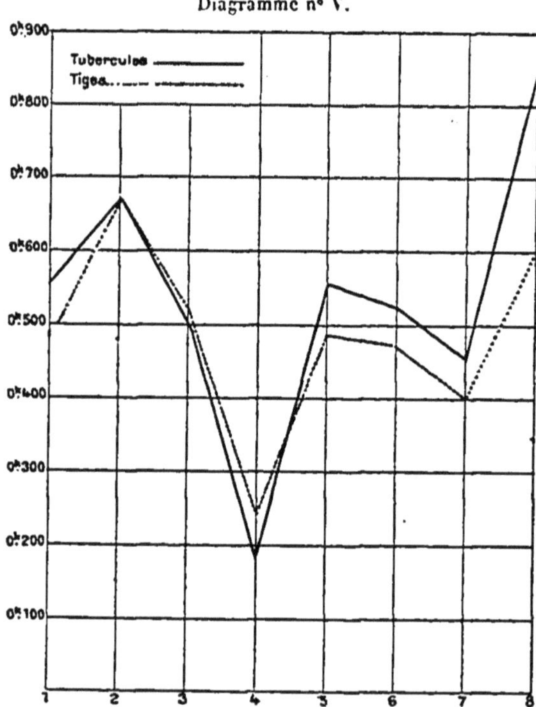

Produit, en tubercules et en tiges, de huit pieds de Jeuxey arrachés à la file, sur une culture ordinaire, le 20 septembre 1887.

tout à fait frappants. Sur ces diagrammes, où les ordonnées représentent le poids des récoltes fournies par chacun des sujets dont les abscisses indiquent le numéro d'ordre, on voit, en effet, chaque fois que l'on passe de l'un de ces sujets au sujet suivant, le poids des tiges et des tubercules augmenter ou diminuer à la fois; même sur l'exemple emprunté à la variété Richter's Imperator, on pourrait, à la rigueur, considérer les augmentations ou les diminutions comme proportionnelles; il serait excessif cependant d'adopter cette conclusion; elle est d'ailleurs inutile au but que je poursuis, et il suffit d'avoir, par ces deux exemples, reconnu la relation annoncée au sujet de la richesse ou de la pauvreté simultanées des parties aériennes et des parties souterraines d'un même sujet.

Diagramme n° VI.

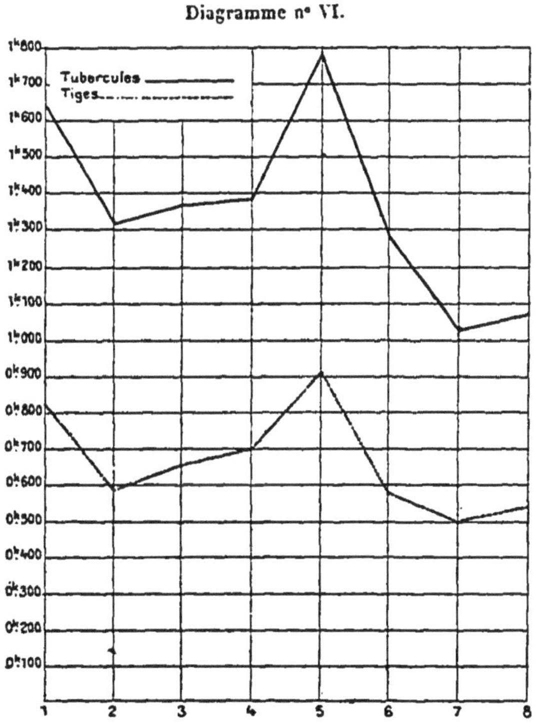

Produit, en tubercules et en tiges, de huit pieds de Richter's Imperator arrachés à la file, sur une culture ordinaire, le 20 août 1888.

Les exemples qui vont suivre sont peut-être plus probants encore. Pour reconnaître le pouvoir producteur des différents tubercules récoltés au pied d'un même sujet, j'ai institué, en 1887, une série d'essais sur lesquels je reviendrai bientôt en détail, et dont je me contenterai de dire en ce moment que, chacun de ces

Diagramme n° VII.

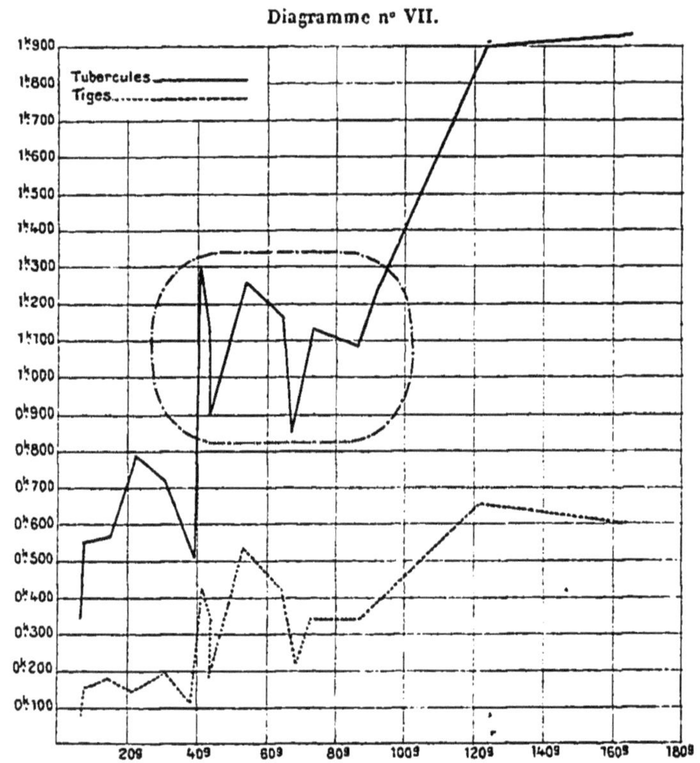

Produit, en tubercules et en tiges (1887), de dix-sept tubercules individuellement pesés, formant la récolte d'un pied de Gelbe rose en 1886.

tubercules ayant été individuellement pesé, tous ont été plantés côte à côte dans le même terrain, et cultivés parallèlement. A la récolte, tubercules et tiges ont été soigneusement pesés, les tiges ramenées par le calcul au degré d'hydratation normal lorsqu'elles étaient partiellement desséchées, et toutes les récoltes enfin comparées entre elles.

Je ne m'occuperai pas pour l'instant des différences ou des

similitudes de rendement que les divers tubercules provenant d'un même pied ont offertes, l'étude du pouvoir producteur m'y ramènera tout à l'heure; je me contenterai pour l'instant de constater que, dans cette circonstance encore, et malgré la variabilité des récoltes, on voit, à de rares exceptions près, toute récolte riche en tiges et en feuilles se montrer également riche en tubercules.

Diagramme n° VIII.

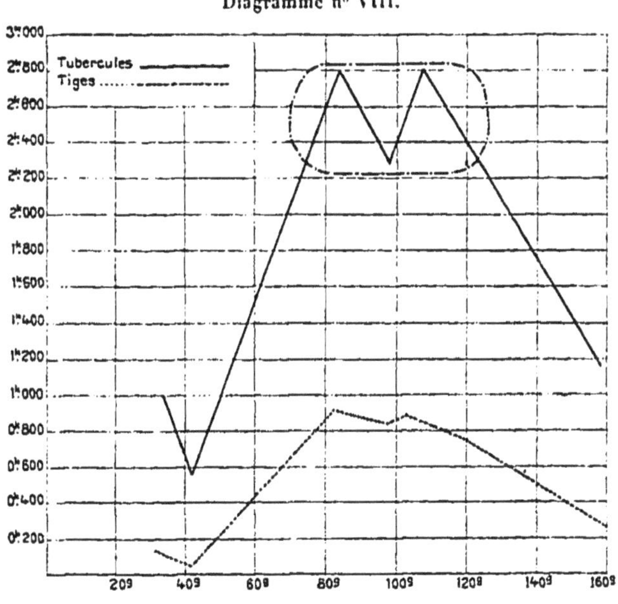

Produit, en tubercules et en tiges (1887), de sept tubercules individuellement pesés, formant la récolte d'un pied d'Early rose en 1886.

Le premier de ces exemples (diagramme n° VII) (1) est fourni par un pied de la variété Gelbe rose, récolté en 1886, et dont les dix-sept tubercules ont été plantés au mois d'avril 1887.

Le second (diagramme n° VIII), par un pied de la variété Early rose, de même récolte et comptant sept tubercules seulement.

Le troisième (diagramme n° IX) (2), par un pied de la variété Shaw, comptant neuf tubercules.

(1) *Voir* page 97.

(2) *Voir* page 101.

Le quatrième (diagramme n° X) [1], par un pied de la variété Magnum bonum comptant dix-huit tubercules.

Les résultats numériques fournis par la récolte de ces quatre cultures ont été les suivants [2] :

GELBE ROSE (17 tubercules).

Poids du plant.	Tubercules. Nombre.	Tubercules. Poids.	Tiges. Nombre.	Tiges. Poids.
gr		kg		gr
6	16	0,265	2	84
8	21	0,560	6	161
16	25	0,565	7	177
23	27	0,765	8	161 (*a*)
31	31	0,720	11	223
39	40	0,520	13	138
41	36	1,300	11	438
42	24	1,220	10	353
42	51	0,900	11	161
54	49	1.360	16	523
64	37	1,175	10	415
67	28	0,850	14	207
73	47	1,140	21	353
87	36	1,090	13	353
93	54	1,260	21	384
123	63	1,900	23	661
164	68	1,930	22	600 (*b*)

EARLY ROSE (7 tubercules).

Poids du plant.	Tubercules. Nombre.	Tubercules. Poids.	Tiges. Nombre.	Tiges. Poids.
gr		kg		gr
33	25	1,010	8	130
42	22	0,590	3	61
84	36	2,800	17	937
95	40	2,300	15	850
107	34	2,800	18	887
120	27	2,400	13	777
157	36	1,180	19	262

(1) *Voir* page 102.

(2) Les récoltes qui font exception à la règle sont indiquées sur le texte par les lettres (*a*), (*b*).

SHAW (9 tubercules).

Poids du plant.	Tubercules.		Tiges.	
	Nombre.	Poids.	Nombre.	Poids.
gr		kg		gr
7	8	0,530	4	126
23	11	1,025	4	407
40	15	1,320	10	553
43	13	0,640	9	254
47	20	1,095	8	Feuilles tombées (*a*)
74	18	1,350	8	370
86	26	1,950	11	676
101	19	2,210	8	769
133	22	1,430	20	407

MAGNUM BONUM (18 tubercules).

Poids du plant.	Tubercules.		Tiges.	
	Nombre.	Poids.	Nombre.	Poids.
gr		kg		gr
18	7	0,780	3	0,307
19	12	0,705	3	0,138
28	12	0,640	4	0,100
30	36	1,770	8	0,623
36	28	1,570	11	0,480
38	26	1,730	9	0,480
41	22	0,830	8	0,147
46	23	1,210	7	0,215
47	39	2,240	7	1,107
51	22	1,670	9	0,914
55	31	1,750	12	0,630 (*a*)
58	23	0,870	8	0,307
59	32	1,500	7	0,507
62	21	1,340	6	0,430
62	28	1,430	9	0,480
72	24	1,675	6	0,623
88	34	2,250	8	0,876
92	31	1,940	10	0,738 (*b*)

On ne saurait espérer de démonstration plus nette de la proposition que j'ai récemment formulée; l'examen des diagrammes rend cette démonstration plus frappante encore; sur le diagramme n° VII, en effet, la relation entre le poids des tiges et celui de la récolte se vérifie pour tous les sujets; sur le diagramme n° VIII, on ne trouve aucune exception encore; sur le diagramme n° IX, une seule donnée fait défaut; les feuilles du pied fourni par le plant de 47^{gr} étant toutes tombées à la récolte, la pesée des parties

Diagramme n° IX.

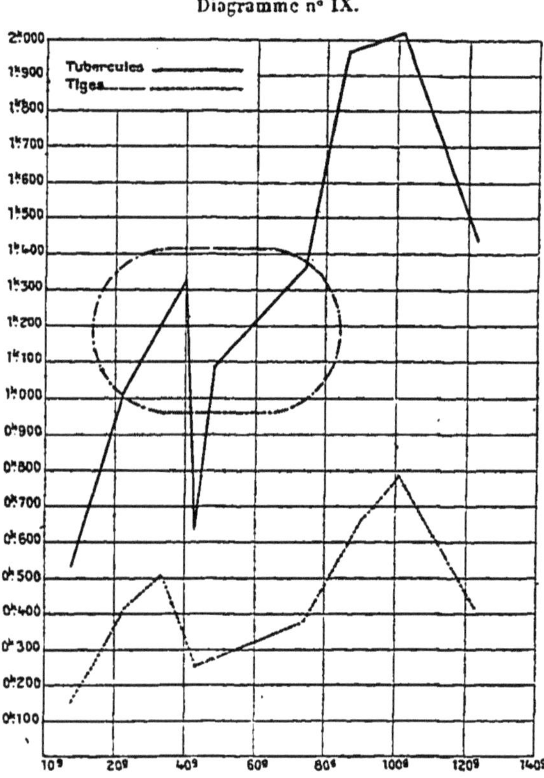

Produit, en tubercules et en tiges (1887), de neuf tubercules individuellement pesés, formant la récolte d'un pied de Shaw en 1886.

aériennes n'a pu être faite; sur le diagramme n° X, seulement, on observe deux irrégularités; les tiges de deux tubercules (de 55^{gr} et 92^{gr}) ne répondent pas à l'importance de la récolte en tubercules. Ce sont, en somme, deux exceptions contre quarante-neuf observations conformes.

A côté des six exemples qui précèdent, j'en pourrais placer

d'autres encore qui, en 1887 et 1888, m'ont fourni des résultats absolument semblables ; mais ceux qui précèdent suffisent, je crois, à établir définitivement qu'il existe une relation, voisine de la proportionnalité, entre l'importance qu'acquiert le développement de

Diagramme n° X.

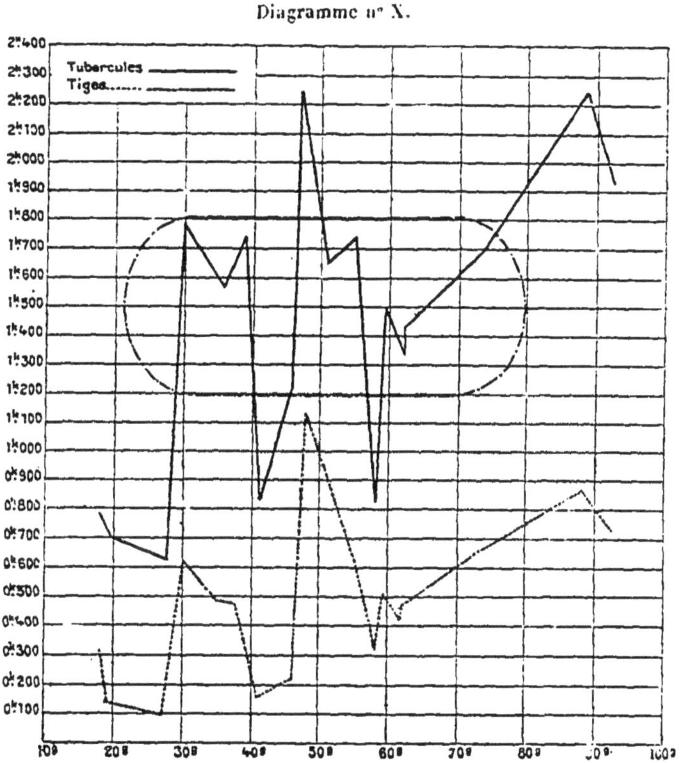

Produit, en tubercules et en tiges (1887), de dix-huit tubercules individuellement pesés, formant la récolte d'un pied de Magnum bonum en 1886.

la partie aérienne d'un sujet et l'importance de la récolte en tubercules que ce sujet doit fournir.

De l'existence de cette relation découleront des conséquences importantes au point de vue de la sélection du plant, lorsque j'aurai établi l'influence des qualités héréditaires personnelles à chaque sujet.

Étude des radicelles.

Les radicelles que la pomme de terre distribue à travers le sol sont, en longueur, en poids, en surface, beaucoup plus importantes que ne le pensent généralement les cultivateurs.

Habitués à voir, au moment de l'arrachage, tiges et tubercules s'enlever avec facilité, sans qu'aucune attache solide les retienne au sol, la plupart d'entre eux n'attribuent à cette plante qu'un développement souterrain très limité.

Cette manière d'envisager les choses n'est pas exacte; autour de la pomme de terre rayonnent de nombreuses radicelles qui, à de grandes distances quelquefois, vont chercher les produits minéraux et azotés nécessaires à la végétation.

C'est ce que permettent de constater aussitôt les héliogravures qui forment l'album que chaque lecteur peut annexer à ce volume. Sur les vues photographiques, en effet, que j'ai prises à Joinville-le-Pont, en 1888, à la suite des six récoltes faites sur le terre-plein qui me servait de champ d'expériences, on voit se dessiner, nombreuses et pressées, les fines radicelles qui, soigneusement relevées pour trouver place dans le champ photographique, vont s'allongeant régulièrement de la première à la cinquième récolte, dépérissant dans une large proportion dès la cinquième, pour enfin complètement disparaître à la fin de la campagne.

ACCROISSEMENT ET DIMINUTION SUCCESSIFS DES RADICELLES DE LA POMME DE TERRE EN LONGUEUR, EN POIDS ET EN SURFACE.

C'est une étude particulièrement intéressante que celle de ces radicelles sous le rapport de leur longueur, de leur poids, de leur surface; et, pour la faciliter, j'indiquerai immédiatement les nombres qui, pour chacune des récoltes successives, en ont donné la mesure.

	3 juillet.	4 août.	28 août.	20 sept.	10 octobre.	25 octobre.
Longueur......	$0^m,95$	$1^m,25$	$1^m,55$	$1^m,80$	partielle-	complète-
Poids..........	78^{gr}	62^{gr}	62^{gr}	65^{gr}	ment	ment
Surface........	$0^{mq},42$	$0^{mq},41$	$0^{mq},43$	$0^{mq},37$	détruites.	détruites.

Sur l'accroissement des radicelles en longueur, je n'insisterai pas, il n'offre rien que de prévu, et les vues photographiques de l'album permettent de mesurer la marche de cet accroissement.

Mais, sous le rapport du poids et de la surface, les nombres ci-dessus recueillis sont de nature à causer quelque surprise.

Au début, alors que la plante est en pleine activité vitale, le poids moyen des radicelles est, au pied de chaque sujet, plus élevé qu'il ne le sera lorsque les feuilles, les tiges, les tubercules, atteindront leur développement maximum, et pendant cette deuxième période le poids en restera sensiblement stationnaire.

D'autre part, malgré ces différences et cette égalité, les radicelles, aux trois premières récoltes, développent dans le sol une surface sensiblement égale, tandis qu'à la quatrième, au moment où leur poids s'élève un peu, cette surface diminue.

Une étude attentive des détails représentant, sur les quatre premières vues photographiques de l'album, la disposition des radicelles, permet d'expliquer ces anomalies apparentes.

Sur la première, en effet, on voit, attachées au pied des tiges, des radicelles d'une grande finesse, dont le nombre est incalculable et dont le poids par conséquent doit être élevé.

Sur la deuxième vue, les radicelles sans doute se sont allongées, mais, au bas des tiges, le nombre en est déjà moins grand; quelques-unes des radicelles de la première époque, tendres et altérables, ont évidemment péri, et quoique, parmi celles qui subsistent, plusieurs aient grossi en diamètre, on conçoit que le poids, dans ce cas, soit de 16^{gr} inférieur à ce qu'il est dans le premier.

Sur la troisième vue, le phénomène s'accuse davantage; à la loupe, il est aisé de compter les radicelles; une partie notable encore a disparu, et il n'est pas surprenant, par suite, que, plus grosses et plus longues, celles qui restent ne pèsent cependant pas au total plus que celles de la seconde récolte.

Sur la quatrième, l'effet est plus marqué encore : c'est à peine si le quart des radicelles primitives subsiste.

De telle sorte qu'il est aisé de comprendre comment, au point de vue du poids, la disparition des unes vient compenser l'accroissement des autres, comment même, à un poids plus fort de radicelles plus grosses, mais moins nombreuses, peut correspondre (quatrième récolte) un développement superficiel moins étendu.

Les radicelles sont, d'ailleurs, dès ce moment, à la limite de leur résistance vitale, et leur fonctionnement se réduit dans une large mesure, au moment même où le fonctionnement des feuilles commence, lui aussi, à diminuer.

Aussi, dès la cinquième récolte, ne retrouve-t-on plus dans le sol qu'un petit nombre de radicelles, altérées, de couleur brunâtre, cassantes, et qu'il est impossible de récolter.

Quelques jours après, ces derniers vestiges de la végétation souterraine ont disparu.

Les radicelles de la pomme de terre doivent être comptées au nombre des tissus végétaux les plus aisément altérables.

De leur abondance d'ailleurs, de leur faculté d'allongement découle, au point de vue de la pratique, la nécessité d'offrir à la pomme de terre un terrain meuble où son appareil souterrain puisse se développer librement.

COMPOSITION DES RADICELLES.

La composition chimique des radicelles est remarquable par sa simplicité. Analysées à l'époque des quatre premières récoltes (les dernières n'ayant fourni que des produits altérés et devant être laissées de côté), elles ont donné les résultats suivants :

	3 juillet.	4 août.	28 août.	20 sept.
Eau	92,46	90,91	89,04	84,40
Matières solubles.				
Saccharose	0,13	0,00	0,00	0,00
Glucose	0,00	0,00	0,00	0,00
Matières azotées	0,41	0,46	0,42	0,40
Matières organiques autres	0,43	0,60	0,69	0,63
Matières minérales	0,80	0,77	0,79	0,53
Total	1,87	1,83	1,90	1,56

Matières insolubles.

Cellulose	4,59	5,50	5,67	8,04
Ligneux azoté		0,62	0,80	0,86
Matières minérales	1,01	1,14	1,64	3.36
Total	5,60	7,26	8,11	13,36

En étudiant ces chiffres, on est frappé de l'analogie que la composition des radicelles présente avec la composition des tiges.

Comme pour celles-ci, on y voit deux produits seulement varier suivant une progression régulière, et ces deux produits, par leur somme, représentent 98 pour 100 environ du poids des radicelles; ce sont l'eau, d'un côté, d'un autre, le ligneux (cellulose, matières azotées et matières minérales réunies).

Du 3 juillet au 20 septembre, la proportion d'eau s'abaisse de 92,46 à 84,40 pour 100, tandis que la proportion de ligneux s'élève de 5,60 à 13,26; la régularité de cette diminution et de cet accroissement est même telle que l'on peut considérer ces deux produits comme formant, sensiblement, une constante, ainsi que le montrent les sommes suivantes :

3 juillet.	4 août.	28 août.	20 septembre.
98,00	98,17	97,15	97,66

C'est donc à s'organiser surtout que les radicelles travaillent, et lorsqu'on réfléchit que la proportion des matières solubles, en élaboration, par conséquent, n'y atteint jamais 2 pour 100, on est conduit à abandonner toute idée d'intervention de leur part à la constitution de la matière organique.

C'est à l'aide des matériaux élaborés par les feuilles, transmis par les tiges, que les radicelles s'organisent et vont grossissant peu à peu, s'allongeant pour chercher, à distance du centre végétal, les produits minéraux qu'elles délivrent ensuite à la plante et qui, incessamment renouvelés, représentent cependant, à toute époque, près de la moitié du poids des matières solubles que leurs tissus contiennent.

Conclusions tirées de l'étude du développement progressif de la pomme de terre.

Du long exposé que je viens de faire des conditions dans lesquelles la pomme de terre se développe progressivement, comme aussi des résultats auxquels ce développement aboutit, découlent des conséquences intéressantes tant au point de vue physiologique qu'au point de vue cultural. Je me contenterai d'en indiquer rapidement le sens, me proposant de grouper plus tard les conclusions diverses auxquelles conduisent les recherches exposées dans chacun des Chapitres de ce Volume.

Lorsque, au lieu de considérer séparément, comme je viens de le faire, chacune des diverses parties dont la pomme de terre est composée, on considère la plante dans son ensemble, on observe, dans son développement progressif, quatre phases principales, bien distinctes, phases qui, suivant les conditions météorologiques de la campagne, suivant que la variété cultivée est hâtive ou tardive, viennent se placer à des dates un peu différentes, mais que, pour la clarté des explications, je placerai aux dates mêmes où elles se sont, en 1888, produites pour la variété Jeuxey cultivée sur le terre-plein de Joinville-le-Pont.

C'est d'abord une période préliminaire consacrée exclusivement à l'organisation de la partie aérienne de la plante; les tiges grandissent rapidement, les radicelles piquent à travers le sol et rapidement s'étendent à de grandes distances : à ce moment, les tubercules n'existent pas encore.

A cette première période succède bientôt, et dès les premiers jours de juillet, une seconde période, au cours de laquelle on voit l'activité végétale augmenter encore. Au pied des tiges les tubercules apparaissent et s'en vont grossissant de jour en jour, les tiges s'allongent encore et se couvrent de feuilles, les radicelles étendent de tous côtés leur inextricable chevelu. C'est vers la seconde moitié de juillet que cette seconde période entre dans son plein et jusqu'au 28 août ce sont les mêmes phénomènes qui se poursuivent sans interruption.

C'est à l'accroissement des tubercules surtout que cette activité s'applique, mais les tiges et les feuilles y participent également; bientôt cependant l'accroissement de celles-ci s'arrête, et leur état devient stationnaire, tandis que, parmi les radicelles, les unes périssent, les autres, au contraire, s'accroissent en longueur et en diamètre.

Mais, à partir du 20 septembre, deux mois et demi après le commencement de la deuxième période, tout change : les tiges se dessèchent, les feuilles commencent à faner et à tomber sur le sol : c'est la troisième période; les tubercules continuent à croître, cependant, mais plus faiblement, et leur accroissement devient proportionnel à la quantité de feuilles vertes que les tiges portent encore; la vie des radicelles reste la même que précédemment, mais déjà leur altération commence.

Vient enfin la quatrième période. C'est au 10 octobre qu'elle s'est produite pour la Jeuxey en 1888. Les feuilles sont mortes à ce moment et tombées en partie, les tiges se sont desséchées sur pied, les radicelles n'existent plus; les tubercules sont isolés dans le sol; ils n'empruntent plus rien ni à l'atmosphère, ni à la terre; aucune transformation sérieuse de la matière ne s'effectue plus dans leurs tissus; le but de la culture est rempli : la fécule a atteint son maximum de production.

Cette fécule, qu'on voit alors représenter les trois quarts du poids de la matière sèche des tubercules, dont l'accroissement régulier n'a été troublé que par le changement des conditions météorologiques de la saison, c'est dans les feuilles qu'il en faut chercher l'origine.

C'est alors une hypothèse autorisée, basée sur les résultats fournis par l'analyse répétée des diverses parties de la plante que celle qui consiste à chercher cette origine dans le saccharose qui, au milieu du tissu des feuilles, sous l'influence de la lumière solaire, prend incessamment naissance; qui, dans ces feuilles, déjà s'invertit et se dédouble en partie pour contribuer à l'organisation de l'appareil foliacé, et s'en vient enfin, pour toute la partie non invertie, et après avoir traversé les tiges, se loger dans les tubercules. Là, par inversion encore, ce saccharose se transforme en lévulose et en glucose, dont le premier intervient à la formation de la cellulose lévogyre, tandis que le second devient la matière première de la formation de la fécule dextrogyre; la plus grande partie de l'un et de l'autre étant, d'ailleurs, directement utilisée comme aliment respiratoire, par les tubercules eux-mêmes.

CHAPITRE V.

DES CAUSES QUI INFLUENT SUR L'ABONDANCE DES RÉCOLTES DE POMMES DE TERRE ET SUR LEUR RICHESSE EN FÉCULE. — DES MOYENS D'ASSURER CETTE ABONDANCE ET CETTE RICHESSE.

Les causes sous l'influence desquelles les récoltes de pommes de terre deviennent abondantes, et sous l'influence desquelles également les tubercules s'enrichissent en fécule, sont nombreuses et d'importance diverse. Les unes sont d'ordre général, les autres d'ordre spécial à cette plante.

Parmi les premières, il faut compter les conditions météorologiques de la saison, la nature du sol, sa préparation et notamment la profondeur des labours, la nature et la proportion des engrais; parmi les secondes figurent la date de la plantation, sa régularité, l'espacement des plants, etc. Si importants, cependant, que soient pour la culture ces éléments de succès, plus important encore est l'élément qu'apporte le choix judicieux des tubercules de plant.

J'examinerai successivement ces divers côtés de la question pour ensuite faire suivre cet examen de la considération capitale de la maladie à laquelle nos cultures de pommes de terre sont si fréquemment exposées.

Conditions météorologiques.

L'influence qu'exercent les conditions météorologiques sur le développement de la pomme de terre, sur l'abondance et la qualité des récoltes qu'elles fournissent, est considérable. J'en ai signalé dans ces Recherches deux exemples remarquables. L'un est fourni par le retard qu'a subi, en 1887, la formation des tubercules. Un mois de mai pluvieux et froid avait retardé la levée et ralenti les débuts de la végétation, si bien que, malgré les conditions satisfaisantes du mois de juin, l'une des variétés, le 20 juillet, ne portait pas encore un seul tubercule, et que pour les trois autres le poids de ces tubercules atteignait 40gr à 80gr, alors qu'il eût dû être de 500gr à 600gr.

Un exemple non moins frappant de l'influence des conditions météorologiques est celui que présentent l'hydratation des tubercules de Jeuxey et la diminution de leur richesse féculente, lorsque, déjà parvenus à maturité, ces tubercules ont, du 20 septembre au 10 octobre 1888, été exposés à une pluie prolongée.

Les exemples de cette sorte abondent, et les cultivateurs connaissent bien la portée de ces changements météorologiques; ce serait une superfétation que d'y insister, mais il m'a semblé intéressant de donner, par les deux faits qui précèdent, la mesure de leur influence.

De la nature du sol et de sa fertilité.

C'est une tradition généralement admise que celle de l'influence absolue que la nature du terrain exerce sur le rendement cultural de la pomme de terre; j'ai été élevé dans cette tradition.

Au cours de mes recherches cependant, j'avais été frappé de ce fait que, pendant quatre années consécutives, la culture des variétés Richter's Imperator, Gelbe rose, Red-Skinned, et Jeuxey à Joinville-le-Pont et à Clichy-sous-Bois avait abouti à des rendements ne présentant entre eux que des différences d'ordre secondaire.

Ces deux terrains cependant, ainsi que le montre leur analyse (p. 12), sont très différents : le premier est un terrain de gravier faiblement argileux, le second un terrain argilo-siliceux déjà très chargé en argile; le premier est d'une perméabilité remarquable, le second est presque gras et devient plastique à la suite de pluies abondantes; par les temps secs, cependant, il s'ameublit aisément.

Partant de là, on aurait pu s'attendre à voir la culture conduite exactement de la même façon donner à Joinville des rendements bien plus élevés qu'à Clichy-sous-Bois; il n'en a pas été ainsi.

C'est ce qui ressort du Tableau suivant, où les résultats de cultures de 2^a,50 pour chaque variété sont rapportés à l'hectare :

Années.	Joinville-le-Pont.	Clichy-sous-Bois.	Joinville-le-Pont.	Clichy-sous-Bois.
	Richter's Imperator.		Gelbe rose.	
1886	44,760	41,100	30,300	32,800
1887	38,450	33,665	20,700	26,470
1888	43,900	41,072	29,200	28,140
1889	37,240	35,000	21,000	26,448
	Red-Skinned.		Jeuxey.	
1886	36,000	33,400	30,150	26,750
1887	23,545	26,375	20,545	21,965
1888	31,650	36,380	26,250	33,018
1889	25,000	32,000	20,720	27,500

De l'examen de ces chiffres il résulte que, dans les terrains graveleux de Joinville, la Richter's Imperator a toujours donné des résultats supérieurs à ceux de Clichy-sous-Bois, tandis que, si l'on en excepte deux ou trois récoltes, la Gelbe rose, la Red-Skinned, la Jeuxey, ont donné à Clichy-sous-Bois des résultats supérieurs à ceux de Joinville.

Cultivées dans ces deux terrains, les quatre variétés ont donc montré des facultés diverses propres à leur nature, et non pas dépendantes de la composition de ces terrains mêmes.

Les résultats que je viens de faire connaître étaient de nature à faire naître des doutes sur le bien-fondé de l'opinion d'après laquelle certains terrains auraient, du fait de leur nature même, une aptitude exceptionnelle pour la culture de la pomme de terre, tandis que d'autres lui seraient, du même chef, absolument défavorables.

Ceux qui m'ont été communiqués par mes collaborateurs de 1890 et de 1891 m'ont permis d'établir qu'en effet l'opinion que je viens de rappeler est beaucoup trop absolue et que, sur les résultats fournis par la culture de la pomme de terre, la nature même du sol est loin d'avoir une influence aussi grande qu'on le croit généralement.

En 1889, dix-huit cultivateurs, en suivant exactement mes recommandations, ont atteint les hauts rendements que j'avais annoncés; cependant les terrains dans lesquels leur culture avait eu lieu étaient, comme le montre le Tableau ci-dessous, bien différents les uns des autres.

		Kilogr. à l'hectare.
Terrains siliceux.......	Fresnoy-le-Luat (Oise).........	37,000
	Charleville (Ardennes).........	34,070
Terrains argilo-siliceux.	Saint-Remy (Haute-Saône)......	44,000
	Joinville-le-Pont (Seine)........	39,000
	Neubourg (Eure)..............	37,400
	Tomblaine (Meurthe-et-Moselle).	36,000
	Wardrecques (Pas-de-Calais)...	36,000
	Melun (Seine-et-Marne)........	33,000
Terrains silico-calcaires.	Contin (Seine-et-Marne)........	32,000
	Grignon (Seine-et-Oise)........	32,600
Terrains argilo-calcaires.	Dijon (Côte-d'Or)..............	39,600
	Coupvray (Seine-et-Marne).....	33,000
Terrains calcaires	Vaux-sous-Laon (Aisne)........	36,044
	Auxerre (Yonne)...............	36,000
Terrains argileux.......	Cappelle (Nord)................	41,000
	Clichy-sous-Bois (Seine-et-Oise).	35,000
	Arras (Pas-de-Calais)..........	30,000
Terrain granitique......	Saint-Dié (Vosges).............	32,125

En 1891, les faits observés ont été plus nombreux encore; 57 de mes collaborateurs ont obtenu, en Richter's Imperator, des rendements dont la moyenne s'est élevée à 37157^{kg} par hectare, et, si l'on classe les terrains dans lesquels leur culture a eu lieu d'après la dénomination qu'ils leur ont donnée, on reconnaît que :

					kg
22 cultures en sol		argilo-siliceux	ont donné	en moyenne..	39000
19	»	argilo-calcaire	»	» ...	37680
7	»	sableux	»	» ...	38050
4	»	argileux	»	» ...	42500
1	»	silico-calcaire	»	» ...	39950
3	»	calcaire	»	» ...	36300
1	»	granitique	»	» ...	35900

8

Ce sont, on le voit, les cultures en sol argilo-siliceux et en sol argilo-calcaire qui dominent; les résultats que les unes et les autres fournissent sont bien voisins, et ce n'est pas sans surprise qu'on voit à côté d'elles quatre cultures en sol argileux donner des résultats encore plus élevés, plus élevés surtout que ceux des cultures en sol sableux.

Il faut donc admettre qu'il existe une grande exagération dans les appréciations que l'on fait *a priori* de la valeur des sols au point de vue de la culture de la pomme de terre. Ameublis par une bonne préparation, fumés convenablement, presque tous les terrains, je crois, conviennent à cette culture.

Mais, si la constitution des sols ne paraît pas avoir l'importance qu'on lui attribue d'habitude, c'est, d'autre part, une considération capitale que celle de leur état de fertilité naturelle.

J'insisterai sur ce point, lorsque, à la fin de ce Volume, j'exposerai les résultats fournis en 1890 non seulement par des cultures en terres fertiles, mais encore par des cultures en terres médiocres ou pauvres.

Profondeur des labours.

C'est un préjugé assez répandu que, sous le rapport de la préparation du sol, la pomme de terre n'est pas une plante exigeante; habituées à voir les tubercules se présenter, en général, à fleur de terre, nombre de personnes considèrent que, pour la culture de cette plante, il suffit de recourir à de légers labours auxquels le buttage servira d'auxiliaire. Quelques-unes, cependant, pensent autrement et estiment que, pour la pomme de terre, comme pour tout autre plante, le recours à des labours profonds ne saurait qu'offrir de grands avantages.

J'ai pensé qu'il serait intéressant de fournir, à la solution de cette question, des documents précis, basés sur la pesée exacte de récoltes comparatives. Dans ce but, à Clichy-sous-Bois et à Joinville, deux pièces de terre à sol bien homogène, mesurant chacune 480^{mq}, ont été, en 1886, travaillées à trois profondeurs différentes. Sur un tiers de son étendue, chacune de ces pièces a reçu un léger déchaumage de 0^m,15 de profondeur tout au plus; le second tiers a reçu un labour profond de 0^m,40; le dernier tiers enfin, pour exagérer la démonstration cherchée, a été défoncé à 0^m,75 de profondeur par couches de 0^m,20 environ, chacune de celles-ci étant successivement remise à sa place primitive.

Chacune de ces pièces a été ensuite divisée en huit lots de 60^{mq} sur chacun desquels se retrouvaient trois carrés de 20^{mq} préparés, l'un à 0^m,15, l'autre à 0^m,40, l'autre à 0^m,75 de profondeur.

Sur chacun de ces lots, j'ai planté au même espacement (3,3 par mètre) 60 tubercules, bien égaux, de chacune des huit variétés dont j'ai précédemment indiqué le rendement général pour 1886, et la récolte de chacun de ces lots enfin (60 poquets) a été pesée isolément.

Les résultats fournis par la pesée de ces 48 récoltes ont été les suivants :

	Clichy-sous-Bois.			Joinville-le-Pont.		
	0^m,15.	0^m,40.	0^m,75.	0^m,15.	0^m,40.	0^m,75.
	kg	kg	kg	kg	kg	kg
Red-Skinned........	57,3	68,0	87,3	70,4	73,2	76,5
Hermann...............	58,5	65,0	72,6	57,5	60,8	66,3
Chardon...............	52,7	53,8	61,3	48,1	52,9	55,7
Magnum bonum allemand.	74,1	81,6	81,6	66,4	70,8	75,2
Magnum bonum français..	69,7	72,7	75,9	64,3	71,7	80,9
Richter's Imperator......	66,5	75,2	93,7	97,8	100,0	104,0
Jeuxey.................	47,8	51,6	66,5	56,0	60,3	66,4
Gelbe rose..............	62,0	64,4	70,7	57,0	60,6	64,5

L'importance relative de ces récoltes est représentée graphiquement sur les diagrammes XI et XII (*voir* p. 116 et 117) où les poids constatés pour chaque variété, sur le lot déchaumé à 0^m,15, correspondent aux lignes pleines, ceux constatés sur le lot labouré à 0^m,40 correspondent aux lignes ponctuées, ceux enfin constatés sur le lot défoncé à 0^m,75 correspondent aux lignes ondulées.

La conséquence à tirer de cette expérience est frappante au premier chef et, si modeste qu'ait été la culture quant à son étendue, l'expérience semble, en vérité, n'avoir pas besoin d'être renouvelée.

A Joinville-le-Pont surtout, dans le terrain sableux, on voit les rendements croître, suivant la profondeur, avec une régularité presque mathématique; à Clichy-sous-Bois, dans une terre argileuse, le résultat est le même, plus accentué peut-être, en certains cas.

Diagramme n° XI.

Joinville-le-Pont (1886).

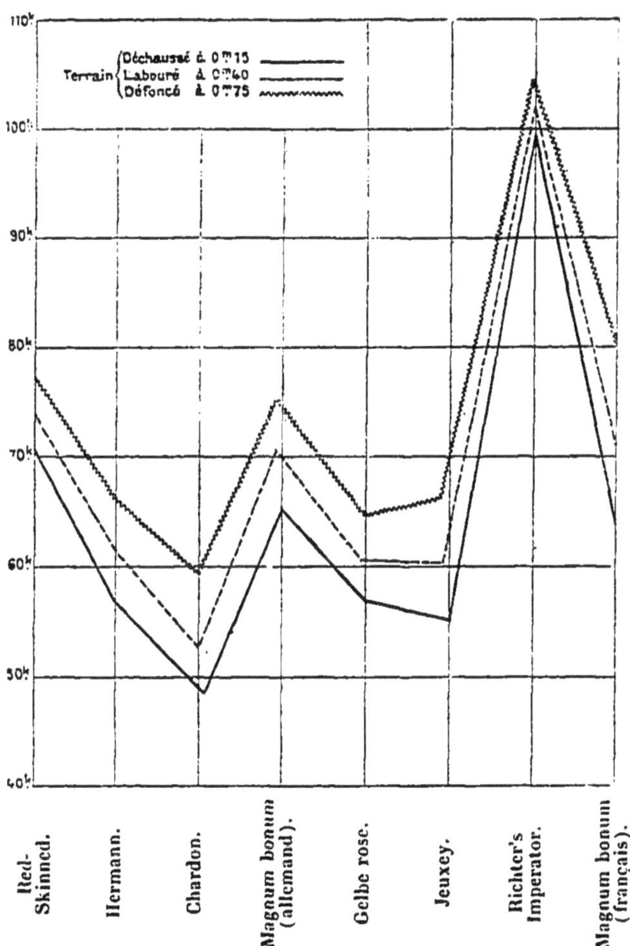

Si, pour rester sur le terrain pratique, on se contente de comparer les résultats obtenus en travaillant le sol à $0^m,15$ seulement, ou bien à $0^m,40$, on reconnaît que le plus souvent l'augmentation de rendement, dans ce dernier cas, correspond à 10 pour 100 environ du poids de la récolte. Pour certaines variétés, pour la

Diagramme n° XII.

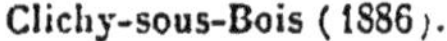
Clichy-sous-Bois (1886).

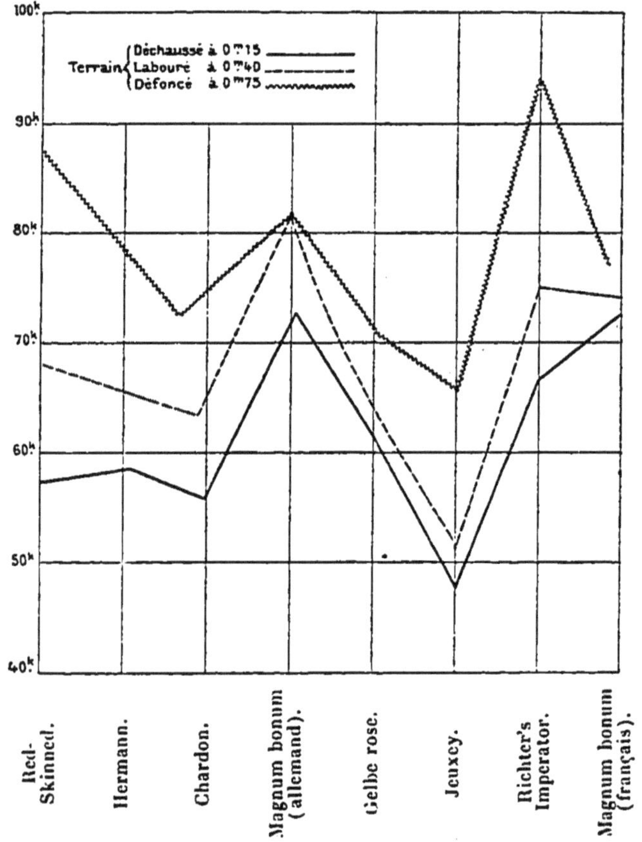

Red-Skinned, par exemple, elle s'élève, à Clichy-sous-Bois, à près de 20 pour 100.

Mais ce n'est pas seulement sous le rapport du rendement en poids que l'amélioration se fait sentir en cette circonstance : c'est aussi sous le rapport de la richesse des tubercules en matière amylacée.

Les produits des quarante-huit récoltes ci-dessus ont été, en effet, soumis à l'analyse, et dans les tubercules moyens que chacune d'elles a fournis, on a dosé la proportion de fécule; les résultats obtenus sont, dans le Tableau ci-après, exprimés en centièmes du poids de ces tubercules.

	Clichy-sous-Bois.			Joinville-le-Pont.		
	0m,15.	0m,40.	0m,75.	0m,15.	0m,40.	0m,75.
Red-Skinned.......... ..	14,4	15,3	15,7	13,0	14,6	15,1
Hermann................	14,7	18,0	18,8	15,5	16,3	18,8
Chardon	14,0	14,7	15,3	14,5	15,5	15,8
Magnum bonum allemand.	14,1	14,6	15,4	15,3	15,4	15,5
Gelbe rose	14,6	15,3	16,6	18,2	18,3	18,3
Jeuxey..................	14,6	16,2	16,6	15,9	15,9	15,9
Richter's Imperator ([1])...	12,6	14,1	14,6	14,5	15,6	16,7
Magnum bonum franç. ([1]).	12,3	13,5	14,0	14,0	15,0	15,7

Les résultats qui précèdent sont d'une grande netteté; ils montrent que, d'une manière générale et à de rares exceptions près, la richesse des tubercules en fécule augmente au fur et à mesure qu'augmente la profondeur à laquelle le sol a été ameubli.

L'avantage que présentent, pour la culture de la pomme de terre, les labours profonds, peut donc être considéré comme certain.

Les travaux de mes collaborateurs, du reste, ont en 1889 et 1890, consacré définitivement la valeur des recommandations qu'à la suite des essais précédents je n'ai cessé d'adresser aux cultivateurs.

En 1889, deux seulement de ces collaborateurs ont cru pouvoir limiter l'action de la charrue à une profondeur de $0^m,15$; ils ont obtenu, à la récolte, l'un 20000^{kg}, l'autre 16154^{kg}, ce qui, pour la Richter's imperator, est un rendement misérable.

En 1890, six de mes collaborateurs encore, les uns parce qu'ils n'ont pas cru à l'importance de mes recommandations, les autres parce que le sol arable n'avait sur leur exploitation qu'une faible épaisseur, se sont bornés à labourer légèrement. Les résultats qu'ils

([1]) Ces deux variétés ont dû être arrachées avant maturité complète.

ont obtenus sont intéressants à connaître; le Tableau suivant les résume :

	Labour de :	Rendement à l'hectare.
	m	kg
Méry-sur-Seine (Aube)............	0,10	19,000
Saint-André (Aube)...............	0,15	28,700
Chaumont (Haute-Marne)..........	0,18	17,074
Buzegny (Vosges).................	0,11	28,000
Culan (Cher).....................	0,18	23,200
Villebois (Charente).............	0,15	28,300

Lorsque l'on compare ces résultats à ceux qu'ont obtenus tous les cultivateurs qui ont ameubli leur sol à $0^m,25$-$0^m,30$ et même $0^m,40$, résultats qui, ainsi que je l'ai déjà indiqué précédemment, se résument pour la campagne 1891 en une production moyenne de 37157kg de Richter's Imperator à l'hectare, il ne peut subsister aucun doute sur l'efficacité des labours profonds.

On ne saurait en être surpris lorsqu'on étudie les gravures héliographiques dont la collection forme le complément naturel de mes recherches.

Sur ces gravures, en effet, qui représentent à l'échelle du $\frac{1}{10}$ un pied de pomme de terre à six époques différentes de sa végétation, on voit la plante développer un système radiculaire, dont on ne soupçonnait guère l'importance, dont la longueur atteint quelquefois jusqu'à $1^m,50$ et dont un terrain compact, non ameubli, ne saurait permettre la formation.

Deux conséquences résultent des observations qui précèdent : la première c'est que dans les terrains sans profondeur il faut renoncer à la culture intensive de la pomme de terre; la seconde c'est que, pour tirer des terrains convenables ce qu'ils peuvent donner, il convient de les ameublir à grande profondeur, à $0^m,35$ à $0^m,40$ si l'on peut.

C'est à quoi l'on arrive aisément en labourant à l'aide d'un fort brabant qui retourne la terre sur $0^m,20$ ou $0^m,25$ et en faisant suivre celui-ci d'une fouilleuse qui, en dessous du sillon, ameublit la couche sous-jacente à $0^m,15$ encore.

Nature et quantité des engrais.

L'étude des engrais qui conviennent à la culture de la pomme de terre a été faite avec tant de soin, par M. le professeur Maerker, qu'il m'a semblé superflu d'entreprendre à nouveau des essais développés sur cette question.

La conclusion à laquelle M. le professeur Maerker a été conduit est, d'ailleurs, d'une grande netteté ; je me contenterai de la résumer pour ensuite renvoyer le lecteur à l'ouvrage que ce savant a publié sur la question, en 1880 (¹) :

« L'opinion trop répandue, dit-il, qui veut que les engrais n'aient pas sur la pomme de terre la même influence que sur les autres cultures est erronée et tient à un mauvais emploi de ces engrais. Les essais ont montré que, par leur emploi judicieux, on peut augmenter les récoltes de pommes de terre de 4000^{kg} à 5000^{kg} par hectare. »

Au cours de ses recherches cependant, M. Maerker ne s'est préoccupé que de deux agents fertilisants, l'acide phosphorique et l'azote ; la potasse a été, par lui, laissée complètement de côté ; pour expliquer ce délaissement, il a fait remarquer que ses études ne visaient que les bons terrains de la Saxe, et que l'addition à ces terrains de composés potassiques n'avait, à la suite d'essais antérieurs, donné aucun résultat avantageux.

On trouverait sans doute l'explication de cette anomalie apparente dans ce fait, que très probablement les terrains sur lesquels ces essais avaient eu lieu étaient, par eux-mêmes, riches en potasse, ce qui revient à dire que, là où la potasse abonde, une addition nouvelle de cet agent, généralement fertilisant, ne produit aucun effet.

Mais il est d'autres terrains pauvres, au contraire, en potasse, et dans lesquels l'emploi de composés potassiques comme engrais complémentaires semble appelé à améliorer la récolte.

(¹) *Die zweckmässigste Anwendung der künstlichen Düngemittel für Kartoffeln.*

J'en citerai un exemple, à coup sûr intéressant. Un agriculteur distingué des Vosges, M. Paul Genay, président du comice agricole de Lunéville, s'est, depuis longtemps, préoccupé de l'influence que, dans sa région tout au moins, l'emploi de la potasse peut exercer sur le rendement en poids et la richesse en fécule des pommes de terre. Ne possédant pas les ressources scientifiques nécessaires pour suivre à fond cette question, M. Paul Genay m'a demandé de vouloir bien me joindre à lui, ce que j'ai accepté avec plaisir. Il s'est chargé de la préparation du sol, de la culture et de la récolte, me laissant le soin d'estimer, par l'analyse chimique, les résultats obtenus.

Suivant un plan habilement conçu pour la constatation de l'influence des composés potassiques, il a, en 1887, cultivé sur une surface de 300^{m}, divisée en trois carrés égaux de 1 are chacun, des plants de Magnum bonum choisis avec soin et de grosseur égale.

L'un de ces carrés avait été conservé comme témoin et n'avait reçu aucun engrais; le second avait reçu un engrais complet (scories phosphoreuses, nitrate de soude, kaïnite et chlorure de potassium); le troisième avait reçu un engrais incomplet, formé des éléments précédents moins les composés potassiques.

Au cours de la campagne, M. Paul Genay a observé, sur les produits de chaque carré, des différences notables : sur le carré ayant reçu l'engrais potassique, la végétation était plus vigoureuse et le feuillage plus vert. Malheureusement une gelée survenue le 25 septembre a brusquement arrêté cette végétation, et les tubercules n'ont pu arriver à maturité.

Quoi qu'il en soit, il m'a semblé intéressant de rechercher, dès ce premier essai, si la potasse avait été absorbée en plus grande quantité par les tiges et les tubercules du carré à potasse que par les tiges et les tubercules des autres carrés.

L'expérience m'a démontré qu'il en était bien ainsi. Voici, en effet, quelle quantité de potasse l'analyse m'a fait reconnaître dans 100 parties de tubercules ou de tiges.

	Tubercules.		Tiges.	
Lot sans engrais.............	0,39	0,31	0,09	0,06
Lot avec engrais et potasse...	0,47	0,44	0,28	0,39
Lot avec engrais sans potasse..	0,37	0,39	0,05	0,08

L'influence de l'engrais potassique est évidente, puisqu'on voit, sur le carré qui a reçu cette matière fertilisante, la proportion de potasse augmenter de moitié dans les tubercules, quadrupler et même quintupler dans les tiges.

Cependant, et quoique, à la récolte, on ait observé un rendement en poids de tubercules plus élevé sur le lot à potasse, ce premier essai ne pouvait nous satisfaire, M. Paul Genay et moi. Aussi un nouvel essai a-t-il été institué en 1888; cinq carrés de 1 are chacun ont été préparés de la façon suivante : l'un a été gardé comme témoin, le second a reçu 10^{kg} de scories phosphoreuses, 1^{kg} de chlorure de potassium, 5^{kg} de kaïnite et 2^{kg} de nitrate de soude, c'est-à-dire un engrais complet; au troisième lot, la kaïnite et le chlorure de potassium ont été supprimés; au quatrième, ils ont été rendus, mais les scories phosphoreuses ont été enlevées à leur tour; au cinquième enfin, c'est le nitrate de soude qui a été éliminé.

De telle sorte qu'en réalité, développée sur 500^{mq}, la culture comprenait cinq lots de 1 are chacun :

Un sans engrais;

Un avec engrais sans potasse;

Un avec engrais sans acide phosphorique;

Un avec engrais sans azote;

Un enfin avec engrais complet.

Déjà, à la récolte, des différences sensibles dans le rendement, en poids, ont été observées par M. Paul Genay; l'analyse des produits devait me permettre d'en observer d'autres.

C'est ce que montre d'abord l'analyse des tubercules moyens de chaque lot. On y voit, en effet, la fécule, les cendres, la potasse, représentées en centièmes par les nombres suivants :

	Tubercules.			
	Rendement par are.	Fécule anhydre.	Matières minérales.	Potasse.
	kg			
Témoin	201	15,36	0,78	0,32
Engrais sans potasse	210	15,59	0,72	0,31
Engrais sans acide phosphorique	194	15,21	0,93	0,38
Engrais sans azote	188	15,59	1,06	0,37
Engrais complet	223	16,06	0,99	0,44

L'influence de la potasse est ici bien marquée; sans doute il serait téméraire de tirer de l'augmentation du rendement en poids pour le cinquième lot une conclusion trop ferme; sur des cultures ne dépassant pas 1 are, des conclusions de cette sorte ne peuvent être adoptées que si le bénéfice de la récolte est important. Dans le cas actuel, il n'est que de 13^{kg} par rapport au deuxième lot; tel qu'il est cependant, c'est au compte du lot où la potasse figure que ce bénéfice doit être compté : il représente en somme 6 pour 100 de la récolte.

Mais ce qui mérite surtout de fixer l'attention, c'est l'augmentation de la richesse en matières minérales d'abord, en potasse ensuite, des tubercules lorsque ceux-ci proviennent des lots ayant reçu des composés potassiques; de 0,75 pour 100, la teneur en cendres passe à 1 pour 100; de 0,31 pour 100, la teneur en potasse s'élève à 0,38 et même à 0,44 pour 100 lorsque l'engrais est complet.

Cette augmentation dans la proportion de matières minérales fixées par les tubercules serait cependant sans intérêt pratique, si elle n'avait pas pour conséquence une amélioration du produit: or cette amélioration est manifeste; dans les tubercules provenant du lot à engrais complet, la richesse en fécule est de 0,5 pour 100 supérieure à la richesse des tubercules récoltés sur les autres lots.

Cette influence de la potasse sur la végétation, les tiges également en apportent la preuve; analysées en effet, après une simple dessiccation à l'air libre, c'est-à-dire alors qu'elles contenaient encore environ 50 pour 100 d'eau, les tiges provenant des cinq lots ci-dessus ont donné en centièmes, pour les matières minérales et pour la potasse, les nombres suivants :

	Tiges sèches.		
	Matières minérales.	Potasse.	Potasse pour 100 de cendres
Témoin	5,45	0,11	2,00
Engrais sans potasse	5,41	0,10	1,83
Engrais sans acide phosphorique	5,46	0,27	4,95
Engrais sans azote	5,49	0,26	4,76
Engrais complet	5,52	0,20	3,67

Au moment où les engrais potassiques interviennent à la culture, la proportion de potasse fixée par les tiges augmente dans la proportion de 2 à 5, et ainsi se trouve expliquée la vigueur de la végétation constatée par M. Paul Genay.

C'est donc chose certaine que, s'il est des terrains, comme ceux de la Saxe qu'a étudiés M. le professeur Maerker, sur lesquels les composés potassiques n'exercent, sous le rapport de l'amélioration de la récolte en pommes de terre, aucun effet marqué, il en est d'autres, au contraire, sur lesquels ces composés ont une influence sérieuse. Il suffirait, en effet, de rapporter à l'hectare les chiffres de rendement en poids et de richesse en fécule des récoltes afférentes au deuxième et au cinquième des lots cultivés par M. Paul Genay pour trouver, là où l'engrais potassique a été employé, 3581^{kg} de fécule anhydre à l'hectare, alors que, là où cet engrais a fait défaut, le poids de la fécule n'atteint que 3273^{kg}; c'est une différence de 300^{kg} de fécule à l'hectare, une amélioration par conséquent de 10 pour 100 dans le rendement industriel.

Les observations qui précèdent, en complétant celles de M. le professeur Maerker et celles d'autres expérimentateurs, ne sauraient laisser aucun doute relativement à l'efficacité des engrais sur la culture de la pomme de terre, lorsque l'emploi en est judicieux.

On cite, il est vrai, quelques observations (elles sont très peu nombreuses) desquelles il semblerait résulter que l'emploi des engrais n'a pas toujours, au point de vue de la culture de la pomme de terre, un avantage marqué; mais ces faits isolés peuvent, comme l'a indiqué M. Dehérain, être expliqués par le haut degré de fertilité auquel avaient été amenées, par les cultures précédentes, les terres sur lesquelles les essais avaient lieu ([1]).

A l'appui de cette manière de voir, je rapporterai les résultats d'un essai que j'ai fait, en 1886, simultanément à Clichy-sous-Bois et à Joinville-le-Pont, d'un côté, dans un terrain riche et particulièrement chargé en potasse, d'un autre, dans un terrain relativement pauvre.

([1]) *Annales agronomiques* (années 1878 et 1879).

A Clichy-sous-Bois comme à Joinville-le-Pont, deux carrés de 480^{mq} ont été, côte à côte, travaillés de la même façon, puis l'un d'eux a reçu 40^{kg} (800^{kg} à l'hectare) d'un engrais complet formé de deux tiers de superphosphate et d'un tiers de salpêtre; chacun d'eux enfin a été divisé en huit carrés de 60^{mq}, destinés à recevoir l'une des huit variétés que j'avais choisies pour cette campagne.

Le Tableau suivant fait connaître les récoltes comparées des carrés avec engrais et sans engrais, ainsi que l'écart constaté entre les récoltes.

	Clichy-sous-Bois.			Joinville-le-Pont.		
	Sans engrais.	Avec engrais.	Écart.	Sans engrais.	Avec engrais.	Écart.
	kg	kg	kg	kg	kg	kg
Red-Skinned.	170,5	200,6	+30,1	137,4	220,6	+82,6
Hermann....	179,0	196,6	+17,6	147,6	184,6	+37,0
Chardon.....	151,0	167,8	+16,8	136,2	162,2	+26,0
Mag. bon. al.	187,4	237,3	+49,9	224,6*	212,8	−12,2*
Gelbe rose...	158,9	197,1	+38,2	122,8	182,2	+59,4
Jeuxey......	151,7	160,5	+ 3,8	165,0	176,7	+11,7
Richt. Imp^{r}.	274,6	248,5	−25,1*	235,0	301,8	+66,8
Mag. bon. fr.	220,4	226,0	+ 6,4	217,0	236,9	+29,9

Si, du Tableau précédent, on élimine les deux résultats qui, marqués d'un astérisque, sont dus très certainement à un accident de culture, on reste en face de quatorze expériences absolument concordantes et desquelles résulte, pour deux terrains très différents, la démonstration de l'influence que l'emploi d'engrais appropriés exerce sur la culture de la pomme de terre.

Mais, des données que ces expériences apportent, résulte aussi la démonstration de l'exactitude de l'opinion que je rappelais à l'instant au sujet de la distinction qu'il convient d'établir, relativement à l'application des engrais à la culture de la pomme de terre, entre les terrains déjà fertiles et ceux qui ne le sont pas. A Joinville-le-Pont, c'est-à-dire dans un terrain pauvre, l'accroissement de récolte dû à l'addition des engrais est double et quelquefois triple de ce qu'il est à Clichy-sous-Bois dans un terrain riche et particulièrement chargé en potasse.

Deux conclusions sont à tirer des faits qui précèdent : la première est que, dans les terres médiocres surtout, il ne faut pas craindre de recourir à des fumures abondantes, la seconde qu'il ne semble pas y avoir avantage à dépasser, dans les terres fertiles, les dosages usités pour d'autres cultures.

Plus d'un lecteur sans doute trouvera ces conclusions trop vagues et me demandera d'inscrire ici quelque formule d'engrais générale et propre à tous les cas.

C'est ce que je ne saurais faire; je suis, en effet, l'adversaire des formules toutes faites et j'estime qu'à chaque variété de sol il faut une combinaison spéciale de matières fertilisantes.

La pomme de terre a besoin, tout à la fois, d'azote, d'acide phosphorique et de potasse; mais, suivant la composition de son terrain, le cultivateur doit faire varier la proportion de ces trois agents principaux de fertilisation.

Les fumiers et les engrais dits chimiques conviennent les uns et les autres à la culture de la pomme de terre, et les conditions les meilleures sont certainement, d'habitude du moins, celles qui comprennent une fumure moyenne au fumier complétée par une dose raisonnable de superphosphate de chaux, de sulfate de potasse et de nitrate de soude.

Sans vouloir rien préciser, on voit, en général, les rendements maxima correspondre à l'emploi par hectare, soit de 40000^{kg} de bon fumier employé seul, soit de 20000^{kg} de fumier seulement complétés par l'addition de 500^{kg} ou 600^{kg} d'engrais chimique, soit, en l'absence de fumier, de 1000^{kg} à 1200^{kg} d'engrais de cette sorte.

Le plus souvent, dans les terrains meubles et de composition ordinaire, il m'a paru bon de composer ce mélange sur 100 parties de :

	Parties.
Superphosphate de chaux	62
Sulfate de potasse	23
Nitrate de soude	15
	100

En général, je me suis bien trouvé de distribuer sur le dernier labour, après enfouissement du fumier, le mélange de superphosphate de chaux et de sulfate de potasse pour, quelques jours avant la levée, répandre le nitrate de soude seul, en couverture.

Au superphosphate de chaux quelques cultivateurs ont, avec succès, substitué, dans ces dernières années, les scories phosphoreuses.

C'est sous la forme de sulfate que je préfère employer la potasse, quoique son prix soit alors plus élevé que sous la forme de chlorure ou de kaïnite. L'expérience m'a montré, en effet, que le chlorure était, plus aisément que le sulfate, entraîné par les eaux.

Les résultats obtenus par mes collaborateurs en 1890 et 1891 m'ont fourni, au sujet de l'emploi des engrais, des indications utiles. Tous ont fumé largement; beaucoup ont adopté la formule qui m'avait donné de bons résultats tant à Joinville-le-Pont qu'à Clichy-sous-Bois, que je ne leur avais fait connaître que comme une indication et qui comprend 25000^{kg} de fumier complétés par 600^{kg} d'engrais chimique composé dans les proportions ci-dessus indiquées.

A tous ceux qui l'ont employée, elle a donné de bons résultats. Quelques-uns ont eu recours à des fumures plus abondantes, porté la dose de fumier à 30000 et 35000^{kg}, celle de superphosphate à 400^{kg}, etc.; il ne semble pas que la récolte ait été, de ce chef, notablement augmentée.

Quelques-uns n'ont employé que du fumier, en élevant la dose à 50000^{kg}, et même 60000^{kg}; quelques autres ont ajouté au sol 1000 à 1200^{kg}, sans fumier, de l'engrais chimique ci-dessus indiqué. Les résultats ont, dans tous les cas, été sensiblement les mêmes.

Par contre, toutes les fois que la dose d'engrais a été abaissée, la récolte a diminué. Parmi ceux de mes collaborateurs qui n'ont pas réussi, j'en compte même deux qui ont cru pouvoir se contenter d'une fumure faite l'année précédente et ayant été déjà utilisée par une récolte. Leurs rendements sont tombés à 30500^{kg} et 16000^{kg}.

C'est donc, semble-t-il, aux fumures abondantes, mais non excessives, qu'il convient d'avoir recours.

Régularité de la plantation.

C'est, à mon avis, une question très importante, au point de vue de la culture de la pomme de terre, que la régularité de la plantation.

La pièce à planter doit être soigneusement rayonnée, et, dans chaque ligne, les plants placés à distance bien égale. Non seulement ces dispositions ont l'avantage de rendre les façons plus faciles, mais encore, chaque sujet recevant la même quantité d'air et de lumière, le rendement s'en trouve amélioré.

Je me contenterai de citer un seul fait à l'appui de cette manière de faire. Deux carrés de 400^{m} chacun ont été, à Joinville-le-Pont, en 1887, cultivés côte à côte; la plantation a été faite en Jeuxey, par les mêmes ouvriers, d'un côté avec régularité, sous ma surveillance directe, et en plaçant 3,3 sujets au mètre carré; de l'autre côté, sans régularité, en laissant à ces ouvriers toute liberté de placer les plants à la distance et dans l'ordre dont ils avaient l'habitude.

A la récolte, en octobre :

Le carré planté régulièrement a fourni 821^{kg} (20535^{kg} à l'hectare).
Le carré planté irrégulièrement a fourni 689^{kg} (17125^{kg} à l'hectare).

Aujourd'hui encore, cependant, la plupart de nos cultivateurs se contentent d'une plantation tout à fait arbitraire, faite au gré de l'ouvrier dans le sillon de la charrue; les plus soigneux font passer le rayonneur dans la pièce et font planter ensuite, *au pas*, dans la ligne. Cette manière de faire est déjà préférable, mais elle est encore bien insuffisante; la longueur des pas varie, en effet, non seulement d'un ouvrier à l'autre, mais même d'un moment à l'autre pour le même ouvrier, et de ces variations peuvent résulter des différences de 5000 et 4000 poquets à l'hectare. Des résultats bien supérieurs sont obtenus par le procédé qui consiste à rayonner la pièce en croix, pour ensuite planter aux points de croisement.

Pour rendre la plantation régulière, on emploie aussi quelquefois en Amérique, en Angleterre et en Allemagne, des machines qu'a bien voulu me faire connaître M. Ringelmann, professeur de Génie rural à l'École de Grignon, et il convient de citer, à ce propos, les plantoirs de True (États-Unis), de Siedersleben (Allemagne), de Murray (Angleterre), etc., mais ces machines ne sont pas connues en France.

Je crois d'ailleurs que l'emploi d'appareils compliqués, sujets à dérangements fréquents, n'est pas nécessaire pour faire de la pomme de terre une plantation régulière; le rayonnage en croix que j'indiquais tout à l'heure y suffit largement. Le rayonneur étant réglé à $0^m,60$, la pièce est d'abord parcourue longitudinalement, puis le réglage est modifié, ramené à $0^m,50$ et la pièce parcourue une deuxième fois transversalement, c'est-à-dire perpendiculairement à la première direction.

En donnant ensuite un coup de croc à chaque croisement et déposant un tubercule dans chaque poquet, on obtient une plantation d'une régularité parfaite, comprenant 330 poquets à l'are et dont la régularité même concourt dans une mesure notable à la production des rendements élevés.

Date de la plantation.

C'est une considération importante encore, au point de vue du succès de la culture des pommes de terre, que celle de la date à laquelle la plantation doit avoir lieu.

Cette date, bien entendu, est variable suivant la sorte cultivée, et c'est chose évidente qu'une pomme de terre hâtive doit être plantée plus tôt qu'une pomme de terre tardive. Le développement plus rapide des germes, dans le premier cas, fournit à ce sujet des indications sur lesquelles il est inutile d'insister.

Toutes choses égales cependant, il convient de ne pas redouter les plantations précoces; à la vérité, quelques dangers de gelée sont à craindre dans ce cas; mais, si les tubercules sont vigoureux, l'accident peut se réparer dans une mesure notable. Les plantations tardives, en tout cas, doivent être évitées : elles déterminent toujours une diminution dans le rendement.

J'ai pensé qu'il serait intéressant d'apporter, à l'appui de ce précepte une démonstration numérique.

J'ai, dans ce but, à Joinville-le-Pont, préparé en 1888 et planté à la manière ordinaire une pièce de 4 ares divisée en quatre carrés égaux. Le plant choisi, bien identique à lui-même, était de la variété Richter's Imperator, pesant, par tubercule, 100^{gr} environ; le nombre des pieds sur chaque are était de 330.

De ces quatre carrés, le premier a été planté le 26 mars, le second le 10 avril, le troisième le 25 avril, le quatrième le 9 mai.

Le 6 mai, le premier était en pleine végétation; le 14, le deuxième l'avait rattrapé; le 26 mai, il en était de même du troisième, si bien que, entre ces trois carrés, on n'apercevait pas de différence bien marquée, à cette date, alors que, sur le carré du 10 mai, la levée n'était pas encore commencée; c'est aux premiers jours de juin seulement que celle-ci s'est mise en train.

A la récolte, le 20 octobre, les quatre carrés ont donné, en tubercules :

	kg
Carré planté le 26 mars	468
» 10 avril	469
» 25 avril	452
» 10 mai	370

Les deux premières récoltes sont identiques, la troisième offre déjà une diminution appréciable, la quatrième une diminution considérable. Cette diminution, en effet (99^{kg} sur 469^{kg}), ne représente pas moins de 21 pour 100 du rendement.

La démonstration est donc des plus nettes : planter au delà de la seconde quinzaine d'avril, pour les variétés ordinaires, c'est se placer dans une condition défavorable; je l'ai plusieurs fois reconnu. C'est entre le 5 et le 20 avril que, à moins de circonstances atmosphériques inusitées, il convient de placer la date de plantation.

Espacement des plants.

C'est, pour la culture de la pomme de terre, une considération capitale que celle de l'espacement des plants.

La tendance habituelle est à les écarter largement; en quelques localités cependant on a pour coutume de les rapprocher en grand nombre sur l'unité de surface; les uns placent jusqu'à cinq ou six semenceaux au mètre, les autres n'en placent que deux, un seul même quelquefois.

En face de coutumes si différentes, c'était chose nécessaire que de rechercher s'il n'existe pas des conditions d'espacement qui doivent être préférées à toutes autres.

A priori, étant donnée la mission de producteur de matière organique qui incombe à la végétation aérienne, il était permis de croire que ces conditions devaient être telles que chaque plante pût, à travers l'atmosphère, trouver l'espace nécessaire à son plein développement, sans qu'à côté d'elle aucun espace libre pût être envahi par des plantes étrangères.

C'est dans la voie ouverte par cette hypothèse que j'ai poursuivi la solution du problème de l'espacement.

J'ai fait à ce sujet des expériences nombreuses, et celles-ci m'ont amené à reconnaître que les conditions les plus favorables au développement de la pomme de terre, en général, et particulièrement des variétés à haut rendement, correspondent au cas où, placés à 0,50 l'un de l'autre sur des lignes espacées à $0^m,60$, les tubercules de plant figurent sur chaque are, au nombre de 330 environ.

Rapporter tous les essais que j'ai faits à ce propos serait chose fastidieuse : je me contenterai de faire connaître les résultats de quelques-uns d'entre eux.

En 1888, trois carrés de 1 are ont été, côte à côte, plantés en tubercules de Richter's, du poids, bien égal, de 100^{gr}; le premier carré a reçu 100 tubercules, le second 330, le troisième 500. Le Tableau suivant fait connaître le résultat de la culture; on y trouve le poids de tubercules plantés à l'are, le poids de la récolte, et en fin de compte l'augmentation qui résulte des variations de l'espacement quant à la dépense de plant et au poids de la récolte.

Nombre de poquets à l'are.	Poids		Augmentation	
	du plant.	de la récolte.	de la dépense en plant.	de la récolte en tubercules.
	kg	kg	kg	kg
100	10	260	»	»
330	33	330	+13	+ 70
500	50	355	+17	+ 25

Le bénéfice dans le second cas, par rapport au premier, est considérable; dans le troisième, et par rapport au second, il est insignifiant.

De gros tubercules de Richter's (200^{gr} environ), plantés dans les mêmes conditions, ont fourni des résultats analogues.

Nombre de poquets à l'are.	Poids		Augmentation	
	du plant.	de la récolte.	de la dépense en plant.	de la récolte en tubercules.
	kg	kg	kg	kg
100	20	268	»	»
330	66	382	+46	+114

Chaque année, j'ai eu soin de vérifier par de nouveaux essais la valeur culturale de l'espacement que les essais précédents m'avaient conduit à adopter.

En 1890, une pièce de 6 ares a été consacrée, dans des conditions d'écartement variées, par moitié à la culture de la Richter's Imperator, par moitié à la culture de la Jeuxey.

Divisée en cinq parties égales, la pièce a reçu sur la première de ces cinq parties 100 tubercules seulement à l'are, sur la seconde 200, sur la troisième 330, sur la quatrième 500, sur la cinquième 800. Tous ces tubercules soigneusement triés étaient, pour chaque variété, de même poids, pour la Richter's Imperator de 100^{gr}, pour la Jeuxey de 75^{gr}.

Les résultats rapportés à l'are ont été les suivants :

Richter's Imperator.

Nombre de poquets à l'are.	Poids		Augmentation	
	du plant.	de la récolte.	de la dépense en plant.	de la récolte en tubercules.
	kg	kg	kg	kg
100	10	313	»	»
200	20	333	10	20
330	33	399	13	66
500	50	403	17	4
800	80	446	30	43

Jeuxey ou vosgienne.

100	7,5	164	»	»
200	15	196	7,5	32
330	24	265	9	69
500	38	250	14	»
800	60	250	22	»

Ces derniers résultats sont particulièrement frappants; ils établissent sans conteste la supériorité de l'espacement à 3,3 par mètre que je recommande; c'est à cet espacement que correspondent pour une moindre dépense de plant les récoltes élevées.

A cet écartement, pourvu que la variété soit vigoureuse, la végétation couvre entièrement le sol, le protège contre l'envahissement des plantes adventices et permet, par conséquent, de diminuer l'importance des façons, en même temps que l'appareil foliacé, prenant à travers l'atmosphère un large développement, réalise la production maxima de matière organique et, par conséquent, de fécule.

La disposition la meilleure pour loger alors 33 000 plants à l'hectare est celle qui consiste à rayonner la pièce à $0^m,60$, pour ensuite placer les plants à $0^m,50$ dans chaque ligne.

La pratique agricole a d'ailleurs aujourd'hui confirmé l'importance de mes indications à ce sujet; tous les cultivateurs, en effet, qui ont adopté l'espacement que je recommande ont, du premier coup, atteint les hauts rendements; ceux, au contraire (et je m'empresse d'ajouter qu'ils sont peu nombreux), qui, entraînés par des habitudes locales, ou impuissants à se faire écouter, ont fait des plantations plus écartées ou plus serrées, ont vu, en 1890 et 1891, leurs rendements en Richter's Imperator tomber, suivant que l'écartement était plus ou moins grand, à 30000^{kg}, 25000^{kg} et même 20000^{kg}, au lieu de s'élever à 35000^{kg} et même en certains cas à 40000^{kg}.

Choix des tubercules de plant.

EXPOSÉ DE LA QUESTION.

Ainsi que je l'ai indiqué au début de ce Chapitre, les conditions diverses que je viens de passer successivement en revue sont toutes nécessaires à la production d'une bonne récolte, mais plus nécessaire encore est le choix que le cultivateur doit faire des tubercules qu'il destine à la plantation. C'est dans ce choix, en réalité, que gît la condition principale du succès de sa culture.

Dans la plupart des cas, il faut le reconnaître, ce choix n'existe pas. C'est au hasard, bien souvent en y consacrant les tubercules inférieurs que le marché n'aurait pas voulu accepter, que l'on prend les semenceaux. On ne saurait imaginer de plus fâcheux système, et c'est à la fréquence de son emploi qu'est due, pour une bonne part certainement, l'infériorité presque générale de nos récoltes de pommes de terre.

Choisir le plant est, pour le cultivateur, un point d'une importance capitale; mais ce choix, il faut que le cultivateur sache sur quelles données il convient de le faire reposer.

Pour beaucoup, c'est la grosseur des tubercules qui doit le déterminer; pour d'autres, c'est le nombre des yeux, etc. Ce sont là certainement des considérations qui ont leur valeur; mais, à côté d'elles, il en est une autre qui les prime toutes : c'est la considération des qualités héréditaires personnelles à chaque sujet.

Dans les paragraphes qui vont suivre, je me propose d'établir scientifiquement, à l'aide de résultats numériques, la valeur d'une coutume que savent pratiquer quelques horticulteurs habiles, mais dont la grande culture ne tire point parti, coutume qui consiste à choisir, au milieu d'une récolte, les pieds les plus remarquables pour faire de ceux-ci la souche d'une famille dans laquelle on s'efforce ensuite de conserver, par hérédité, les qualités qui ont fait distinguer ses ancêtres.

C'est l'application aux tubercules de la méthode de sélection qui, pour les blés, la betterave, etc., a déjà rendu de si grands services à l'agriculture.

La continuation des qualités héréditaires n'a rien, du reste, qui, dans ce cas, doive surprendre; un tubercule de pomme de terre, en effet, n'est qu'un rameau tubérosé et, à partir du moment où le stolon qui l'attache à la tige est rompu, ce tubercule devient une bouture.

DE LA GROSSEUR DES TUBERCULES DE PLANTATION.

Cependant, ce n'est pas à ce point de vue que jusqu'ici se sont placés les expérimentateurs qui, pour but, se sont proposé l'étude de l'amélioration de la culture de la pomme de terre; le point de vue qui les a généralement attirés, c'est celui de la considération de la grosseur des tubercules à planter.

J'ai précédemment résumé aussi complètement que possible les essais extrêmement nombreux qui ont été faits pour éclairer ce point ([1]), et l'on a pu voir que presque tous avaient abouti à cette conclusion que le rendement de la pomme de terre est intimement dépendant de la grosseur du plant, d'où le conseil de planter de préférence de gros tubercules. Un seul expérimentateur, M. Vavin, a apporté, à l'énoncé de cette opinion, une réserve et fait observer que les très gros tubercules ne donnent pas toujours les résultats satisfaisants que l'on aurait pu en attendre.

Aux essais qui précèdent, cependant, j'ai cru pouvoir adresser quelques critiques ([2]) sur lesquelles je ne reviendrai pas, mais dont l'examen réfléchi m'a conduit à reprendre, dans des conditions nouvelles, l'étude de l'influence que peut exercer, sur le poids de la récolte, la grosseur des tubercules de plant.

Inégalité des récoltes fournies par des tubercules de même poids. — Une première question s'est d'abord présentée à mon esprit. Avant que de chercher à reconnaître les résultats fournis par des tubercules de poids différents, il m'a semblé nécessaire d'examiner si les tubercules de même poids, pris dans une même récolte, donnent des résultats sensiblement égaux.

Pour résoudre cette question, j'ai, en 1887, divisé en quatre carrés une pièce de 480^{mq} et, sur chacun des carrés de 120^{m} ainsi séparés, j'ai planté 384 tubercules d'une même variété provenant de mes cultures, qui, tous individuellement, avaient été pesés et dont le poids pour tous les sujets était le même, à quelques grammes près.

Ces variétés étaient les suivantes :

	Poids des tubercules plantés.		
	gr		gr
Gelbe rose	130	à	140
Jeuxey	90		100
Chardon	150		180
Richter's Imperator	140		150

([1]) *Voir* page 30 et suiv.
([2]) *Voir* page 33.

A la récolte, les 1336 poquets ont été, tous aussi, individuellement pesés, et de ces pesées est résultée la démonstration de ce fait important que, à poids égal, les tubercules d'une même variété, provenant d'une même culture, donnent des résultats très inégaux.

Voici, en effet, de quelle façon se répartissent, par nombre de pieds et par poids, les récoltes faites :

	Gelbe rose.		Jeuxey.	
	Nombre de pieds.	Poids total. kg	Nombre de pieds.	Poids total. kg
Manques	4	»	8	»
Au-dessous de 500^{gr}	131	48,7	42	15,0
De 500^{gr} à 750^{gr}	191	115,4	184	115,4
De 750^{gr} à 1000^{gr}	58	46,3	131	108,7
De 1000^{gr} à $1^{kg},250$	»	»	18	18,5
Total	384	210,4	384	257,6

	Chardon.		Richter's Imperator.	
	Nombre de pieds.	Poids total. kg	Nombre de pieds.	Poids total. kg
Manques	1	»	2	»
Au-dessous de 500^{gr}	16	7,3	15	5,4
De 500^{gr} à 750^{gr}	101	65,2	52	32,3
De 750^{gr} à 1^{kg}	173	148,0	124	108,9
De 1^{kg} à $1^{kg},250$	67	73,0	121	130,3
De $1^{kg},250$ à $1^{kg},500$	23	32,0	53	73,2
De $1^{kg},500$ à $1^{kg},750$	2	2,7	12	1,6
De $1^{kg},750$ à 2^{kg}	1	1,8	»	»
Total	384	330,5	384	369,3

Des chiffres que ce Tableau fait connaître, il résulte qu'à des tubercules d'une même variété, provenant d'une même culture et ayant le même poids, peuvent appartenir des facultés productives très différentes. En certains cas, on voit cette faculté varier du simple au quadruple, et c'est, par conséquent, une donnée insuffisante à faire intervenir dans des essais comparatifs que celle de la pesée des tubercules.

De la valeur des tubercules de poids moyen au point de

vue du choix du plant. — Une autre donnée est alors nécessaire, et c'est en réfléchissant à quelques-uns des résultats précédents, en voyant des tubercules de poids égal donner des récoltes pesant, les unes moins de 0^{kg},500, les autres plus de 1^{kg},500, que j'ai été conduit à me préoccuper des qualités d'hérédité que les tubercules, auteurs de ces diverses récoltes, devaient posséder.

C'est ainsi que, pour comparer les résultats fournis par les gros, les moyens et les petits tubercules, j'ai été amené à emprunter les uns et les autres à la récolte d'un seul et même sujet et, par une déduction naturelle, amené à cultiver, les uns à côté des autres, dans le même terrain, et après les avoir individuellement pesés, tous les tubercules, si petits ou si gros qu'ils fussent, que cette récolte avait fournis.

C'est en 1887 que ces essais délicats ont eu lieu. Pour donner aux résultats la plus grande précision possible, j'ai choisi comme champ d'expériences le terre-plein de Joinville-le-Pont, dont le terrain meuble, passé à la claie, indemne d'insectes, m'offrait de grandes garanties contre les accidents de culture par lesquels la récolte de la pomme de terre est si aisément impressionnée.

En prévision de ces essais, j'avais, en 1886, récolté individuellement un certain nombre de pieds de dix variétés, et la récolte de chacun de ces pieds, dénombrée et pesée, avait été, individuellement aussi, ensachée jusqu'au printemps; de telle sorte que, dans chaque sac, se trouvaient enfermés tous les tubercules provenant d'un seul et même auteur.

Au mois d'avril, tous ces sacs ont été examinés, et les récoltes dont quelques tubercules s'étaient altérés ont été rejetées. Sur chacune des cases du terre-plein, j'ai planté alors une de mes dix variétés; l'espacement de la culture était tel que chaque case pût recevoir vingt tubercules. Pour satisfaire à cette disposition, j'ai recherché, dans chaque variété, un sujet dont la récolte comprît précisément vingt tubercules; en certains cas, deux pieds ont été nécessaires pour parfaire ce nombre; quelquefois enfin, j'ai dû me contenter d'un nombre moindre et boucher les vides avec des pommes de terre étrangères à l'essai.

J'ajoute enfin que, tout autour du terre-plein et pour éviter un développement excessif sur les rives, j'avais disposé un cordon de pommes de terre étrangères également.

La végétation, dans ces conditions, a été absolument satisfaisante et j'ai pu, au mois d'octobre, récolter, à la place occupée par chaque plant, un lot de tubercules sains et normaux; quelques pieds seulement, pour la variété Early rose, ont manqué totalement : il n'en a pas été tenu compte.

Je donnerai d'abord, dans les Tableaux suivants, les résultats bruts de mes dix récoltes; je chercherai ensuite à grouper ces résultats, de manière à en tirer une conclusion pratique. La nomenclature en semblera certainement un peu longue; mais la connaissance en est, je crois, nécessaire pour justifier cette conclusion.

Gelbe rose (17 tubercules).			Magnum bonum (all.) (18 tubercules).		
Poids du plant.	Poids de la récolte.	Rapport de la récolte au plant.	Poids du plant.	Poids de la récolte.	Rapport de la récolte au plant.
gr 6	kg 0,265	64 fois	gr 18	kg 0,780	33 fois
8	0,560	70	19	0,705	33
16	0,565	36	28	0,640	23
23	0,765	33	30	1,770	59
31	0,720	23	36	1,570	43
39	0,520	13	38	1,730	45
41	1,300	31	41	0,830	20
42	1,220	27	46	1,210	26
42	0,900	22	47	2,240	48
54	1,360	25	51	1,670	32
64	1,175	18	55	1,750	32
67	0,850	12	58	0,810	15
73	1,140	15	59	1,500	25
87	1,090	12	62	1,340	22
93	1,260	13	62	1,430	23
123	1,900	15	72	1,675	23
164	1,930	11	88	1,250	25
			92	1,940	21

Shaw (1) (9 tubercules).			Early rose (2) (7 tubercules).		
Poids du plant.	Poids de la récolte.	Rapport de la récolte au plant.	Poids du plant.	Poids de la récolte.	Rapport de la récolte au plant.
gr	kg		gr	kg	
7	0,530	76 fois	33	1,010	30 fois
23	1,035	44	42	0,590	14
40	1,320	33	84	2,800	35
43	0,640	15	95	2,300	24
47	1,095	23	107	2,800	26
74	1,350	18	120	2,400	20
86	1,950	23	157	1,180	7
101	2,210	22			
133	1,430	11			

Jeuxey (20 tubercules).			Chardon (20 tubercules).		
Poids du plant.	Poids de la récolte.	Rapport de la récolte au plant.	Poids du plant.	Poids de la récolte.	Rapport de la récolte au plant.
gr	kg		gr	kg	
5	0,158	31 fois	10	0,380	38 fois
13	0,498	38	11	0,690	63
19	0,402	19	15	0,890	58
19	0,424	22	16	0,910	57
21	0,672	32	28	1,110	40
31	0,562	17	33	0,810	24
34	0,725	21	44	0,790	18
38	0,435	11	45	1,200	26
51	0,530	12	48	1,230	25
56	1,435	25	54	1,510	28
58	1,670	27	63	1,095	17
61	1,360	22	63	0,725	11
69	1,155	17	74	0,620	8
77	1,205	16	100	1,310	13
80	1,375	16	102	0,685	6
81	1,375	15	114	1,090	9
96	1,320	14	116	1,560	14
98	1,685	17	141	1,520	11
167	2,220	14	149	1,015	7
176	1,855	11	173	1,610	10

(1) Un deuxième pied de Shaw a donné des résultats analogues.
(2) Une dizaine de tubercules d'Early rose ont péri.

Magnum bonum (franç.) (18 tubercules).

Poids du plant. gr	Poids de la récolte. kg	Rapport de la récolte au plant.
3	0,590	196 fois
4	0,477	119
5	0,455	91
6	0,922	153
7	0,278	39
19	0,885	46
21	0,648	30
35	1,897	54
36	1,318	36
66	0,850	13
70	1,866	26
73	2,735	37
79	2,170	27
79	1,970	25
91	1,737	19
111	1,818	14
117	2,307	19
148	1,750	12

Hermann (20 tubercules).

Poids du plant. gr	Poids de la récolte. kg	Rapport de la récolte au plant.
12	0,575	48 fois
14	0,700	52
18	0,630	35
23	0,754	33
25	1,195	47
26	0,700	27
26	0,565	21
28	1,317	47
30	1,265	42
33	1,829	55
36	1,238	34
39	0,704	18
43	1,046	24
54	0,912	17
67	0,369	5
76	0,518	7
83	1,693	21
83	1,360	16
142	1,088	8
148	1,155	8

Richter's Imperator (13 tubercules).

Poids du plant. gr	Poids de la récolte. kg	Rapport de la récolte au plant.
12	0,480	40 fois
17	0,281	16
21	0,188	9
41	1,088	26
62	0,858	13
63	3,195	50
133	2,309	17
210	3,550	17
238	2,290	10
267	4,885	18
297	3,795	13
318	2,920	9
387	2,240	6

Red-Skinned (¹) (8 tubercules).

Poids du plant. gr	Poids de la récolte. kg	Rapport de la récolte au plant.
57	0,395	7 fois
58	0,506	9
100	0,990	10
132	1,570	12
155	1,365	9
190	1,955	10
215	1,495	7
216	1,355	6

(¹) Le plant provenant d'un deuxième pied de Red-Skinned a presque entièrement péri.

La lecture des Tableaux qui précèdent est sans doute un peu monotone, mais elle est singulièrement instructive; elle apporte, si je ne me trompe, la solution d'une question bien controversée aujourd'hui encore, celle du choix qu'il convient de faire, sous le rapport de la grosseur des tubercules à planter.

De l'examen des chiffres qu'ils contiennent, en effet, résultent plusieurs conséquences très nettes que j'énoncerai d'abord, pour ensuite en établir l'exactitude :

1° Les tubercules de poids élevé donnent, en général, un produit plus abondant que les tubercules de poids faible; mais cette règle n'est pas absolue, et il n'existe pas de proportionnalité nécessaire entre le poids du plant et le poids de la récolte.

2° Les tubercules de poids faible donnent quelquefois une récolte égale à celle que donnent des tubercules de poids double et même triple; les tubercules de poids égaux ne donnent pas toujours des récoltes égales.

3° Les tubercules provenant d'un même sujet étant sériés par ordre de poids, on constate toujours, dans la série de plants ainsi dressée, une zone comprenant les gros et les moyens, englobant même quelques-uns des petits, et pour laquelle, à quelques exceptions près, la récolte ne varie que dans des limites peu étendues.

4° Les très gros tubercules donnent quelquefois des récoltes moindres que les gros et les moyens.

J'examinerai successivement ces quatre points. Dans les Tableaux qui, ci-dessus, indiquent la récolte fournie par les tubercules de poids divers qui, l'année précédente, constituaient l'ensemble d'un pied unique, j'ai eu soin de signaler, par l'emploi de caractères plus gras, les résultats que, d'après l'une des définitions précédentes, je considère comme ne variant que dans des limites peu étendues.

L'écart entre ces résultats ne dépasse pas, en général, $0^{kg},300$ à $0^{kg},400$; c'est par conséquent au quart, tout au plus au tiers que s'élève, dans ces circonstances, la différenee entre les récoltes maxima et minima; pour apprécier des résultats de la nature de ceux qui précèdent, semblable latitude est indispensable.

L'examen, même superficiel, de ces Tableaux suffit à faire reconnaître aussitôt l'exactitude de ma première proposition. C'est à la queue de chaque série, en effet, en face des plants de poids élevé qu'on voit se grouper les chiffres qui indiquent les récoltes les plus abondantes; mais un examen plus détaillé permet bientôt de reconnaître que de ce groupement ne résulte, en aucune façon, une loi de proportionnalité entre le poids des plants et le poids des récoltes. A la fin de chaque série, en effet, on voit le poids des plants grandir rapidement, tandis que le poids des récoltes ne fait que subir quelques oscillations tantôt en plus, tantôt en moins, sans atteindre les chiffres élevés qu'une proportionnalité réelle comporterait. L'exactitude de cette observation est aisée à constater, je n'y insisterai pas.

Cependant, à la règle qui vient d'être indiqué, l'analyse des mêmes Tableaux fait reconnaître des exceptions nombreuses, et souvent on voit des tubercules de poids faible donner une récolte égale à celle que donnent des tubercules de poids double et triple. C'est ainsi que l'on voit, non sans surprise :

Pour la Gelbe rose : des plants de 41^{gr} et de 93^{gr} donner des récoltes sensiblement égales de $1^{kg},300$ à $1^{kg},260$;

Pour la Shaw : des plants de 40^{gr} et de 133^{gr} donner des récoltes sensiblement égales de $1^{kg},320$ et $1^{kg},430$;

Pour la Magnum bonum allemand : des plants de 30^{gr} et de 72^{gr} donner des récoltes sensiblement égales de $1^{kg},770$ et $1^{kg},675$;

Pour la Chardon : des plants de 28^{gr} et 149^{gr} donner des récoltes sensiblement égales de $1^{kg},110$ et $1^{kg},015$, etc.

Multiplier ces exemples est inutile; les Tableaux précédents en renferment un grand nombre qu'il est aisé de reconnaître.

De même des tubercules de même poids, et provenant d'un même pied, ne donnent pas toujours des récoltes égales. A la vérité, dans la longue nomenclature des résultats que j'ai donnés, on trouve plusieurs exemples de cette égalité. C'est ainsi que :

Pour la Gelbe rose, deux plants de 41^{gr} et 42^{gr} donnent $1^{kg},300$ et $1^{kg},220$;

Pour la Jeuxey, deux plants de 19^{gr} chacun donnent $0^{kg},402$ et $0^{kg},424$;

Pour la Magnum bonum français, deux plants de 4^{gr} et 5^{gr} donnent $0^{kg},477$ et $0^{kg},455$, etc.;

mais, à côté de ces exemples, et pour les mêmes variétés, on rencontre des exemples d'inégalité non moins frappants. C'est ainsi que :

Pour la Gelbe rose, deux plants de 39^{gr} et 41^{gr} donnent $0^{kg},520$ et $1^{kg},300$;

Pour la Magnum bonum allemand, deux plants de 58^{gr} et de 59^{gr} donnent $0^{kg},810$ et $1^{kg},500$:

Pour la Chardon, deux plants de 100^{gr} et 102^{gr} donnent $1^{kg},310$ et $0^{kg},685$;

Pour la Richter's Imperator, deux plants de 62^{gr} et 63^{gr} donnent $0^{kg},858$ et $3^{kg},195$, etc.

De ces comparaisons et d'autres comparaisons analogues dont les Tableaux ci-dessus offrent la matière, découle donc cette conséquence, que l'on ne saurait, en aucune façon, baser sur le poids absolu d'un tubercule isolé une probabilité sérieuse quant à la valeur de la récolte qu'il fournira. Mais il en est autrement si, au lieu de considérer chaque plant isolément, on considère, en série, les différents tubercules dont était composée la récolte d'un sujet déterminé.

On reconnaît alors qu'à partir d'un certain poids, différent d'ailleurs suivant chaque variété, la plupart des tubercules, et même en certains cas tous les tubercules, donnent des récoltes qui ne varient entre elles que dans des limites peu étendues.

C'est là un fait qui, au point de vue de ses conséquences pratiques, possède une importance telle qu'il est indispensable d'en faire la reconnaissance pour chacune des dix cultures dont j'ai indiqué les résultats.

Pour la variété Gelbe rose, le sujet qu'on peut considérer comme l'ancêtre de la récolte actuelle avait fourni dix-sept tubercules, variant individuellement de 6^{gr} à 164^{gr}; tous ont été plantés et ont fourni leur récolte. Les six premiers (6^{gr} à 39^{gr}) ont donné un produit variant de $0^{kg},625$ à $0^{kg},765$; mais, à leur suite, on en rencontre neuf dont la récolte oscille entre $0^{kg},900$ et $1^{kg},360$. Dans cette zone, on voit donc figurer plus de la moitié (9 sur 17) des tubercules plantés.

Pour la variété Shaw, sur neuf tubercules, on en compte cinq qui, pesant de 23^{gr} à 133^{gr}, donnent des récoltes variant de 1^{kg},025 à 1^{kg},430.

Pour la variété Magnum bonum (d'origine allemande), sur dix-huit tubercules variant de 13^{gr} à 92^{gr}, on en trouve dix qui, pesant de 30^{gr} à 92^{gr}, donnent des récoltes variant de 1^{kg},340 à 1^{kg},770; plus de la moitié du plant (10 sur 18) est comprise dans la zone.

Pour la variété Early rose, sur sept tubercules, quatre, variant de 84^{gr} à 120^{gr}, donnent des récoltes variant de 2^{kg},300 à 2^{kg},800.

Pour la variété Jeuxey, les résultats se présentent avec une netteté particulièrement remarquable; vingt tubercules variant de 5^{gr} à 176^{gr} ont été plantés : neuf d'entre eux variant de 56^{gr} à 98^{gr} garnissent une zone non interrompue où les récoltes varient de 1^{kg},155 à 1^{kg},685.

Pour la variété Chardon, les exceptions sont, au contraire, assez nombreuses; néanmoins, sur vingt tubercules du poids de 10^{gr} à 173^{gr}, on en compte dix qui, du poids de 28^{gr} au poids de 149^{gr}, fournissent des récoltes variant de 1^{kg},015 à 1^{kg},560.

Pour la variété Magnum bonum (d'origine française), dix-huit tubercules variant de 3^{gr} à 148^{gr} ont été plantés; huit d'entre eux, dont le poids est compris entre 35^{gr} et 148^{gr}, ont donné de 1^{kg},737 à 2^{kg},307 de produit.

Pour la variété Hermann (variété incomplètement fixée d'ailleurs), on observe moins de régularité; sur vingt tubercules de 12^{gr} à 148^{gr}, on en compte neuf qui, pesant de 25^{gr} à 148^{gr}, ont fourni des récoltes variant de 0^{kg},912 à 1^{kg},360; mais, dans la zone où prennent place ces neuf plants, on trouve des exceptions relativement nombreuses.

Pour la variété Richter's Imperator, sur treize tubercules variant de 12^{gr} à 387^{gr}, on voit, à partir du poids de 63^{gr}, les récoltes garnir une zone où une seule exception se rencontre et où les poids de tubercules arrachés à chaque pied varient de 2^{kg},240 à 3^{kg},795.

Pour la variété Red-Skinned enfin, sur huit tubercules, cinq, variant du poids de 132^{gr} à 216^{gr}, donnent des récoltes comprises entre 1^{kg},355 et 1^{kg},955.

La conclusion pratique qu'il convient de tirer de toutes ces observations s'indique aussitôt. Du moment, en effet, où, dans la série des plants provenant d'un même pied, une zone se rencontre toujours où, sauf quelques exceptions, les récoltes se chiffrent par des poids qui ne varient que dans des limites peu étendues, c'est dans cette zone qu'il convient de prendre les tubercules destinés à la plantation.

Mais, dans cette zone, on rencontre en même temps, quelquefois, de petits tubercules, toujours les moyens et les gros. Choisir les petits serait une imprudence, choisir les gros serait charger la culture d'une dépense inutile ; c'est aux moyens qu'il convient de s'adresser.

Reste alors à fixer ce qu'il faut entendre par tubercules moyens. Le poids, bien entendu, en doit être différent, suivant que la variété cultivée produit particulièrement de petits ou de gros tubercules ; mais, d'une manière générale, on peut les définir en disant que ce sont ceux qui, par leur grosseur, représentent le type moyen de la récolte, en laissant de côté les petits et les gros.

Quelques exemples me feront bien comprendre. Pour la variété Jeuxey, par exemple, sur neuf plants compris dans la zone des récoltes moyennes, cinq pesaient de 55^{gr} à 80^{gr}, tandis que les trois autres pesaient de 80^{gr} à 100^{gr} ; choisir pour la variété Jeuxey des plants pesant au delà de 80^{gr} est inutile, en choisir qui pèsent moins de 55^{gr} expose à l'insuccès : c'est sur les tubercules moyens de 55^{gr} à 80^{gr} que le cultivateur devra porter son choix.

Pour la variété Richter's, le poids des sujets moyens à planter sera plus élevé. Sur sept tubercules compris dans la zone moyenne, cinq dépassent un poids de 200^{gr} chacun ; mais ces gros tubercules, ce serait une pratique inutilement dispendieuse que de les rechercher pour la plantation, puisque, à côté d'eux, on trouve deux autres tubercules de 63^{gr} et 133^{gr} qui donnent, comme les précédents, une récolte comprise entre $2^{kg},300$ et $3^{kg},500$. C'est entre 80^{gr} et 120^{gr} qu'il convient de fixer le poids des tubercules moyens de Richter's.

Pour la variété Gelbe rose, c'est à un poids différent que l'on est conduit. La zone des récoltes analogues comprend des plants de 40^{gr} à 93^{gr} ; c'est aux premiers qu'il faut s'adresser : les tubercules moyens, avantageux et économiques à la fois, pour la plantation de la Gelbe rose, pèseront de 40^{gr} à 60^{gr}.

C'est de la même façon, c'est en appliquant, comme je viens de le faire, la méthode expérimentale que doit être fixé, pour toute variété, le poids du plant. Rien de précis ne peut, à ce sujet, être indiqué d'avance : on ne peut qu'admettre (et seulement comme

Diagramme n° VII.

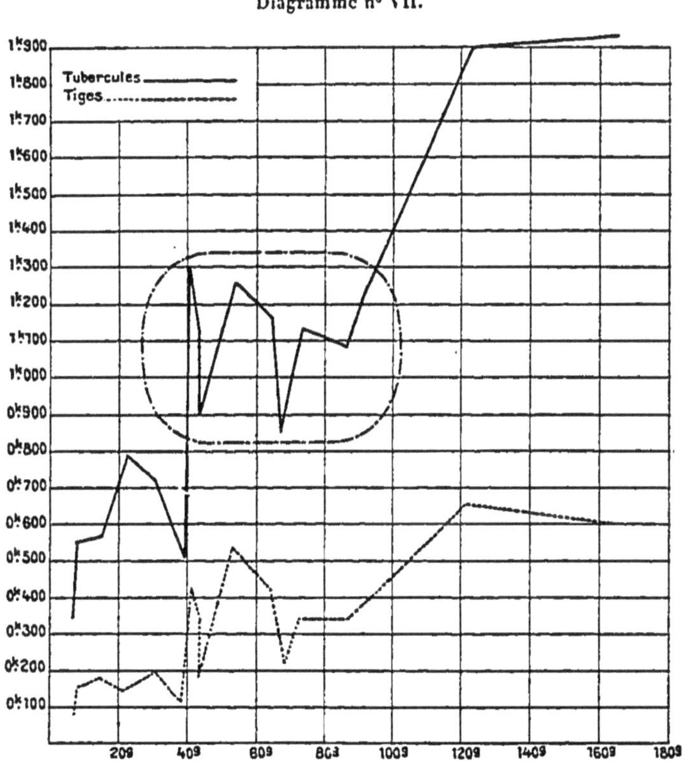

Produit, en tubercules et en tiges (1887), de dix-sept tubercules individuellement pesés, formant la récolte d'un pied de Gelbe rose en 1886.

probable), pour le choix des tubercules moyens qui doivent constituer le plant, le poids de 80gr à 120gr si la variété est à gros tubercules ; le poids de 60gr à 80gr si les tubercules qu'elle produit sont de taille ordinaire ; le poids de 40gr à 60gr si elle est à petits tubercules.

Quant aux tubercules très gros, le cultivateur n'a aucun avantage à les employer comme plant. Quelquefois, il est vrai, on les voit fournir un rendement très élevé, mais bien souvent aussi on les voit tromper les espérances que leur grosseur avait fait naître. Déjà M. Vavin avait appelé l'attention sur cette limite physiologique; je l'ai, pour ma part, plus d'une fois constatée. J'ai vu, et

Diagramme n° VIII.

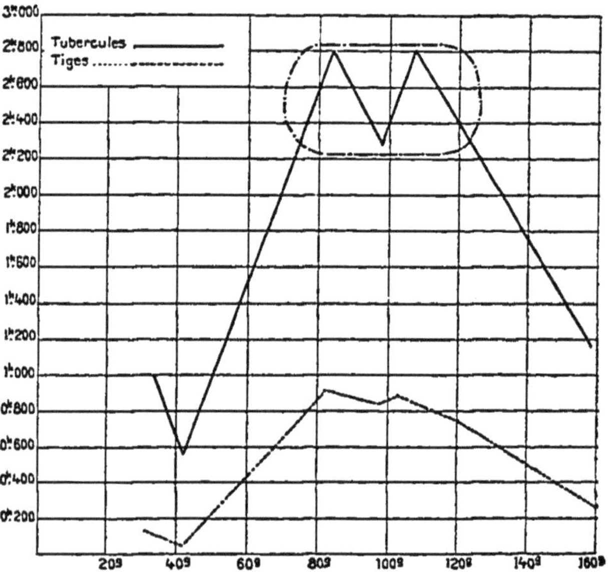

Produit, en tubercules et en tiges (1887), de sept tubercules individuellement pesés, formant la récolte d'un pied d'Early rose en 1886.

surtout en 1888, des tubercules énormes d'Early rose, de Richter's, de Red-Skinned, échouer complètement et ne donner aucune récolte. Même, dans les tableaux qui précèdent, on peut trouver quelques exemples de cette infériorité inattendue des très gros tubercules. C'est ainsi que, pour l'Early rose, des tubercules de 95gr et 107gr donnent des récoltes de 2kg,300 et 2kg,800, tandis qu'un tubercule de 157gr ne donne que 1kg,180; que, pour la Magnum bonum (d'origine française), des tubercules de 73gr et

79^{gr} donnent des récoltes de 2^{kg},735 et 2^{kg},170, tandis qu'un tubercule de 148^{gr} ne donne que 1^{kg},750; que pour la Richter's Imperator un tubercule de 267^{gr} donne l'énorme récolte de 4^{kg},885, tandis qu'un tubercule de 387^{gr} ne donne que 2^{kg},400, etc.

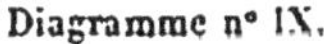
Diagramme n° IX.

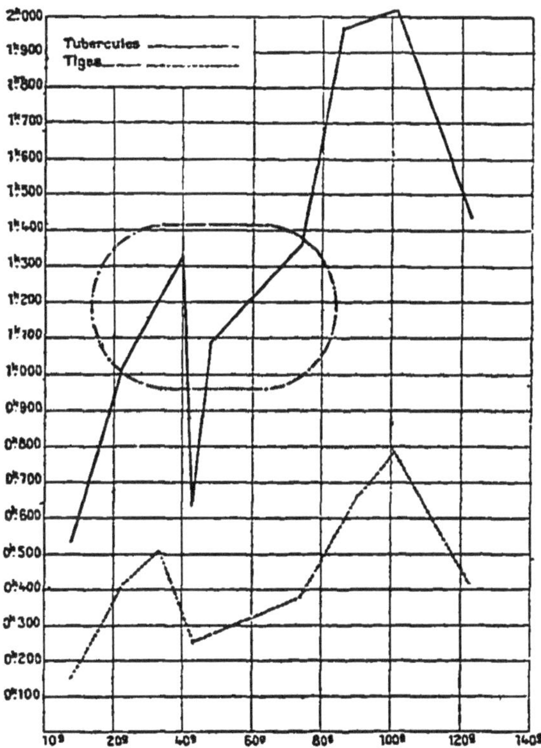

Produit, en tubercules et en tiges (1887), de neuf tubercules individuellement pesés, formant la récolte d'un pied de Shaw en 1886.

Au fur et à mesure que s'élève le poids du plant, on voit d'ailleurs la faculté productive des tubercules diminuer suivant une progression rapide. Ce fait est bien connu, et depuis longtemps les expérimentateurs l'ont signalé, comme aussi la grande puissance productive des petits tubercules. Je ne crois pas cependant qu'aucun d'entre eux ait jusqu'ici fait connaître, à ce propos, des faits aussi curieux que ceux que j'ai été conduit à observer en plantant des tubercules de poids très faibles. C'est pourquoi j'ai cru intéressant d'énoncer, dans mes Tableaux, et pour chaque

Diagramme n° X.

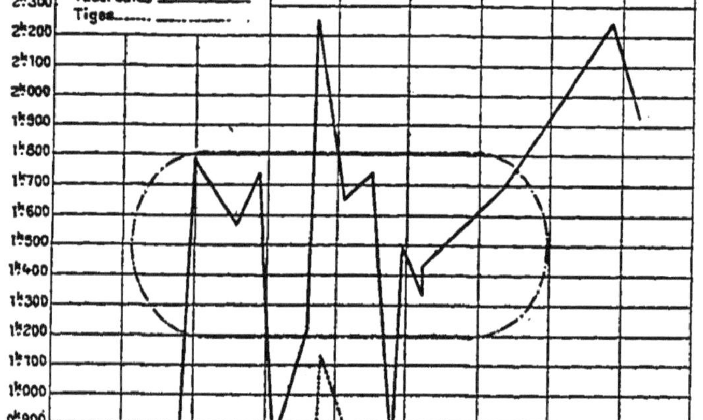

Produit, en tubercules et en tiges (1887), de dix-huit tubercules individuellement pesés, formant la récolte d'un pied de Magnum bonum en 1886.

plant, le chiffre par lequel le poids de ce plant doit être multiplié pour obtenir le poids de la récolte.

On observe ainsi des chiffres d'une élévation extraordinaire. C'est ainsi que, pour la Jeuxey, des tubercules de 3gr, 4gr, 5gr et 6gr fournissent des récoltes égales à 196, 119, 91 et 153 fois leur poids; que, pour la Gelbe rose, des tubercules de 6gr et 8gr reproduisent 64 et 70 fois la semence, etc., etc.

Mais c'est seulement aux tubercules de très petit poids que cette grande puissance productive appartient. Lorsque le poids du plant grandit, c'est à des chiffres bien moindres, c'est à 15, 12, 10 fois, 8 fois même que s'abaisse d'habitude la proportion du poids de la récolte au poids du plant.

Tous les faits qui viennent d'être indiqués sont, pour quatre variétés : Gelbe rose, Early rose, Shaw et Magnum bonum (d'origine allemande), représentés graphiquement sur les diagrammes VII, VIII, IX et X; sur chacun de ces diagrammes, j'ai enveloppé, à l'aide d'une ligne ponctuée, la zone de production des récoltes à variations peu étendues; ces représentations graphiques, mieux encore que les Tableaux de chiffres, permettent d'apprécier l'étendue que cette zone acquiert pour quelques variétés.

INFLUENCE DES QUALITÉS HÉRÉDITAIRES DE CHAQUE TUBERCULE DE PLANT SUR LA RÉCOLTE QU'IL FOURNIT.

Si importante que soit, au point de vue pratique, la conclusion qui vient d'être indiquée au sujet de la grosseur des tubercules à planter, ce serait se tromper beaucoup que d'y voir la solution complète de la question relative au choix du plant.

Cette solution dépeud d'une autre donnée encore, elle dépend des qualités héréditaires qui appartiennent en propre à chaque sujet. C'est en étudiant attentivement les résultats des essais qui précèdent que j'ai été conduit à me préoccuper de ce côté de la question, sur lequel l'attention jusqu'ici ne s'était pas portée.

En voyant des tubercules de même poids fournir des récoltes quelquefois très différentes, j'ai dû naturellement être conduit à penser qu'à chacun de ces tubercules devait appartenir une puissance productive différente, puissance productive que, d'après les lois naturelles, on devait, à quelques exceptions près, retrouver dans sa descendance. J'ai été conduit, en un mot, à penser qu'à chacun des tubercules provenant d'un sujet à riche récolte devait appartenir, sinon absolument, du moins dans une large mesure, la faculté de fournir, lui aussi, une récolte abondante, à penser également que, dans les tubercules provenant d'un sujet pauvre, cette faculté ne devait pas se retrouver.

L'expérience m'a montré qu'il en était bien ainsi, et de deux façons je me propose de le démontrer.

En 1888, désireux de répéter, sur un plus grand nombre de tubercules, mes essais de 1887 au sujet du rendement des plants de poids différent que fournit un même sujet, j'avais disposé, à Joinville-le-Pont, une pièce divisée en dix carrés sur chacun desquels devaient être plantés 96 tubercules de chaque variété. Ces 96 tubercules devaient être fournis, pour chaque variété, par les récoltes, différentes en poids et en nombre, de plusieurs sujets différents.

Pour quelques variétés, à tubercules nombreux, les récoltes de quatre ou cinq sujets devaient suffire; pour d'autres, une dizaine devaient être nécessaires.

La plantation a été faite avec beaucoup de soin, chacun des 960 tubercules mis en place ayant été soigneusement pesé et étiqueté.

Malheureusement, un accident de culture a compromis une partie de cet essai : les vers blancs, qu'on croyait avoir détruits au moment du labour, fourmillaient dans ce coin de terrain, et un grand nombre de plants n'ont donné aucune récolte. La répétition de l'essai de 1887 n'a donc pu avoir lieu.

Mais il est resté sur la pièce, malgré tout, des récoltes assez nombreuses pour que j'aie pu, ainsi que j'en avais l'intention, en profiter pour donner une première démonstration de l'influence des qualités héréditaires des sujets sur la récolte.

Pour chaque variété, les récoltes destinées à fournir les tubercules de plant avaient été choisies aussi différentes en poids que possible; chacune d'elles comprenait naturellement un certain nombre de tubercules du même poids que certains tubercules des autres récoltes, ou de poids voisin.

J'ai imaginé alors de comparer entre elles les récoltes fournies par les tubercules de même poids ou de poids voisin provenant de différents auteurs, de calculer, d'après le poids de ces récoltes, la puissance productive de ces tubercules, afin de voir si, d'un auteur à l'autre, on verrait varier cette puissance.

Elle varie, en effet, et se montre dépendante de la puissance productive du sujet d'où les tubercules de même poids ou de poids voisin proviennent. D'un sujet à grand rendement on voit toujours sortir des tubercules qui eux-mêmes fournissent une récolte abondante; la puissance productive est héréditaire.

Dans les Tableaux qui vont suivre, figurent, groupés par séries, les tubercules de même poids provenant, pour une même variété, de sujets de force différente avec l'indication, dans chacune de ces séries et pour chacun de ces sujets, du rapport du poids de la récolte au poids du tubercule planté.

GELBE ROSE [1].

Rapport de la récolte au plant pour des tubercules de :

Plant provenant d'un pied de kg	0 gr. à 20 gr.	21 gr. à 30 gr.	31 gr. à 40 gr.	41 gr. à 50 gr.	51 gr. à 60 gr.	61 gr. à 80 gr.	81 gr. à 100 gr.
0,560....	42 fois*	26,9	23,3	»	»	»	»
0,850....	38,9	32,6	24,2	»	»	»	»
1,120....	49	35,5	26	15,7	»	12	9,4
1,300....	50	35,5	29,7	20,0	16,1	16,17	13,4

SHAW.

Rapport de la récolte au plant pour des tubercules de :

Plant provenant d'un pied de kg	0 gr. à 20 gr.	21 gr. à 30 gr.	31 gr. à 40 gr.	41 gr. à 50 gr.	51 gr. à 60 gr.	61 gr. à 80 gr.	81 gr. à 100 gr.
0,530....	»	11,8 fois	»	»	»	10	5
1,050....	»	16	13,8	11,3	»	12*	7,2
1,060....	»	16,4	16	12,7	»	11	8,7
1,430....	»	»	16,3	12,7	13	12,4	9,2
1,640....	»	20,0	18	»	»	11,3*	»
2,310....	»	»	16,8*	15	13	»	9,5

(1) Les chiffres marqués d'un astérisque sont ceux qui font exception à la règle.

MAGNUM BONUM (d'origine allemande).

Rapport de la récolte au plant pour des tubercules de :

Plant provenant d'un pied de kg	0 gr. à 20 gr.	21 gr. à 30 gr.	31 gr. à 40 gr.	41 gr. à 50 gr.	51 gr. à 60 gr.	61 gr. à 80 gr.	81 gr. à 100 gr.	100 gr. et au-dessus.
0,225...	14 fois	13	»	»	23*	»	»	»
0,705...	23	22	»	»	»	17*	»	9,8
1,210...	49,6	30	18	20	22	15,7	11,9	12,7
1,730...	42,6*	31	23	20,9	»	20	14,7	12,8
2,240...	70	33	25	24	26	25,9	17	20

EARLY ROSE.

Rapport de la récolte au plant pour des tubercules de :

Plant provenant d'un pied de kg	0 gr. à 20 gr.	21 gr. à 30 gr.	31 gr. à 40 gr.	41 gr. à 50 gr.	51 gr. à 60 gr.	61 gr. à 80 gr. (1).
0,590.........	70 fois	54	29	23	»	»
2,800.........	»	»	36	»	33	»
3,720.........	89	75	48	36	»	»

JEUXEY.

Rapport de la récolte au plant pour des tubercules de :

Plant provenant d'un pied de kg	0 gr. à 20 gr.	21 gr. à 30 gr.	31 gr. à 40 gr.	41 gr. à 50 gr.	51 gr. à 60 gr.	61 gr. à 80 gr.	81 gr. à 100 gr.	100 gr. et au-dessus.
0,498...	»	»	10	10	8	»	»	5,4
0,530...	31 fois	15	»	»	»	10,8	9,5	7
0,672...	35	20	»	»	»	13	12	10,6
1,320...	»	28,6	9*	16,5	16,5	17*	12	»
1,435...	40,7	29,8	»	11,1*	»	»	13	10,8
1,855...	27*	»	18	20	17,6	16	13	10,4
2,220...	40,9	»	20	»	»	16	13	»

CHARDON.

Rapport de la récolte au plant pour des tubercules de :

Plant provenant d'un pied de kg	0 gr. à 20 gr.	21 gr. à 30 gr.	31 gr. à 40 gr.	41 gr. à 50 gr.	51 gr. à 60 gr.	61 gr. à 80 gr.	81 gr. à 100 gr.	100 gr. et au-dessus.
0,620...	»	»	15	»	»	5,8	4,6	5,1
0,685...	28,6 fois	26,3	19	14	»	»	»	»
0,790...	»	»	»	15	»	13,8	»	5,7
1,095...	»	26,6	26	»	17	»	12	5,9
1,310...	42,6	28	»	18,8	»	»	15,9	7,6
1,510...	43,7	»	29	»	»	19	17,6	8,6

(1) Tous les plants de poids élevé ont péri.

Magnum bonum (d'origine française).

Rapport de la récolte au plant pour des tubercules de :

Plant provenant d'un pied de	0 gr. à 20 gr.	21 gr. à 30 gr.	31 gr. à 40 gr.	41 gr. à 50 gr.	51 gr. à 60 gr.	61 gr. à 80 gr.	81 gr. à 100 gr.	100 gr. et au-dessus
kg 0,885...	21,8 fois	34	28*	21,5	25	»	»	»
0,922...	21*	»	»	32,9	26	»	12,4	16,9*
1,818...	57,3	37	25,1	39	»	»	20	9
1,846...	»	41	»	25,7*	29	16,8	»	12
1,897...	63,3	»	31	52,2	»	21	21,4	13,8

Hermann.

Rapport de la récolte au plant pour des tubercules de :

Plant provenant d'un pied de	0 gr. à 20 gr.	21 gr. à 30 gr.	31 gr. à 40 gr.	41 gr. à 50 gr.	51 gr. à 60 gr.	61 gr. à 80 gr.
kg 0,369.........	»	»	18	»	»	»
0,545.........	»	29,8	»	»	17	»
1,195.........	41,6 fois	33,6	25	20	23,7	15,5
1,829.........	49	37,7	27,2	24	25	16,8

Richter's Imperator.

Rapport de la récolte au plant pour des tubercules de :

Plant provenant d'un pied de	0 gr. à 20 gr.	21 gr. à 30 gr.	31 gr. à 40 gr.	41 gr. à 50 gr.	51 gr. à 60 gr.	61 gr. à 80 gr.	81 gr. à 100 gr.[1]
kg 0,858....	111 fois	85,9	64,8	39	»	»	9
3,195....	»	»	»	47	35	21	22
3,550....	162	100	»	»	»	36	»

Red-Skinned.

La récolte presque entière a été détruite.

Malgré les accidents qui ont enlevé à la culture dont je viens d'indiquer les résultats le caractère d'ensemble que j'espérais lui donner, les Tableaux qui précèdent n'en fournissent pas moins un enseignement très net. Au pied des sujets que ces accidents avaient laissés indemnes, j'ai pu faire, en somme, cinq à six cents récoltes normales, et, de la comparaison des rendements fournis par des

(1) Tous les plants de poids élevé ont péri.

tubercules de même poids provenant des divers sujets de chaque variété, sont résultées 200 observations.

Sur ces 200 observations, 185 aboutissent à la même conclusion et montrent les tubercules de même poids, mais provenant de sujets de force différente, en possession d'une puissance productive d'autant plus grande que le poids de la récolte fourni par le sujet ascendant était lui-même plus élevé; 15 seulement font exception.

La différence entre ces deux nombres d'observations est assez considérable pour qu'il ne reste aucun doute sur l'influence que les qualités héréditaires d'un sujet exercent sur sa descendance, au moins à la première génération.

Chose remarquable, d'ailleurs : à partir du moment où la récolte du sujet ascendant possède un poids très élevé, l'influence de ces qualités héréditaires, tout en se faisant sentir encore, ne s'exerce plus avec la même intensité que quand cet ascendant est un sujet pauvre ou même un sujet moyen.

Ce qui revient à dire que, si, pour obtenir des sujets à grand rendement, il convient de choisir pour plant des tubercules provenant de sujets à grand rendement aussi, il n'y a pas d'avantage marqué à rechercher parmi ceux-ci ceux dont le rendement est exceptionnellement élevé.

Les essais dont je viens de donner et de discuter les résultats ne sont pas les seuls que j'aie entrepris pour établir l'influence des qualités héréditaires du plant et, par un autre procédé encore, j'ai pu obtenir de ce fait capital une seconde démonstration.

J'ai exposé précédemment [1] comment, en 1887, pour reconnaître si les tubercules de même poids provenant d'une même variété donnent des récoltes égales, j'avais cultivé quatre variétés dont les produits, à l'arrachage, avaient été pesés, poquet par poquet, et rangés ensuite, d'après leur rendement constaté, en cinq ou six lots. Dans chacun des lots ainsi constitués, pour chaque variété, j'ai, en 1888, choisi des tubercules de poids égal, au nombre tantôt de 37, tantôt de 74, tantôt de 111, suivant leur abondance respective.

---

(1) *Voir* p. 135.

Les tubercules ainsi choisis, tous de même poids ou de poids très voisins, provenant, pour une même variété, les uns de pieds forts, les autres de pieds faibles, devaient, dans ma pensée, fournir, les uns des récoltes plus fortes, les autres des récoltes plus faibles.

Dans un sol d'une composition bien régulière, les uns et les autres ont été placés côte à côte, en lignes comprenant chacune 37 sujets, et cultivés d'une façon identique.

A la récolte, les tubercules de tous les pieds formant une série ont été pesés ensemble, de manière à établir le poids moyen.

Dans cette culture encore, des accidents, dus à la présence des vers blancs, se sont produits, et quelques lignes ont dû être abandonnées; mais celles qu'à la récolte on a trouvé indemnes ont fourni des résultats intéressants que je résume dans les Tableaux suivants (¹).

CHARDON.

Plants pesant de 60gr à 67gr provenant	Poids moyen de la récolte.
	kg
Des pieds de 0kg,500 et au-dessous	0,750
» 0kg,500 à 0kg,750	0,845
» 0kg,750 à 1kg,000	0,860
» 1kg,000 à 1kg,250	0,901
» 1kg,250 à 1kg,500	0,884*
» 1kg,500 à 1kg,750	0,952
Plants pesant 100gr environ provenant	
Des pieds de 0kg,500 à 0kg,750	0,923
» 1kg,000 à 1kg,258	0,950

GELBE ROSE (²).

Plants pesant de 47gr à 50gr provenant	Poids moyen de la récolte.
	kg
Des pieds de 0kg,500 et au-dessous	0,712
» 0kg,750 à 1kg,000	0,898
Plants pesant de 66gr à 75gr provenant	
Des pieds de 0kg,500 et au-dessous	0,975
» 0kg,500 à 0kg,750	0,990

(¹) Les nombres marqués d'un astérisque sont ceux qui font exception à la règle.
(²) La culture de la Gelbe rose presque tout entière a été perdue.

JEUXEY.

	Poids moyen de la récolte.
Plants pesant de 50^{gr} à 53^{gr} provenant	
	kg
Des pieds de $0^{kg},500$ et au-dessous	0,648
» $0^{kg},500$ à $0^{kg},750$	0,869
Plants pesant de 76^{gr} à 87^{gr} provenant	
Des pieds de $0^{kg},500$ et au-dessous	0,750*
» $0^{kg},500$ à $0^{kg},750$	0,770
» $1^{kg},000$ à $1^{kg},250$	0,997
» $1^{kg},250$ à $1^{kg},750$	1,475
Plants pesant de 160^{gr} à 180^{gr} provenant	
Des pieds de $0^{kg},750$ à $1^{kg},000$	1,000
» $1^{kg},000$ à $1^{kg},250$	1,120

RICHTER'S IMPERATOR.

	Poids moyen de la récolte.
Plants pesant de 77^{gr} à 78^{gr} provenant	
	kg
Des pieds de $1^{kg},250$ à $1^{kg},500$	1,550
» $1^{kg},500$ à $1^{kg},750$	1,684
Plants pesant de 80^{gr} à 88^{gr} provenant	
Des pieds de $0^{kg},750$ à $1^{kg},000$	1,533
» $1^{kg},000$ à $1^{kg},250$	1,600
Plants pesant de 125^{gr} à 130^{gr} provenant	
Des pieds de $0^{kg},750$ à $1^{kg},000$	1,437
» $1^{kg},000$ à $1^{kg},250$	1,544
» $1^{kg},250$ à $1^{kg},500$	1,675
» $1^{kg},500$ à $1^{kg},750$	1,543*
Plants pesant de 188^{gr} à 190^{gr} provenant	
Des pieds de $0^{kg},500$ à $1^{kg},000$	1,120
» $0^{kg},750$ à $1^{kg},000$	1,350

Plants pesant de 210gr à 220gr provenant	Poids moyen de la récolte.
	kg
Des pieds de 1kg,000 à 1kg,250	1,360
» 1kg,250 à 1kg,500	1,810
» 1kg,500 à 1kg,750	1,900

C'est sur des pesées de 50kg, quelquefois même de 80kg qu'a été établi, dans la plupart des cas, le poids moyen de la récolte; les chiffres qui précèdent ont donc une signification pratique indiscutable.

On peut regretter, sans doute, que les accidents auxquels j'ai fait tout à l'heure allusion aient diminué de près de moitié le nombre des observations dont les éléments avaient été préparés; mais, tel qu'il est, ce nombre est largement suffisant pour établir l'influence des qualités héréditaires des sujets sur leur descendance. Sur 33 cas observés, en effet, on voit trente fois le poids moyen de la récolte s'élever, pour les plants de même poids, lorsque ceux-ci proviennent d'ascendants ayant eux-mêmes fourni une récolte élevée.

De deux façons, par conséquent, on peut considérer comme démontrée cette proposition que, pour obtenir des rendements élevés, le cultivateur doit prendre ses plants au pied des sujets qui, eux-mêmes, ont fourni un rendement élevé.

PROCÉDÉ DE SÉLECTION BASÉ SUR LA PUISSANCE DE LA VÉGÉTATION AÉRIENNE DES SUJETS.

Une question pratique, dont l'importance est grande, se présente alors. Cette question, c'est celle du procédé à l'aide duquel le départ des sujets à récolte abondante et des sujets à moindre rendement doit être fait. A l'arrachage, la chose est certaine, rien ne serait plus difficile que d'exiger la mise à part des tubercules formant la récolte des uns et des autres, et, de ce côté, le départ que je conseille est pratiquement irréalisable.

Mais rien n'est plus facile, au contraire, que de préparer, sur la plante verte et vivante, la sélection des sujets.

J'ai démontré, en effet ([1]), qu'entre la richesse du produit qu'un sujet fournira à la récolte et la vigueur des parties aériennes de ce sujet existe toujours une relation nettement caractérisée. A toute végétation vigoureuse correspond un rendement abondant; à toute végétation grêle, au contraire, un faible rendement.

Ceci posé, il est aisé de concevoir comment, au mois de juillet, au moment où les tiges et les feuilles sont en pleine activité, le cultivateur peut, parcourant ses champs de pommes de terre, marquer, à l'aide de baguettes que des enfants transportent derrière lui, les sujets vigoureux et sur lesquels il compte, s'ils sont l'exception; les sujets grêles, au contraire, si sa culture est belle et s'il n'a qu'un petit nombre de sujets inférieurs à rejeter.

Sans plus s'occuper des uns ou des autres, il pourra ensuite attendre l'époque de la maturité et faire procéder alors à deux récoltes successives, dont l'une lui donnera les tubercules de plant, l'autre les tubercules destinés à la consommation ou à la vente.

La question du choix du plant se trouve ainsi résolue : le cultivateur le doit prendre parmi les tubercules moyens, que mettent à sa disposition les pieds les plus vigoureux de sa récolte.

DE LA PRÉTENDUE DÉGÉNÉRESCENCE DU PLANT.

Une opinion, très répandue, veut que les variétés de pommes de terre cultivées continûment dans une même région soient fatalement appelées à dégénérer. C'est chose fréquente que d'entendre les grands acheteurs de pommes de terre, les fabricants de fécule notamment, déclarer qu'ayant importé dans leur voisinage, et mis à la disposition des cultivateurs, des plants à grand rendement, on a vu ceux-ci donner, en effet, de bons résultats la première année : mais qu'on a vu aussi, dès la seconde campagne, ces résultats s'abaisser pour, à la troisième année, tomber au même niveau que les plants usités dans la localité.

Le fait est certain, mais il n'est fatal en aucune sorte; la dégé-

---

([1]) *Voir* p. 93.

nérescence que l'on constate, en cette circonstance, ne résulte point d'un abâtardissement naturel de la variété, elle résulte uniquement de l'insouciance avec laquelle le plant est choisi. Tous les bons tubercules sont vendus à l'usine ou sur le marché, et c'est aux tubercules inférieurs, aux déchets, que l'on demande une continuation de qualités qu'ils ne peuvent donner.

J'ai tenu à démontrer ce point pratiquement et à établir qu'en choisissant convenablement les tubercules de plant, en apportant à la culture les soins qu'elle réclame, on est certain de voir le rendement se maintenir, ou du moins ne s'abaisser que sous l'influence de conditions météorologiques mauvaises, pour se relever lorsque, dans une campagne suivante, les conditions deviennent satisfaisantes.

Dans ce but, j'ai, depuis cinq années, en 1886, 1887, 1888, 1889 et 1890, cultivé, à Clichy-sous-Bois et à Joinville-le-Pont, dans des pièces, différentes chaque année, mais voisines l'une de l'autre pour chaque localité, et par suite de même composition, les quatre variétés suivantes : Richter's Imperator, Gelbe rose, Jeuxey, Red-Skinned. Chaque année, le plant, pris dans la récolte, a été choisi avec soin, d'après les préceptes que j'ai tout à l'heure indiqués, et, au printemps suivant, cultivé, pour chaque variété, sur une étendue de 250^{mq}.

Les pesées faites, à l'arrachage, multipliés par 40 pour représenter le rendement à l'hectare, ont donné les résultats suivants :

Années.	Gelbe rose.	Jeuxey.	Red-Skinned.	Richter's Imperator.
Clichy-sous-Bois (Seine-et-Oise).				
	kg	kg	kg	kg
1886	32800	26750	33400	41400
1887	26470	21965	26375	33665
1888	28140	33028	36380	41072
1889	26448	27500	32000	35000
1890	34200	37000	40900	43300
Joinville-le-Pont (Seine).				
1886	30300	30150	36600	44760
1887	20700	20535	23545	38450
1888	29200	26290	31650	43900
1889	21000	20700	25000	37240
1890	24475	24460	35600	52600

Il ne saurait donc y avoir aucun doute, du moins pour une période de cinq années, au sujet de la conservation par une variété déterminée de ses qualités productives, lorsque, importée dans une région nouvelle, elle y est soigneusement cultivée. Sur les Tableaux qui précèdent, on voit, en effet, le rendement de 1886, après avoir légèrement fléchi en 1887, sous l'influence de conditions météorologiques fâcheuses, se relever en 1888, remonter, dans presque tous les cas, aux chiffres de 1886 et quelquefois même les dépasser, s'abaisser de nouveau en 1889 pour, en 1890, dépasser, sur presque toutes les cultures, les chiffres les plus hauts qui eussent été constatés jusqu'alors et, particulièrement, les chiffres correspondant aux récoltes de la première année, comme si, au lieu de dégénérer, les variétés s'étaient améliorées au contraire.

Aux exemples qui précèdent il convient, en outre, de joindre celui des rendements que j'ai obtenus depuis trois années en cultivant, à Joinville-le-Pont, un hectare plein de Richter's Imperator, et prenant, chaque année, le plant dans la récolte précédente. Ces rendements ont été :

	kg
En 1888, de	33185
En 1889, de	39000
En 1890, de	41564

Ces résultats sont trop nets pour que, dorénavant, il soit permis de considérer, comme fatale, au moins dans une période de cinq années, la dégénérescence des variétés de pommes de terre bien fixées. C'est à la négligence apportée au choix du plant que cette dégénérescence doit être imputée : elle est accidentelle.

DE LA MALADIE DE LA POMME DE TERRE ET DES MOYENS DE LA COMBATTRE.

Améliorer la culture de la pomme de terre en France, élever ses rendements dans une proportion qui lui permette de marcher de pair avec la culture perfectionnée des régions les plus favorisées de l'Allemagne est dorénavant chose aisée. Je crois l'avoir établi par les recherches précédentes, et les résultats obtenus par mes collaborateurs en 1889 et 1890 apporteront tout à l'heure la démonstration pratique de l'efficacité des procédés culturaux que j'ai cru pouvoir en déduire.

Mais, quelle que soit l'amélioration que l'adoption de ces procédés détermine, quelque satisfaisant que puisse être dorénavant le rendement en poids de nos récoltes de pomme de terre et leur richesse en fécule, nos cultures n'en restent pas moins sous la dépendance absolue d'un fait calamiteux qui, depuis 1845, a, bien des fois, détruit les espérances des cultivateurs de pomme de terre. Ce fait, c'est le développement fréquent, dans presque toutes les régions de notre pays, constant dans quelques localités, du cryptogame parasite que du Bary a désigné sous le nom de *Phytophtora infestans,* et auquel d'habitude on donne plus simplement le nom de *maladie de la pomme de terre.*

Les récoltes de l'apparence la plus belle peuvent, du fait de ce parasitisme, être, en quelques jours, entièrement perdues pour l'agriculture.

La feuille se plaque de taches noires, celles-ci s'étendent rapidement, la végétation aérienne tout entière se dessèche, la production de la matière organique par l'appareil foliacé s'arrête, le développement du tubercule s'arrête également, et, à l'arrachage, on ne retrouve au pied de chaque plante qu'une maigre récolte. tachée de points noirs qui, rapidement, augmenteront et en amèneront la destruction totale.

Aussi, dès qu'on a su, par l'emploi des sels de cuivre, enrayer la marche du mildew, c'est-à-dire du *Peronospora viticola* avec lequel le *Phytophtora infestans* offre une si grande analogie, a-t-on eu la pensée d'appliquer à la pomme de terre le même remède qu'à la vigne.

M. Jouet, dès 1885, a fait, à ce sujet, des essais justement remarqués; d'autres l'ont suivi : MM. Fasquelle, Cordier, etc. A ces essais, cependant, on pouvait adresser une critique : l'indication générale du succès obtenu n'était pas accompagnée de renseignements numériques suffisants.

C'est à M. Prillieux qu'on doit le premier essai précis; les résultats, absolument concluants, que cet essai a fournis ont été communiqués à l'Académie des Sciences le 20 août 1888. Ces résultats, cependant, parce que quelques pieds, seulement, avaient été traités n'ont pas suffi à porter la conviction dans l'esprit de nos cultivateurs, et c'est à peine si, en 1888 et 1889, on en a vu quelques-uns entreprendre, avec succès du reste, de combattre la maladie.

Pour déterminer cette conviction j'ai, de mon côté, entrepris, dès 1888, des essais étendus qui, je l'espérais, devaient avoir, et qui ont eu, en effet, des conséquences plus étendues. Ceux-ci avaient pour but d'établir, et ils ont en réalité établi, par des chiffres précis, qu'en grande culture, sans qu'il en résulte une dépense disproportionnée au résultat à atteindre, il est aisé de garantir nos récoltes contre les désastres qu'amène le développement de la maladie de la pomme de terre.

Ces essais ont eu lieu, d'une part à la ferme de la Faisanderie, à Joinville-le-Pont (Seine), d'un autre, au domaine de Clichy-sous-Bois (Seine-et-Oise). Je n'y ai employé qu'une bouillie faible, contenant par hectolitre 2^{kg} seulement de sulfate de cuivre et 1^{kg} de chaux (pesée à l'état vif). En limitant ainsi la force de la bouillie, je me suis préoccupé surtout de limiter la dépense. L'expérience a montré que, dans les conditions météorologiques de 1888 et 1889, cette concentration suffisait; mais quelques insuccès, survenus en 1890, me font penser aujourd'hui que, pour combattre l'influence des saisons pluvieuses, il est préférable d'adopter une teneur de 3^{kg} de sulfate de cuivre et de 3^{kg} de chaux par hectolitre.

En 1888, la maladie n'est apparue qu'au commencement d'août, alors qu'on pensait l'avoir évitée. Le traitement, par suite et à tort, n'a été appliqué qu'à une culture déjà envahie; il a été curatif et non préventif.

Un hectare entier de Richter's Imperator a été, à la ferme de Joinville, largement arrosé de bouillie, à l'aide d'un pulvérisateur ordinaire; la récolte a été sauvée, elle s'est élevée à 33185^{kg}; préoccupé, surtout dans ce cas, d'en assurer l'intégrité, je n'avais pas réservé de témoin.

Mais, à Joinville et à Clichy-sous-Bois, d'autres essais, comparatifs cette fois, avaient lieu, qui, à la récolte, m'ont donné les résultats suivants :

Variétés.	Poids total récolté.	Malades en poids.	Malades pour 100.	Poids total récolté.	Malades en poids.	Malades pour 100.	Augmentation de la récolte saine par le traitement.
	Joinville-le-Pont (1888).						
	Surface traitée 200 mq.			Surface non traitée 200 mq.			
	kg	kg		kg	kg		Pour 100
Eos..........	470	20	4,2	468	26	5,5	2,7
Kornblum....	450	5	1,1	400	30	7,5	20,2
Aurélie.......	427	21	4,9	420	31	7,4	4,4
	Clichy-sous-Bois (1888).						
	Surface traitée 125 mq.			Surface non traitée 125 mq.			
	kg	kg		kg	kg		
Gelbe rose....	339,7	10,7	3,1	300	12,3	4,1	4,1
Jeuxey.......	414,5	25,0	6,0	365	48	13,1	22,9
Richter's.....	564,0	15,0	2,6	498	14,5	2,9	13,5
Red-Skinned .	469,0	33,0	7,0	423	51	12,0	17,0

De l'examen des chiffres qui précèdent il résultait dès lors :

1° Que l'application d'un traitement purement curatif n'assure pas une immunité absolue;

2° Que cependant, même dans ce cas, le traitement diminue notablement la proportion des malades et augmente le poids de la récolte saine dans une proportion qui, pour certaines variétés, s'élève à 20,2 et 22,9 pour 100.

En 1889, le développement de la maladie a été généralement faible; chez la plupart de mes collaborateurs, elle ne s'est pas montrée; chez quelques-uns, elle a attaqué diverses variétés en respectant la Richter's Imperator; chez cinq d'entre eux seulement, celle-ci a été atteinte; plusieurs ont traité préventivement par les sels de cuivre et ont ainsi sauvegardé leur récolte, mais n'ont pas malheureusement réservé de témoin; un seul d'entre eux, M. Herbet, préparateur à l'Institut agronomique, a fait un essai comparatif qui, malgré le petit nombre de pieds cultivés, mérite toute attention. C'est à Clères (Seine-Inférieure), où la maladie a fortement sévi, que cet essai a eu lieu (il a porté sur 54 pieds, plantés dans un sol de jardin, dont 44, traités, ont fourni 116^{kg}, soit 2^{kg},643 par pied, tandis que 10 autres, non traités, n'ont fourni que 10^{kg}, soit 1^{kg} par pied; l'augmentation de la récolte saine est, dans ce cas, de 164 pour 100.

A Joinville-le-Pont et à Clichy-sous-Bois, j'ai, en 1889, adopté le traitement préventif et j'ai vu, dans ces conditions, le développement de la maladie complètement enrayé, même par l'emploi d'une bouillie à 2 pour 100; l'intensité du mal, il est vrai, a été faible cette année; sur certaines variétés cependant, comme la Jeuxey, la proportion des malades s'est élevée à 9 pour 100.

A Clichy-sous-Bois, les résultats ont été les suivants :

Variétés.	Surface traitée 125 mq. Poids total récolté.	Surface traitée 125 mq. Malades en poids.	Surface traitée 125 mq. Malades pour 100.	Surface non traitée 125 mq. Poids total récolté.	Surface non traitée 125 mq. Malades en poids.	Surface non traitée 125 mq. Malades pour 100.	Augmentation de la récolte saine, par le traitement pour 100.
	kg			kg	kg		
Gelbe rose....	328	néant	néant	308	8	2,6	9,3
Jeuxey.......	341	1^{kg}	$0^{kg},3$	321	30	9,1	16,8
Richter's.....	439	néant	néant	421	1	0,2	4,3
Red-Skinned .	400	néant	néant	394	1,5	0,4	1,9

L'influence du traitement préventif est ici tellement nette, qu'il est inutile d'insister.

Les frais de traitement ont d'ailleurs été peu élevés.

Pour un hectare, à Joinville, il a fallu $17^{hlit},5$ de bouillie à 2 pour 100; la pulvérisation a exigé quatre journées d'homme; la dépense a donc été :

	kg	fr
Sulfate de cuivre à 64^{fr} les 100^{kg}.........	35	22,75
Chaux en pierre à $2^{fr},50$ les 100^{kg}.......	15	0,37
4 journées à 4^{fr} l'une....................	»	16
		39,12

Chez MM. S. Tétard et fils, à Gonesse, 1 hectare traité de même a exigé la même quantité de produits et la même main-d'œuvre; mais, la journée n'étant payée que 3^{fr}, la dépense n'a pas dépassé 35^{fr} par hectare.

Cette dépense est destinée à diminuer encore, d'un côté, par l'abaissement probable du cours du sulfate de cuivre, d'un autre, par l'emploi de pulvérisateurs perfectionnés. C'est donc, en moyenne, à 37^{fr} par hectare qu'on peut estimer les frais du traitement avec une bouillie à 2 pour 100; à 48^{fr}, avec une bouillie à 3 pour 100.

Le bénéfice réalisé du fait du traitement est établi dans le Tableau suivant pour les trois cultures qui, dans mes essais de 1888 et 1889, ont donné les résultats les plus frappants; la pomme de terre y est comptée à 3^{fr},50 les 100^{kg}.

	Récolte saine, par are.		Bénéfice en poids.	Bénéfice brut en argent.	
	traitée.	non traitée.		par are.	par hectare.
	kg	kg	kg	fr	fr
Joinville 1888 (Kornblum)...	445	370	75	2,62	262
Clichy 1888 (Jeuxey)......	390	317	73	2,55	255
Clichy 1889 (Jeuxey)......	340	292	48	1,68	168

La dépense ayant été de 39^{fr}, il reste, pour ces trois cultures, un bénéfice net de 223^{fr}, 216^{fr}, 129^{fr} par hectare.

Portés, par la presse scientifique et agricole, à la connaissance des cultivateurs, les résultats qui précèdent ont suffi à éclairer ceux-ci sur la valeur du traitement de la maladie de la pomme de terre au moyen des composés cuivriques, et nombreuses, par suite, ont été, en 1890, les applications de ce traitement.

En certaines régions de la France, cependant, les conditions météorologiques au milieu desquelles s'est développé l'été de cette année ont enlevé à ce traitement une partie de son efficacité.

Les insuccès, malgré tout, ont été peu nombreux, et les causes qui ont déterminé ces insuccès sont tellement exceptionnelles que ce serait une faute que de conclure de ces accidents locaux à l'impuissance d'un traitement dont, pendant deux campagnes au moins, on avait déjà pu apprécier la valeur.

La campagne de 1890, au contraire, apporte de cette valeur une démonstration nouvelle; dans la plupart des circonstances, en effet, l'application du traitement a donné les résultats les plus satisfaisants; les insuccès résultent tous d'accidents météorologiques spéciaux à la région du nord-est de la France.

Au cours de cette campagne, 104 cultivateurs ont bien voulu, à ma demande, porter sur la question de la maladie et de son traitement une attention spéciale.

Chez 45 de ces cultivateurs, la maladie n'a pas paru; chez 59 d'entre eux, les champs de pomme de terre ont été, plus ou moins, sérieusement attaqués.

Pris au dépourvu, un peu imprévoyants peut-être, 15 de mes correspondants n'ont fait, pour prévenir ou arrêter la maladie, aucune tentative; 44 au contraire se sont attachés à la combattre et, parmi ceux-ci, 34 ont réussi, 10 seulement ont échoué; la proportion des insuccès a donc été de 23 contre 77 succès.

C'est dans la région du Nord-Est exclusivement que ces insuccès se sont produits, dans les Vosges, dans la Haute-Marne, dans la Haute-Saône, etc.; c'est-à-dire dans une région qui, en 1890, a particulièrement souffert des pluies persistantes qui, pendant les mois de juillet et d'août, ont, même dans la région du Nord-Ouest et du Nord, causé de si vives préoccupations.

En maintes localités les cultivateurs ont vu, dans les départements que je viens de citer, les bouillies cuivriques dont ils venaient d'arroser le feuillage de la pomme de terre enlevées presque aussitôt par des averses violentes ou des pluies fines prolongées, qui souvent même ne leur ont pas permis de procéder à un deuxième traitement.

C'est dans ces conditions seulement, et elles sont heureusement bien exceptionnelles, qu'on a vu le traitement aux composés cuivriques échouer, ou tout au moins n'assurer à la récolte qu'une garantie incomplète.

Partout ailleurs ce traitement a réussi : parmi mes correspondants, vingt-trois l'ont constaté en comparant seulement leurs cultures traitées aux cultures non traitées de leurs voisins; les premières ont végété indemnes et verdoyantes jusqu'à la maturité. les autres ont rapidement péri. Dix autres ont apporté à la comparaison qu'ils faisaient une précision plus grande, en réservant sur les pièces traitées quelques files non sulfatées comme témoins; ceux-ci ont pu constater (1) non seulement l'indemnité acquise par leur culture, mais encore cette remarquable augmentation du poids du produit en tubercules sains, que j'ai, pour la première fois, signalées à la suite de mes essais de 1888 et de 1889.

Aux résultats que mes collaborateurs de 1890 ont fait connaître,

(1) *Bulletin de la Société nationale d'Agriculture,* mars 1891.

ceux que j'ai moi-même obtenus à Clichy-sous-Bois (1) apportent l'appui d'une démonstration plus frappante encore.

Quatre variétés, en effet, y ont été, par partie soumises au traitement par la bouillie bordelaise, par partie non traitées ; ces variétés sont la Richter's Imperator, la Red-Skinned, la Gelbe rose et la Jeuxey.

Sur la variété Richter's Imperator, dont la résistance est particulièrement remarquable, la maladie n'a pas eu de prise sérieuse ; les parties traitées comme les parties non traitées sont restées vertes et vigoureuses jusqu'au moment de la maturité ; sur la variété Red-Skined, la prise a été faible ; au commencement de septembre cependant la différence entre les parties non traitées, déjà partiellement fanées, et les parties traitées, encore vertes, était sensible.

Mais, pour les deux autres variétés, pour la Gelbe rose et surtout pour la Jeuxey, la différence était saisissante ; à la fin d'août les parties traitées de l'une et de l'autre variété étaient encore d'un vert magnifique, les parties non traitées étaient entièrement mortes et ne portaient plus une seule feuille qui ne fût noire et desséchée.

Cependant les récoltes ont été laissées en terre, jusqu'à ce que, la maturité se produisant pour les parties traitées, le moment de l'arrachage fût venu.

Pour chaque partie, traitée ou non, la récolte a été, alors, soigneusement pesée, les tubercules malades séparés des tubercules sains et soumis séparément, les uns et les autres, à la pesée également.

Les résultats ont été les suivants :

	Surface traitée : 2 ares.			Surface non traitée : 2 ares.			Augmentation de la récolte saine par le traitement.	
	Poids total récolté.	Malades en poids.	Malades pour 100.	Poids total récolté.	Malades en poids.	Malades pour 100.	En poids.	Pour 100.
	kg	kg		kg	kg		kg	
Richters's Imperator.	866	0,260	0,03	861	5,600	0,65	12,0	1,5
Red-Skinned	818	1,800	0,22	762	11,420	1,50	65,6	8,7
Gelbe rose..........	684	0,960	0,14	610	5,900	0,97	74,0	12,9
Jeuxey.............	744	5,952	0,80	553	22,236	4,00	207,0	41,0

Des résultats aussi nets ne sauraient laisser aucun doute sur l'efficacité du traitement de la maladie de la pomme de terre par

(1) A Joinville-le-Pont, la maladie ne s'est pas montrée en 1890.

les composés cuivriques, non plus que sur l'augmentation du poids de la récolte du fait de ce traitement.

Prétendre qu'en toutes circonstances le remède aura raison du mal serait, sans doute, exagérer : aucun remède d'ailleurs n'a de vertu si haute; mais c'est exprimer une vérité incontestable que d'affirmer sa valeur toutes les fois qu'il sera convenablement appliqué et toutes les fois que la culture ne sera pas exposée à des accidents météorologiques aussi graves que ceux dont a souffert en 1890 le nord-est de la France.

CHAPITRE VI.

CONSÉQUENCES THÉORIQUES ET PRATIQUES DES RECHERCHES PRÉCÉDENTES.

Conséquences théoriques.

En entreprenant les recherches dont je viens de développer les phases successives, je m'étais proposé pour but d'abord de reconnaître si c'est chose possible pour la culture française que d'obtenir normalement des récoltes de pommes de terre aussi abondantes que celles obtenues par les cultivateurs de certaines régions de l'Allemagne, ensuite de rechercher les procédés culturaux à l'aide desquels notre production pourrait marcher de pair avec celle de ces cultivateurs. De ces deux buts le premier a été atteint, si je ne me trompe, par mes recherches de 1886, 1887 et 1888. Les résultats obtenus en 1889 et 1890 par les agriculteurs qui ont bien voulu accepter mes conseils et par moi-même établiront, tout à l'heure, que le second de ces deux buts est atteint comme le premier et même aujourd'hui dépassé. Les rendements réalisés sur notre territoire ont été, dans ces derniers temps, plus élevés que les rendements les meilleurs signalés par les publications allemandes.

La question de l'amélioration possible de la culture de la pomme de terre en France peut donc être considérée comme résolue dans le sens de l'affirmative.

Par une suite de cultures de plus en plus étendues, je me suis attaché, en 1886, 1887 et 1888, à donner de cette solution une démonstration pratique et indépendante de toute considération théorique. J'ai abouti, en fin de compte, malgré les conditions météorologiques défavorables de la campagne, à récolter, en 1888, sur 1 hectare entier, 33 185^{kg} d'une variété, la Richter's Imperator, riche à 17,6 pour 100 de fécule anhydre, et représentant, aux cours moyens, une valeur de plus de 1200[fr] par hectare; sur des surfaces moindres, de 18 ares et de 15 ares d'abord, de 5 ares et de 4 ares ensuite, etc., j'ai cultivé de même une vingtaine de variétés dont la moitié au moins m'a fourni des rendements tels en poids et en richesse, que la valeur marchande de la récolte peut être évaluée à 800[fr] et 900[fr] par hectare.

Ces rendements ont été depuis (1889 et 1890) largement dépassés par mes collaborateurs et par moi.

Ce point capital établi, et avant que de chercher à reconnaître les conditions à l'aide desquelles ce résultat cultural peut être obtenu, il m'a semblé nécessaire d'entreprendre l'étude du développement progressif de la pomme de terre considérée, à la fois, dans ses parties aériennes et dans ses parties souterraines.

J'ai pu alors, dans le développement de cette plante, caractériser quatre phases bien distinctes : la première, pendant laquelle la plante constitue exclusivement son appareil foliacé et son appareil radiculaire : les tubercules n'existent pas alors; la seconde, pendant laquelle feuilles, tiges, tubercules et radicelles s'accroissent; la troisième, pendant laquelle les feuilles et les tiges commencent à décroître, tandis que les radicelles restent stationnaires et que les tubercules continuent à croître, mais lentement; la dernière enfin pendant laquelle feuilles, tiges et radicelles, mourantes ou déjà mortes, laissent les tubercules dans le sol, isolés de tout organe nourricier et privés, par suite, de toute faculté d'accroissement ou d'enrichissement. C'est l'époque de la maturité, et c'est aussi l'époque qu'il convient d'adopter pour la récolte. A partir du moment où les feuilles sont fanées et les tiges desséchées, les tubercules ne font plus aucun gain.

L'accroissement des tubercules en fécule s'est présenté, au cours de mes recherches, comme l'un des sujets les plus intéressants. J'ai montré alors cette richesse augmentant rapidement au fur et à mesure que croît le tubercule dont, à l'état sec, la fécule représente les trois quarts. En certaines circonstances, cependant, la régularité de cet accroissement semble cesser et les tubercules semblent s'appauvrir en matière féculente; ce n'est là qu'une apparence :

c'est aux époques de pluie que le phénomène correspond, et c'est à une imbibition passagère des tubercules qu'il est dû; l'eau et la fécule représentent, en effet, dans la composition de ceux-ci, une somme constante.

De l'étude des variations que subissent, dans leurs proportions relatives, la fécule et les matières qui l'accompagnent, se dégagent des vues nouvelles relativement à la genèse de la matière amylacée que les tubercules emmagasinent. A côté de la fécule qui croît, on voit, en effet, les autres produits rester stationnaires, à l'exception d'un seul, le saccharose, qui décroît. C'est chose naturelle alors que de chercher une relation entre ces deux faits, et c'est ainsi que j'ai été amené à voir dans le saccharose que la feuille élabore et que la tige transmet la matière première de la production de la fécule, amené par conséquent à pressentir l'importance que possède, en réalité, le développement de l'appareil foliacé au point de vue de cette production.

Mis, par l'étude qui précède, en possession des conditions physiologiques dans lesquelles la pomme de terre se développe, j'ai pu ensuite consacrer mes soins à la détermination des conditions pratiques nécessaires à la production, par cette plante, de la plus grande quantité possible de tubercules, et par suite de fécule, sur une surface de terrain déterminée.

Ces conditions sont nombreuses, et il faut y compter, en dehors des conditions météorologiques sur lesquelles le cultivateur ne peut rien : le recours à des labours profonds, dont j'ai numériquement démontré les avantages, l'action d'engrais appropriés et choisis d'après la composition chimique du sol, la régularité de la plantation, la précocité de cette plantation encore, l'espacement des plants, etc.

Mais, au-dessus de ces conditions, il en est une bien plus importante : c'est celle du choix qu'il convient de faire parmi les tubercules récoltés pour en constituer le plant de la culture prochaine.

Deux facteurs principaux doivent intervenir à ce choix : d'un côté, la grosseur des tubercules; d'un autre, les qualités héréditaires des sujets d'où ces tubercules proviennent.

Au sujet de la grosseur, mes recherches m'ont conduit à des indications un peu différentes de celle que l'on admet d'habitude. Celles-ci consistent, on le sait, dans le rejet des petits tubercules, dans le choix des gros. Rejeter les petits malgré la puissance productive extraordinaire qui les caractérise est, en effet, nécessaire, car rarement ils fournissent une récolte suffisante; mais, entre les petits et les gros tubercules, il faut faire une place spéciale aux moyens : ceux-ci, en général, fournissent des récoltes sensiblement égales aux récoltes que donne la plantation des gros. Des expériences nombreuses, exécutées sur la descendance entière d'un sujet déterminé, l'ont établi avec netteté au cours de ces recherches, et dès lors c'est faire une dépense inutile que de choisir comme plant les gros tubercules; les moyens, dont le poids est à fixer pour chaque variété, donnent au cultivateur un produit aussi abondant et aussi riche.

L'intervention, en grande culture du moins, de la considération des qualités héréditaires appartenant à chaque sujet doit être regardée comme nouvelle; de deux façons j'ai démontré l'existence de ces qualités et leur influence sur la récolte. Sans revenir sur les essais à l'aide desquels cette démonstration a été établie, je résumerai ce point capital en disant qu'aux tubercules d'un pied à rendement élevé appartient toujours une puissance productive plus grande qu'aux tubercules d'un pied à faible rendement.

En dernier lieu enfin j'ai, à l'aide de données numériques, établi de la façon la plus nette l'efficacité du traitement de la maladie de la pomme de terre par les composés cuivriques.

Conséquences pratiques. — Procédés culturaux à suivre.

Les recherches qui, exposées dans les Chapitres précédents, m'ont permis de préciser les conditions qu'exige la production de récoltes abondantes et riches, devaient avoir pour conséquence pratique l'adoption de procédés culturaux plus rationnels que ceux auxquels j'avais *a priori* attribué l'infériorité de nos cultures de pommes de terre.

Ces procédés, je les ai communiqués depuis trois ans aux cultivateurs qui ont bien voulu m'apporter leur concours dans l'œuvre que je poursuis et, comme conclusion de mes recherches, je les résumerai dans ce chapitre.

DE LA NATURE DU TERRAIN.

Des faits que j'ai observés pendant six années, que j'ai exposés en détail (p. 111), et que sont venus confirmer des récoltes faites sur 3, 4 et même 6 hectares, il semble résulter que la composition générale du sol n'exerce pas sur le rendement une influence aussi grande qu'on le croit généralement. Des terres argilo-siliceuses, argilo-calcaires, calcaires, même argileuses, peuvent donner de bons résultats. Mais il n'en est pas de même de la profondeur et de l'ameublissement du sol; leur influence est considérable, et l'on n'a pas lieu d'en être surpris lorsque l'on tient compte du grand développement radiculaire de la pomme de terre.

Une considération capitale, en outre, est celle de la fertilité naturelle du terrain; l'infériorité de celui-ci, cependant, ne saurait être un obstacle au succès; en 1890, j'ai, pour la première fois, abordé la culture en terres pauvres, et j'ai vu l'application des procédés que je recommande aboutir sur des terres de troisième et de quatrième classe à des rendements qui, avec la variété Richter's Imperator, s'élevaient encore à 20000^{kg} et 25000^{kg}, alors que, dans les terres fertiles, ce rendement atteignait en moyenne 37000^{kg}, sans être jamais descendu, en 1890, au-dessous de 32000^{kg}.

DE LA PROFONDEUR DES LABOURS.

C'est un préjugé très répandu que, sous le rapport de la préparation du sol, la pomme de terre n'est pas une plante exigeante. Nombre de cultivateurs, rencontrant, au moment de l'arrachage, les tubercules à fleur de terre, considèrent que, pour cette culture, point n'est besoin de labourer le sol au delà de quelques centimètres.

Il suffit d'avoir considéré une fois le chevelu long et touffu de la pomme de terre (¹) pour comprendre à quel degré cette coutume est mauvaise; elle est cependant presque générale.

(¹) *Voir* l'album d'héliogravures publié par MM. Gauthier-Villars et fils.

J'ai démontré, par des cultures comparatives, qu'à la pomme de terre, au contraire, des labours profonds sont nécessaires.

J'estime qu'en général ces labours doivent être aussi importants que le permettent, d'un côté, l'épaisseur de la couche de terre arable, d'un autre, les instruments dont le cultivateur dispose.

Travaillé à $0^m,10$ ou $0^m,15$ seulement, le sol, toutes autres conditions égales d'ailleurs, ne fournira jamais que des récoltes inférieures, égales tout au plus à la moitié, au tiers quelquefois des récoltes qu'il eût donné s'il eût été labouré à 0,30-0,35 et même 0,40.

Il convient donc de labourer aussi profondément que possible; l'emploi d'un fort brabant suivi d'une petite charrue fouilleuse suffit à assurer de très bons résultats.

DE LA NATURE ET DE LA PROPORTION DES ENGRAIS.

L'engrais doit être abondant; il est impossible d'indiquer, à son propos, une formule générale. Il faut, à la pomme de terre, et à la fois, de l'acide phosphorique, de l'azote et de la potasse. Les formes les meilleures sous lesquelles ces agents fertilisants peuvent être donnés, sont : le fumier de ferme, le superphosphate de chaux, le nitrate de soude et le sulfate de potasse. Mais la proportion des uns et des autres varie avec la composition chimique du sol, et c'est sur les exigences habituelles du terrain qu'il exploite que le cultivateur doit se guider.

Tout ce qu'il est permis de dire, à ce sujet, c'est que, dans un terrain de composition moyenne, on peut compléter une fumure ordinaire au fumier par l'emploi d'un engrais chimique composé de :

	Parties.
Superphosphate de chaux riche	62
Sulfate de potasse	23
Nitrate de soude	15
	100

Les quantités de cet engrais complémentaire qu'il convient d'ajouter au fumier varient naturellement dans une large mesure suivant la qualité de celui-ci; quelquefois 500^{kg} par hectare seront suffisants; d'autres fois, on aura avantage à porter la dose jusqu'à

800^{kg}; le cultivateur seul peut être juge en chaque cas particulier.

En tout cas, il conviendra de répandre le superphosphate de chaux et le sulfate mélangés, après l'enfouissement du fumier, avant le dernier hersage, et de semer le nitrate de soude seul, en couverture, quelques jours avant la levée.

Les proportions que je viens d'indiquer, n'ont, d'ailleurs, rien d'absolu; elles doivent varier avec la richesse ou la pauvreté du sol relativement à l'un ou à l'autre des éléments fertilisants que la culture réclame.

DU CHOIX DU PLANT ET DE LA SÉLECTION.

Des conditions diverses qu'exige la production des récoltes maxima, la plus importante, et de beaucoup, est celle qui consiste dans le choix du plant.

On ne s'en doute que bien peu en France, aujourd'hui encore; les plants sont mis en terre, comme ils viennent et sans choix: même c'est une coutume que de destiner à la vente tous les beaux produits et de réserver pour le plant les tubercules de rebut. On ne saurait plus mal agir.

Dès le début de mes recherches, c'est à fixer les conditions que le plant doit remplir que je me suis surtout attaché; et j'ai, dans cette voie, reconnu des faits importants desquels j'ai pu déduire des règles précises pour la sélection des tubercules de plant.

J'ai d'abord établi qu'il ne suffisait pas de choisir ceux-ci uniquement d'après leur poids; 1500 tubercules provenant d'une même récolte, et de poids absolument égal, ont fourni, dans le même champ, des récoltes variant de 0^{kg},500 à 2^{kg} par poquet.

J'ai reconnu ensuite qu'en plantant tous les tubercules, petits et gros, fournis par la récolte d'un même sujet, on voit toujours les petits, malgré une puissance productive quelquefois énorme, donner en surface des récoltes inférieures, tandis qu'au delà se rencontre une zone comprenant les moyens et les gros et dans laquelle les récoltes ne varient que dans des limites peu étendues.

Des observations ainsi faites, au nombre de plus de 1000, j'ai pu déduire cette règle que si, dans le choix du plant, le cultivateur doit rejeter les petits, il est inutile qu'il recherche les gros; les moyens lui donneront à moindre frais une récolte aussi belle.

Les recherches qui m'ont permis d'établir cette règle devaient cependant me conduire à des résultats plus considérables encore : elles devaient me permettre d'établir sans conteste les qualités héréditaires des sujets et mettre entre mes mains une méthode de sélection permettant d'assurer à chaque variété la perpétuité et même l'amélioration de ses qualités originelles.

L'importance de ces qualités héréditaires, dont quelques horticulteurs soupçonnaient l'existence, n'avait jamais été établie scientifiquement jusqu'ici, pas plus en Allemagne qu'en France; elles constituent cependant le nœud de la question.

A chaque tubercule de pomme de terre appartiennent des qualités de reproduction qui se retrouvent intactes dans sa descendance; tout tubercule provenant d'un pied à grosse récolte fournit une récolte abondante, et inversement.

Les conditions d'après lesquelles le plant doit être choisi dérivent de cette observation; c'est aux tubercules moyens que le cultivateur doit s'adresser, et ces tubercules il les doit demander aux pieds qui ont fourni une récolte abondante et riche.

J'ai d'ailleurs démontré, au cours de mes recherches, un fait que, jusqu'alors et faute de recourir à la balance, on n'avait pas reconnu : entre l'abondance de la récolte que prépare chaque pied de pommes de terre d'une variété déterminée et la richesse de sa végétation aérienne, il existe une relation voisine de la proportionnalité; au pied de tout sujet à riche végétation se forme une récolte abondante.

De là, pour opérer la sélection, un procédé très simple; celui-ci consiste à marquer dans le champ les sujets faibles qu'on veut rejeter, si l'ensemble de la culture est beau, les sujets forts que l'on veut conserver au contraire, si ce sont eux qui font l'exception.

C'est au pied de ces sujets forts que le cultivateur devra toujours aller chercher son plant et, ce plant, il le formera des tubercules de poids moyen. Ce poids moyen variera naturellement suivant les variétés; mais on peut dire qu'en général, pour les variétés à gros rendement, il oscille entre 60^{gr} et 100^{gr}, que pour les variétés à rendement moindre, il est compris entre 40^{gr} et 80^{gr}.

DE LA FRAGMENTATION DES TUBERCULES DE PLANT.

S'il est, chez les planteurs de pommes de terre, une habitude bien enracinée, c'est celle qui consiste à couper les tubercules de plant en deux ou trois fragments, de manière à obtenir d'un poids donné de semenceaux l'ensemencement le plus étendu possible. Cette habitude est essentiellement mauvaise; en opérant de cette façon on économise le plant, il est vrai, mais on diminue dans une importante mesure le rendement à l'hectare.

La théorie l'indique et la pratique le prouve. Chaque tubercule de pomme de terre, il est vrai, porte à sa surface un nombre d'yeux et par suite de bourgeons très supérieur au nombre des tiges qu'il développera plus tard; mais ce serait se tromper beaucoup que d'attribuer à tous ces bourgeons une égale vitalité. Ceux-là seulement sont aptes à fournir une végétation aérienne active qui se pressent nombreux près de l'extrémité du tubercule opposée à l'ombilic; les autres ne germeront pas ou ne fourniront que des tiges grêles et sans énergie productive.

De telle sorte que diviser en deux un semenceau, ce n'est pas, comme le croient nombre de cultivateurs, doubler l'énergie vitale de ce semenceau, c'est, tout simplement, en laissant cette énergie exactement ce qu'elle était avant la division, la répartir sur une surface de terrain double en étendue. Les produits que cette énergie fournira seront dans l'un et l'autre cas peu différents.

Au point de vue économique, d'ailleurs, ce n'est pas la dépense en tubercules de plant qui doit surtout préoccuper le cultivateur, ce sont les dépenses bien autrement importantes qu'entraînent le loyer, les labours, les engrais, les façons, etc.; celles-ci sont absolument proportionnelles à l'étendue de la surface cultivée, et c'est à accumuler sur cette surface la plus grande quantité possible de produits qu'il faut s'attacher.

La fragmentation des tubercules, en outre, a lieu bien souvent d'après des procédés barbares; on les coupe suivant l'équateur, sans réfléchir que le haut bout emporte presque tous les bourgeons féconds, et que le bout inférieur ne pourra qu'à grand'peine fournir quelques tiges sans force végétative. D'autres fois, on les coupe au hasard, et l'on se contente de laisser un œil sur chaque fragment.

Ces procédés doivent être abandonnés. Lorsque, pour une cause particulière, le cultivateur est obligé de couper ses semenceaux, lorsque, par exemple, préoccupé de produire du plant, il attache plus de prix au rendement par rapport au poids de la semence qu'au rendement par rapport à l'étendue de la surface cultivée, il doit diviser chaque tubercule, avec précautions, suivant un plan perpendiculaire à l'équateur et passant par les deux pôles opposés de ce tubercule. Dans ces conditions seulement, il est certain de laisser sur chaque moitié un nombre sensiblement égal de bourgeons féconds.

Mais, je ne saurais trop le répéter, c'est seulement dans le cas où quelque circonstance particulière l'y oblige, lorsque, par exemple, il ne dispose que de tubercules de grosseur exagérée, qu'il doit se résoudre à couper ses tubercules de plant.

Toujours il trouvera avantage à planter *entiers* des tubercules *moyens* provenant de sujets *vigoureux*.

DATE DE LA PLANTATION.

Des études répétées sur ce point m'ont permis de montrer que le cultivateur avait pour planter une latitude assez grande. Du milieu de mars au milieu d'avril la récolte n'est pas sensiblement influencée par la date de la plantation; mais j'ai montré qu'en tardant davantage on en diminue le poids.

RÉGULARITÉ DE LA PLANTATION.

Les cultivateurs n'attachent en général aucune importance à cette question; j'ai montré qu'au contraire l'importance en était grande. En comparant dans une même pièce cultivée des parties plantées *au pas,* c'est-à-dire arbitrairement, et des parties plantées au rayonneur, j'ai pu établir que, dans le second cas, on réalisait une augmentation de récolte qui, à l'hectare, pouvait s'élever jusqu'à 3000^{kg}.

ESPACEMENT DES TUBERCULES DE PLANT.

La question est capitale au point de vue du rendement; j'ai dû sur ce point lutter contre de vieux préjugés. On aime, en général, à espacer largement le plant. J'ai montré par des expériences précises, faites tantôt sur de petites surfaces, tantôt sur des cultures étendues, qu'il fallait au contraire serrer le plant jusqu'aux limites extrêmes que permettent les façons culturales.

L'espacement que l'expérience a montré être le meilleur comprend des lignes écartées à $0^m,60$, sur lesquelles les tubercules sont plantés à $0^m,50$ l'un de l'autre; on compte alors 330 poquets à l'are. Il faut, malgré les habitudes locales, s'efforcer d'obtenir des ouvriers cet espacement; on y arrivera aisément, en rayonnant la pièce à $0^m,60$ d'abord, puis en croisant les lignes à $0^m,50$ et plantant à tous les points de croisement.

En exposant dans le prochain Chapitre les résultats culturaux des campagnes 1889 et 1890, je montrerai plusieurs exemples de diminution des récoltes, du fait d'espacements exagérés.

DES FAÇONS.

On ne saurait trop recommander le soin à donner aux binages; toute plante adventice à laquelle on laisse son libre développement diminue, dans une mesure appréciable, la récolte des sujets qui l'avoisinent; si l'opération a lieu au moyen d'une sarcleuse à cheval, il faut soigneusement faire reprendre à la main, les entre-pieds que cet outil n'a pu atteindre.

Lorsqu'il s'agit de variétés telles que la Richter's Imperator, la Red-Skinned, la Jeuxey, le butage doit être élevé afin de bien couvrir les tubercules qui s'enfoncent peu. A l'écartement de $0^m,60$ entre les lignes, il est aisé de donner cette façon à l'aide d'une buteuse à cheval.

DE LA MALADIE DE LA POMME DE TERRE ET DE SON TRAITEMENT.

J'ai précédemment établi l'efficacité des composés cuivriques contre la maladie de la pomme de terre; quelques explications sur l'application du traitement sont nécessaires.

Des différents agents conseillés pour combattre l'invasion des cultures par les parasites de la famille des péronosporées, ce sont, à mon avis, les bouillies à l'oxyde de cuivre et à la chaux qu'il convient de préférer; le mélange proposé par M. Michel Perret, sous le nom de *saccharate de cuivre,* semble également donner de bons résultats.

Mais les poudres sèches ne sont pas recommandables; le vent les emporte avec trop de facilité; l'eau céleste paraît dangereuse, etc.

La bouillie que j'emploie maintenant est composée de la manière suivante :

Eau..	100^{lit}
Sulfate de cuivre..................................	3^{kil}
Chaux..	3^{kil}

La chaux doit être pesée à l'état vif, mais elle ne doit intervenir à la composition qu'après avoir été éteinte à l'aide de l'eau et par cette hydratation même, réduite en fine poussière.

La préparation est des plus simples; près du champ qu'il s'agit de traiter, on apporte une barrique défoncée, une terrine et un mouveron en bois. Dans la terrine on place les 3^{kg} de chaux vive et on les arrose d'eau jusqu'à ce que la matière en soit bien imbibée; l'excès d'eau est aussitôt rejeté, et la chaux mouillée, abandonnée à elle-même. Bientôt elle s'échauffe, se fendille, foisonne et se réduit d'elle-même en poussière, elle est bonne alors à employer.

Dans la barrique on jette 3^{kg} de sulfate de cuivre, concassé de préférence, on les recouvre de 10^{lit} à 20^{lit} d'eau et, à l'aide du mouveron, on agite le mélange jusqu'à ce que la dissolution soit complète.

Cela fait, on verse sur la dissolution une quantité d'eau suffisante pour compléter le volume d'un hectolitre, et, dans la solution de sulfate de cuivre, enfin, on jette, peu à peu, par portion de 200 ou 300^{gr} à la fois, et en agitant sans cesse avec le mouveron, la poudre de chaux éteinte.

Le mélange trouble, bleuâtre, fourni par cette opération constitue la bouillie préservatrice.

Abandonnée quelques instants dans un verre, elle doit, si elle est bien préparée, fournir en quelques minutes un dépôt gris bleuâtre, que surnage un liquide absolument incolore et capable de ramener au bleu un papier de tournesol rouge.

La bouillie est prête alors à être employée; il ne reste plus, après l'avoir bien agitée pour mettre le précipité en suspension, qu'à la verser dans la hotte de l'un quelconque des pulvérisateurs usités pour le traitement du mildew de la vigne. L'ouvrier, la hotte sur le dos, la lance à la main, s'avance ensuite suivant un rayon, arrosant à sa gauche autant de files que la force de son pulvérisateur le permet. Certains de ces instruments permettent de bien couvrir d'un seul jet cinq files espacées de $0^m,60$; ce sont naturellement les appareils de ce genre que l'on doit préférer; 17 à 18 hectolitres de bouillie sont nécessaires pour couvrir un hectare.

C'est, en général, vers la fin de juin, au commencement de juillet, au plus tard, au moment où, sous l'action combinée des pluies et de la chaleur, la maladie rencontre les conditions les plus favorables à son développement, qu'il convient de placer le traitement: celui-ci, en effet, doit, autant que possible, être toujours préventif, et c'est une imprudence que d'attendre l'apparition du mal pour chercher à le combattre.

DE LA RÉCOLTE.

Il convient d'en retarder l'époque jusqu'à ce que la végétation de la plante ait entièrement cessé. On ne saurait, bien entendu, indiquer, à l'avance, pour chaque variété, hâtive ou tardive, une date précise; cette date est, dans tous les cas, sous la dépendance des conditions météorologiques de la saison.

Mais, d'une manière générale, on peut fixer les caractères extérieurs auxquels on reconnaît le moment où les tubercules cessent de s'accroître, et où l'arrachage, par conséquent, doit avoir lieu.

Ce moment il faut, si l'on veut avoir le rendement maximum, le retarder jusqu'à la dernière limite; presque toujours, on arrache trop tôt, et le bénéfice ainsi perdu est quelquefois important.

Alors même que tout le feuillage latéral de la plante est fané, s'il reste encore au sommet des tiges un bouquet terminal de quelques feuilles, on peut être certain que la plante travaille encore et que chaque jour, par ce petit bouquet terminal, elle fabrique une certaine quantité de matière organique qui, spécialement destinée aux tubercules, peut, même en une quinzaine, augmenter sensiblement le poids et la richesse; mais, aussitôt que ce bouquet terminal est fané à son tour, le gain devient nul et il convient de procéder à l'arrachage.

CHAPITRE VII.

RÉSULTATS AGRICOLES OBTENUS DE 1885 A 1891.

De 1885 à 1888 inclusivement je suis resté seul à pratiquer, tant à Joinville-le-Pont qu'à Clichy-sous-Bois, les procédés culturaux dont, progressivement, j'avais reconnu l'influence sur les rendements en poids et en richesse des récoltes de pommes de terre. C'était alors, à proprement parler, une période d'essais; peu à peu j'avais agrandi les surfaces cultivées; en 1888, j'avais porté l'une de ces surfaces à 1 hectare, c'est-à-dire à l'unité culturale; j'ai indiqué précédemment les résultats que cette période avait fournis (¹).

C'est à la fin de la campagne de 1888 seulement, alors que ma confiance dans ces procédés a été bien établie, que je me suis décidé à les faire connaître, et immédiatement j'ai cherché à en faire profiter la culture française.

Un moyen essentiellement pratique s'offrait à moi pour y parvenir; parmi les variétés que j'avais cultivées dès 1885, il en était une particulièrement remarquable, qu'un cultivateur regretté, Boursier, de Compiègne, avait, à peu près à la même époque que moi, importée d'Allemagne, mais dont la connaissance était restée limitée à son voisinage. A cette variété on donne le nom de *Richter's Imperator;* je l'avais vue, dans de bonnes conditions de culture, fournir à l'hectare 40000^{kg} et même 44000^{kg} de tubercules riches, quelquefois, à près de 20 pour 100 de fécule.

J'ai pensé que de si hauts rendements feraient sur l'esprit de nos cultivateurs une impression profonde, et j'ai été ainsi conduit

(¹) *Voir* pages 10 et suivantes.

à prendre cette variété comme type pour la vulgarisation des procédés culturaux dont l'expérience m'avait fait reconnaître l'efficacité.

Je trouvais ainsi l'avantage de faire connaître à la fois, d'un côté la meilleure variété rencontrée jusqu'à ce jour, d'un autre les procédés nécessaires à la production des hauts rendements.

Sur la récolte faite en 1888 à Joinville, j'ai été autorisé par M. le Ministre de l'Agriculture à prélever 6000^{kg} de plant sélectionné par mes soins pour en confier la culture à une quarantaine d'agriculteurs qui, répartis sur divers points de la France, voulaient bien apporter à la poursuite de l'œuvre que j'avais entreprise le concours de leur haute expérience.

Ces 6000^{kg} ont été distribués par lots de 100^{kg} à 300^{kg}, permettant par conséquent de planter, suivant les données indiquées par mes recherches sur la culture de la pomme de terre, des surfaces de 3 à 10 ares. C'est d'ailleurs vers des régions diverses, principalement vers le Nord, l'Est et le Centre, que ces lots ont été dirigés.

Les résultats obtenus par mes collaborateurs ont, en général, dépassé mes espérances; quelques-uns de ces résultats cependant doivent être laissés de côté. Certains lots ont été répartis entre un trop grand nombre de personnes, et aucun renseignement précis n'a pu me parvenir; d'autres ont été cultivés dans des terres de jardin et ont fourni des rendements exagérés : ceux-là doivent être rejetés, et c'est seulement aux essais faits dans les conditions de la grande culture qu'il convient de s'attacher.

Parmi les trente-trois expérimentateurs qui se sont placés dans ces conditions, seize ont suivi expressément mes indications; dix-sept ont apporté au mode de culture que je conseille quelques modifications, les uns parce que, gravement malade à cette époque, je n'ai pu leur donner ces indications avec assez de détails, les autres parce qu'ils ont cédé à des habitudes locales.

Loin de me plaindre de ces modifications, je dois m'en féliciter : tous ceux, en effet, qui se sont absolument conformés à mes conseils ont obtenu, en tubercules, des rendements variant de 32000^{kg} à 44000^{kg} à l'hectare, avec des richesses de 20,4 à 24,2 pour 100, représentant par conséquent à l'hectare des poids de fécule anhydre s'élevant de 6939^{kg} au chiffre, inconnu jusqu'ici, de 9840^{kg}.

Tous ceux au contraire qui, pour un motif ou pour un autre, se sont écartés des lignes que j'avais indiquées, qui, par exemple, ont fait en septembre un arrachage prématuré, ou bien qui ont planté des tubercules coupés et non entiers; ceux qui ont trop espacé le plant, ou bien fumé dans une proportion insuffisante, ont vu leurs rendements s'élever au maximum à 30000^{kg}, et dans certains cas tomber à 16000^{kg}, et même à 13300^{kg}.

Les résultats obtenus par les premiers, rapportés à l'hectare, sont consignés dans le Tableau suivant, où les récoltes sont rangées d'après le poids de fécule anhydre que j'ai déduit de l'analyse (par liqueur d'iode titrée) (¹) des tubercules que mes collaborateurs avaient bien voulu m'envoyer, en même temps que les chiffres de leur récolte.

	Poids de tubercules à l'hectare.	Fécule anhydre	
MM.	kg	pour 100 de tubercules.	poids à l'hectare. kg
Desprez, à Cappelle (Nord)	41,000	24,00	9,840
Cordier, à Saint-Rémy (Haute-Saône)	44,000	21,12	9,292
Hervaux, à Fresnoy-le-Luat (Oise)	37,000	24,20	8,954
Pargon, au Neubonrg (Eure)	37,400	23,52	8,796
Thiry, à Tomblaine (Meurthe-et-Moselle)	36,000	23,86	8,593
Margottet, à Dijon (Côte-d'Or)	39,600	21,20	8,395
Thierry, à Auxerre (Yonne)	36,150	22,08	7,981
Aimé Girard, à Joinville-le-Pont (Seine)	39,000	20,40	7,956
Fouquier d'Hérouel, à Vaux-sous-Laon (Aisne)	36,044	21,95	7,912
Porion, à Wardrecques (Pas-de-Calais)	36,000	20,40	7,344
Fievet, à Charleville (Ardennes)	33,000	21,95	7,243
Benard (Jules), à Coupvray (Seine-et-Marne)	33,000	21,95	7,243
Vivier, à Melun (Seine-et-Marne)	33,000	21,60	7,128
Philippar, à Grignon (Seine-et-Oise)	32,600	21,40	6,976
Michel à Saint-Dié (Vosges)	32,125	21,60	6,939
Rabourdin, à Contin (Seine-et-Oise)	32,000	20,40	6,728

De l'ensemble de ces chiffres, il résulte qu'en 1889 les seize

(¹) *Voir* page 48.

cultivateurs qui ont bien voulu adopter absolument les procédés que j'avais cru devoir leur recommander ont, en moyenne, obtenu à l'hectare 36000^{kg} de tubercules et 7900^{kg} de fécule anhydre.

A côté de ces résultats, c'est chose certainement intéressante que de placer ceux qui ont été obtenus par les dix-sept cultivateurs qui, pour divers motifs, ont été conduits à modifier ces procédés dans l'une quelconque de leurs parties.

Cinq d'entre eux, insuffisamment renseignés, ont cru pouvoir arracher dans le milieu du mois de septembre alors qu'il convenait d'attendre la dernière quinzaine d'octobre; les rendements qu'ils ont obtenus ont été, comme le montrent les chiffres suivants, de 20 pour 100 environ inférieurs aux rendements précédents.

Localités.	Poids de tubercules à l'hectare.	Fécule anhydre	
		pour 100 de tubercules.	poids à l'hectare.
	kg		kg
Arras (Pas-de-Calais)	30,000	21,60	6,480
Chartres (Eure-et-Loir)	28,832	23,70	6,833
Condetz (Seine-et-Marne)	27,500	20,40	6,610
Grandjouan (Loire-Inférieure)	30,600	22,80	6,976
Gonesse (Seine-et-Oise)	28,600	20,40	5,712

La moyenne, par suite de l'arrachage prématuré, s'est abaissée dans ce cas, pour les tubercules, à 29000^{kg}, pour la fécule anhydre, à 6320^{kg}.

Deux de mes collaborateurs, obéissant aux habitudes locales, n'ont pas suivi mes indications au point de vue de l'espacement du plan; à l'are ils n'ont placé que 220 poquets au lieu de 330; dans ce cas encore, le rendement s'est abaissé dans une proportion notable.

Localités.	Poids de tubercules à l'hectare.	Fécule anhydre	
		pour 100 de tubercules.	poids à l'hectare.
	kg		kg
Crépy-en-Valois (Oise)	30,000	21,40	6,420
Bonvent (Côte-d'Or)	22,850	21,20	4,844

soit en moyenne 26900^{kg} de tubercules et 5600^{kg} de fécule anhydre.

Cinq autres, se préoccupant de l'extension de la culture plus que de son intensité, ont planté les tubercules non pas entiers, comme je le conseille, mais coupés en deux ou trois fragments. L'abaissement est plus grand encore que précédemment.

Localités.	Poids de tubercules à l'hectare.	Fécule anhydre	
		pour 100 de tubercules.	poids à l'hectare.
	kg		kg
Châteauroux (Indre) (1)	30,700	18,01	5,560
Tullins (Isère)	22,150	20,88	4,625
Lézardeau (Finistère)	19,528	19,70	3,847
Lunéville (Meurthe-et-Moselle)	22,000	22,04	4,850
Arras (Pas-de-Calais)	20,000	21,60	4,320

soit une moyenne de 22800kg de tubercules et de 4640kg de fécule anhydre.

Enfin, en dernier lieu, viennent cinq cultures conduites ou bien sur des terres de mauvaise qualité, ou bien sur des terres insuffisamment fumées, la dernière ayant été d'ailleurs fortement éprouvée par la maladie.

Localités.	Poids de tubercules à l'hectare.	Fécule anhydre	
		pour 100 de tubercules.	poids à l'hectare.
	kg		kg
Rennes (Ile-et-Vilaine)	26,375	18,72	4,937
Limoges (Haute-Vienne)	28,850	20,40	5,885
Aumale (Seine-Inférieure)	13,300	20,00	2,660
Mesnil-la-Horgne (Meuse)	16,154	20,00	3,230
Grand-Resto (Morbihan)	20,000	20,00	4,000

Sur ces derniers résultats, évidemment accidentels, je n'insisterai pas.

Si concluants que soient les résultats qui précèdent, plus concluants encore devaient être ceux de la campagne de 1890. Au cours de cette campagne, en effet, la culture de la pomme de terre a rencontré en France des fortunes diverses.

Tandis que, dans la région du Nord-Est, nos départements frontières voyaient leurs récoltes gravement compromises par les pluies persistantes de juillet et d'août, tandis qu'au Midi une sécheresse

(1) Une moitié seulement des tubercules a été coupée dans ce cas.

excessive déterminait dès les premiers jours de ce mois l'arrêt de la végétation, cette culture aboutissait, sur la plus grande partie de notre territoire, à des résultats excellents.

La diversité de ces conditions devait faire faire un pas considérable à la question de l'amélioration de la culture de la pomme de terre industrielle et fourragère en France. Il en a été ainsi en effet, et de l'examen des résultats fournis en 1890, aussi bien par la grande que par la petite culture, il est permis de conclure que cette question est, aujourd'hui, pratiquement résolue.

Le nombre des collaborateurs qui, pour cette campagne, m'ont donné leur concours a été de 120; les uns avaient reçu du plant de Joinville en 1889 et ont pu, à l'aide de leurs premières récoltes, donner en 1890 une plus grande étendue à leur culture, les autres n'ont reçu du plant qu'en 1890. Quelques grands cultivateurs, en outre, qui, frappés des résultats publiés par moi en 1888, s'étaient procuré du plant d'*Imperator* soit en France, soit en Allemagne, ont bien voulu m'offrir leur précieuse collaboration.

De telle sorte que cette année j'ai pu mettre en parallèle les résultats fournis par des carrés d'essai de quelques ares et par des cultures de plusieurs hectares.

Sur les 120 collaborateurs que j'avais réunis, il en est 92 dont les travaux ont pu être mis à profit.

Une dizaine, dont le zèle, sans doute, s'était refroidi ne m'ont fourni aucun renseignement; quelques-uns ont été victimes d'accidents spéciaux : inondations, ravages des champs par les sangliers, etc.; d'autres ont, cette année encore, commis la faute de cultiver dans des terres de jardins, et ont obtenu des rendements fabuleux de 60000^{kg}, 77000^{kg} et même près de 100000^{kg} à l'hectare. De ces résultats je n'ai pas voulu tenir compte; ils n'ont rien à faire avec les conditions de la grande culture.

Systématiquement aussi, j'ai cru devoir laisser de côté tous les résultats obtenus sur des surfaces inférieures à 1 are, quoiqu'on pût les compter parmi les plus beaux; au point où la question est aujourd'hui parvenue, il m'a semblé que la limite inférieure des essais devait correspondre à l'étendue d'un petit champ de pommes de terre; c'est pour ces motifs que 92 cultivateurs seulement figurent aux Tableaux qui vont suivre.

Ces 92 cultivateurs doivent être répartis en trois groupes :

1° Ceux qui ont planté en terres fertiles, suivi exactement mes indications, et dont les cultures n'ont pas été sensiblement affectées par les conditions météorologiques ; ils sont au nombre de 57 ;

2° Ceux qui, cultivant en terres fertiles et n'ayant pas souffert des intempéries, ont cru pouvoir apporter aux indications que je leur avais données des modifications sérieuses ; ils sont au nombre de 15 ;

3° Ceux qui, placés dans de bonnes conditions, ont vu leur récolte compromise par les pluies, la maladie ou la sécheresse ; ils sont au nombre de 11 ;

4° Enfin, et ceux-ci forment certainement le groupe le plus intéressant, ceux qui, soit d'accord avec moi, soit de leur initiative privée, ont substitué une culture en terre médiocre ou pauvre aux cultures en terres fertiles qui avaient eu lieu jusqu'ici ; ces derniers sont au nombre de 9.

C'est du groupe formé par les cultivateurs qui ont suivi exactement mes indications que je m'occuperai en premier lieu ; ainsi que je l'ai indiqué tout à l'heure, ils sont au nombre de 57, et de suite, pour faire apprécier la valeur des résultats qu'ils ont obtenus, je dirai que ces résultats aboutissent à une production moyenne de 37157^{kg} de tubercules riches à 19^{fr},50 pour 100 de fécule, c'est-à-dire à une production de 7245^{kg} de fécule anhydre à l'hectare.

En comptant à 3^{fr},50 seulement la valeur au quintal de tubercules aussi riches, c'est à l'hectare une recette brute de 1300^{fr}.

Aucune plante, jusqu'ici, n'avait fourni une masse aussi considérable de matière hydrocarbonée alimentaire ou industrielle : sucre, fécule ou amidon ; aussi ne saurais-je trop vivement exprimer ma reconnaissance à ceux de mes collaborateurs qui, par leurs soins culturaux, ont obtenu ce magnifique résultat.

C'est dans les régions les plus diverses de notre territoire que ces résultats ont été obtenus ; j'ai pensé, si longue qu'en soit la liste, qu'il serait intéressant de faire connaître le nom de ceux auxquels ils sont dus et de mettre, en face de ces résultats, d'un côté l'étendue des surfaces cultivées, d'un autre l'indication de la localité où la culture a eu lieu. Plus d'un agriculteur trouvera, je l'espère, dans ces renseignements locaux, un encouragement à imiter son voisin. L'ordre suivant lequel les diverses régions se présentent dans le Tableau ci-après est celui que recommande mon savant collègue M. Levasseur.

RÉSULTATS OBTENUS EN TERRES FERTILES ET EN SUIVANT EXACTEMENT TOUTES LES INDICATIONS DONNÉES.

Noms et localités.		Surfaces cultivées.	Rendement en poids à l'hectare.	Fécule anhydre pour 100.	Fécule anhydre à l'hectare.
	Région du Nord-Ouest.				
	MM.	h a	kg		kg
Morbihan.....	Le Dain (Grand-Resto)......	20,00	32,500	19,56	6257
Ille-et-Vilaine..	Herissant (Rennes).........	4,44	48,000	19,71	9456
Loire-Infér....	Godefroy (Grand-Jouan).....	8,00	44,000	17,00	7480
Manche.......	Aubril (Sartilly)...........	3,09	36,925	16,60	6129
Eure-et-Loir..	Garola (Chartres)...........	33,66	41,191	18,60	7561
Eure.........	Chabrol (Vernon)...........	4,00	41,125	19,96	8208
Eure.........	Moutard (Fontenay)........	37,15	41,100	20,74	8254
Seine-Infér....	Houzeau (Rouen)...........	2,00	41,500	19,00	7885
Seine.........	Aimé Girard (Joinville)......	4,50	53,700	19,71	10584
Seine.........	» »	1.00,00	41,564	21,72	9027
Seine-et-Oise..	Rabourdin (Athis)..........	2.70,00	34,000	18,14	6168
Seine-et-Oise..	Flé (Maule)................	1,50	35,500	18,34	6511
Seine-et-Oise..	Aimé Girard (Clichy-s.-Bois).	2,50	43,300	21,61	9357
Seine-et-Oise..	Papillon (Aulnay)...........	3,00	35,450	17,60	6296
Seine-et-Oise..	Philippar (Grignon)........	5,00	37,000	17,76	6571
Seine-et-Oise..	Tetard (Gonesse)...........	5.56,00	31,380	21,24	6665
Seine-et-Oise..	Poirrier (Behoust).........	2,00	45,500	18,98	8636
Seine-et-Marne	Mir (Armainvilliers).........	3,00	37,400	18,81	7035
Seine-et-Marne	Cazaux (Melun)............	1,32	47,000	19,26	9052
Seine-et-Marne	Remond (Minpincien).......	3,10	39,677	18,48	7332
Seine-et-Marne	Benard (Coupvray).........	18,50	35,100	21,00	7371
Seine-et-Marne	Brandin (Gallande).........	2,16	33,796	17,76	6002
Seine-et-Marne	Hardon (Courquetaine)......	4,00	34,375	21,24	7301
	Région du Nord.				
Oise..........	Michon (Crépy).............	3.00,00	35,000	20,48	7518
Somme.......	Tanviray (Paraclet).........	1,80	35,087	18,34	6435
Pas-de-Calais.	de Roosmalen (Berthonval)..	3,00	32,000	18,72	5980
Pas-de-Calais.	Eloi (Arras)................	3,00	31,700	19,32	6124
Nord.........	Cordonnier (Bailleul).......	1,50	46,285	17,08	7905

	Noms et localités.	Surfaces cultivées.	Rendement en poids à l'hectare.	Fécule anhydre pour 100.	Fécule anhydre à l'hectare.
	Région du Nord-Est.				
	MM.	h a	kg		kg
Haute-Saône..	Cordier (Saint-Remy).......	15,00	35,400	18,72	6606
M.-et-Moselle.	Harmand (Tantonville)......	3,00	40,300	18,24	7341
Vosges........	Michel (Raon-l'Étape).......	8,12	36,515	19,48	7108
Aube.........	Dupont (Troyes)............	13,25	41,900	17,24	7223
	Huot (La Planche)...........	6,00	38,250	20,94	8009
Yonne........	de Fontaine (F^me la Gaillarde).	1,00	37,710	18,14	6840
	» (Viviers).......	1,00	32,640	18,10	5908
	Beauvais (Brienon)..........	1,00	45,400	18,28	8299
	Geste (Auxerre)...........	1,50	40,000	20,00	8000
	Thierry (La Brosse).........	2,50	37,600	17,02	5855
Côte-d'Or.....	Lyoën (Beaune).............	5,00	35,000	20,52	7182
	Lamblin (Daix).............	2,00	33,600	20,16	7136
Saône-et-Loire.	Duverne (Montc.-les-Mines)..	2.00,00	37,600	18,36	6895
	Chenier (Rosey)............	3,55	35,677	19,04	6783
Ain..........	Grandvoinnet (Bourg)......	2,25	46,660	18,82	8499
	Pochon (Marboz)..........	3,30	33,000	19,16	6322
	Région du Sud-Est.				
Rhône........	Passot (Villié-Morgon)......	3,30	35,900	19,49	6990
Isère.........	M. Perret (Tullins).........	52,00	33,000	18,82	6211
	Région du Sud-Ouest.				
Vendée... ...	Vauchez (Font.-le-Comte)...	4,25	40,160	19,20	7711
	Région du Centre.				
Loiret........	Gouët (Les Barres).........	9,50	36,452	18,71	6824
Loir-et-Cher..	Prillieux (Mondoubleau).....	2,40	32,100	20,72	6651
Cher.........	Lepetit (Saint-Amand)......	10,00	40,000	19,26	7704
Indre.........	Tréfault (Les Chezeaux).....	3,50	39,950	21,18	8501
	Mallotée (Desle)............	3,00	43,500	18,14	7891
Allier.........	Dulignier (Saint-Geran).....	3,00	44,500	17,16	7636
	Bailleau (Pierrefitte)........	2,00	42,000	17,04	7156
	Dujon (Gennetives)........	3,50	31,165	18,35	5718
Creuse.......	Duvergier (Boussac)........	6,00	35,800	17,02	5093
Aveyron......	D'André (Rodez)............	5,00	35,700	20,16	7518

L'étude du Tableau qui précède fournit des renseignements importants.

En premier lieu, on ne peut s'empêcher d'être frappé de l'accord qu'il accuse entre les résultats des petites et ceux des grandes cultures; on y voit, en effet :

3	cultures de	1 are	donner en moyenne	.....	38600^{kg}
14	»	1 à 3 ares	»	.....	39900
22	»	3 à 6 ares	»	.....	38200
5	»	6 à 10 ares	»	.....	38200
5	»	10 à 30 ares	»	.....	37000
3	»	30 ares à 1 hect.	»	.....	38200
5	»	1 à 5 hect. 70	»	.....	36000

Les moyennes sont, dans tous les cas, bien voisines et, dans chacun des sept groupes ci-dessus, on rencontre aussi bien des maxima de 40000^{kg} et au-dessus, que des minima descendant jusqu'à 32000^{kg}.

Comparée, d'autre part, à celle des années précédentes, la récolte de la variété Richter's Imperator se présente, en 1890, avec un caractère personnel nettement accusé.

Les rendements en poids y sont, d'un dixième environ, supérieurs aux rendements habituels; la richesse en fécule y est moindre de 1 pour 100 environ.

En 1889, deux de mes collaborateurs seulement avaient atteint le poids de 40000^{kg} à l'hectare; cette année, j'en ai compté 22 sur 57 qui ont atteint et dépassé ce chiffre; beaucoup s'en rapprochent et les rendements de 32000^{kg} et 33000^{kg}, qui en 1889 formaient la majorité, sont, cette année, les moins nombreux.

Par contre, la richesse moyenne qui, l'an dernier, s'élevait à 20,50 pour 100 environ, doit être, cette année, évaluée à 19,50 pour 100; en 1890, en effet, le quart seulement de mes collaborateurs a obtenu ou dépassé la richesse de 20 pour 100. Pour la moitié d'entre eux, cette richesse oscille entre 18 et 20 pour 100, et même on en voit une dizaine dont les tubercules ne contiennent, comme en 1888, que 17 à 18 pour 100 de fécule anhydre.

Tout compte fait, l'augmentation de poids compensant la diminution de richesse, c'est sensiblement à la même production de fécule à l'hectare qu'arrivent, dans l'ensemble, les cultures de 1889 et de 1890.

En 1890, comme en 1889, quelques-uns de mes collaborateurs, obéissant à des habitudes locales, ont cru pouvoir apporter aux procédés culturaux que je recommande diverses modifications.

Huit d'entre eux ont vu, malgré tous leurs soins, les indications qu'ils avaient données à leurs planteurs au sujet de l'espacement négligées par ceux-ci, et ce devient dès lors une étude intéressante que d'établir le rapport entre le nombre de tubercules placés par eux sur l'unité de surface et la récolte correspondante à l'hectare : ce rapport est mis en évidence par le Tableau suivant :

Noms des localités.	Surface cultivée.	Poquets à l'are.	Poids récolté calculé à l'hectare.
	ares		
Loiret (le Chesnoy)	6,75	156	24 160
Indre-et-Loire (Mettray)	2,85	176	22 300
Dordogne (Périgueux)	4,53	260	21 058
Marne (Reims)	1,53	120	11 800
Rhône (Faverges)	4,00	240	26 250
Aisne (Vic)	7,00	100	24 200
Côte-d'Or (Daix)	35,00	200	25 700
Vienne (Poitiers)	7,00	100	14 400

Toutes les conditions de la culture étaient, d'autre part, satisfaisantes, et c'est à des rendements de 32 000 à 35 000^{kg} au moins que ces cultivateurs auraient dû voir leur récolte s'élever.

Aucun de mes collaborateurs n'a, en 1890, planté ses champs en tubercules coupés; les conseils que j'ai donnés à ce sujet ont porté leurs fruits.

Plusieurs cependant ont, à ce propos, fait des expériences comparatives en plantant dans une même pièce deux parties d'égale surface : l'une en tubercules entiers, l'autre en tubercules coupés. Les résultats qu'ils ont obtenus dans ces conditions sont conformes au principe que j'ai posé et apportent à ma manière de voir sur ce sujet un appui précieux. Ces résultats sont les suivants :

MM.	Rendement à l'hectare planté en tubercules. Entiers.	Coupés.
Mir, Armainvilliers (Seine-et-Marne)............	37400	35200
Cordier, Saint-Rémy (Haute-Saône)............	42200	36600
Hérissant, Rennes (Ille-et-Vilaine)..............	48000	25000
Gatellier, La Ferté-sous-Jouarre (Seine-et-Marne).	28541	23750
Trefaut, Villedieu (Indre).	39950	32750
Mallotée, Desle (Indre)........................	39900	37000
Le Dain, Grand-Resto (Morbihan)..............	32200	25900
Porion, Wardrecques (Pas-de-Calais)...........	23850	16300
Chenier, Rosey (Saône-et-Loire)...............	35677	29350

Ces résultats comparatifs obtenus les uns dans de bonnes conditions culturales, les autres dans des conditions défavorables, établissent nettement la supériorité des plantations faites en tubercules entiers; et la conclusion qu'il convient d'en tirer sera plus nette encore quand j'aurai dit qu'en 1890 l'un de mes collaborateurs les plus distingués, M. Duverne, de Montceau-les-Mines (Saône-et-Loire), ayant planté 5 hectares, deux en tubercules entiers, et trois en tubercules coupés, a, sur les deux premiers, récolté 37600kg à l'hectare; sur les trois autres, 31750kg seulement.

Les dangers que présente la plantation des tubercules coupés ont d'ailleurs été, en 1890 également, mis en évidence par un accident particulier; à la suite des pluies de juillet, on a vu, en certaines localités, les tiges des pommes de terre atteintes par une maladie peu fréquente, dite *pourriture du pied,* dont M. Prillieux a établi la nature, et c'est toujours sur les pieds provenant de tubercules coupés que cette maladie s'est manifestée.

Des diverses conditions de succès sur lesquelles j'ai insisté dans toutes mes publications, celle qui a été le plus rapidement admise est certainement celle qui correspond à la profondeur des labours. Parmi mes collaborateurs de 1890, il en est bien peu qui n'aient profondément fouillé le sol destiné à leur plantation; j'ai précédemment (p. 118) appelé l'attention sur l'infériorité des rendements qu'avaient obtenus ceux qui, sur ce point, ne s'étaient pas conformés à mes indications.

C'est à des résultats inférieurs également qu'ont abouti deux cultures qui n'avaient reçu que des fumures insuffisantes; l'une a donné 30000^{kg} à peine, l'autre est tombée à 16600^{kg}.

Dans le nord-est de la France, ainsi que je l'ai précédemment rappelé, la culture de la pomme de terre a été, en 1890, contrariée par des pluies persistantes et par des orages continus; le mois de juillet tout entier, une partie du mois d'août, ont été ainsi perdus pour la végétation. La lutte contre la maladie au moyen des bouillies cuivriques n'a pu, dans ces conditions, être efficace. Aussitôt étendues sur les plantes, ces bouillies étaient lavées et emportées par la pluie; aussi la maladie a-t-elle, dans les départements des Vosges, des Ardennes, de la Meuse, de la Haute-Marne, de la Loire, produit des ravages sérieux.

Onze de mes collaborateurs ont vu, sous cette influence, leur récolte compromise; grâce au traitement par les sels de cuivre, cependant, cette récolte a pu, dans tous les cas, être partiellement sauvée et s'élever, malgré tout, à des rendements de 30000^{kg} et de 21000^{kg}, tandis que, dans la même région, les récoltes non traitées périssaient entièrement.

Si intéressants que soient les résultats qui précèdent, si démonstratifs que soient, d'un côté, les nombreux succès obtenus par les cultivateurs qui ont adopté les procédés que je recommande, d'un autre, les quelques insuccès auxquels ont abouti ceux qui n'ont pas tenu compte de mes indications, plus intéressants encore sont les résultats qui ont été obtenus par ceux de mes collaborateurs que j'ai rangés dans le quatrième groupe de la classification de 1890.

Jusqu'à cette année, c'est en terres fertiles exclusivement qu'avaient eu lieu les cultures de mes collaborateurs et les miennes. Bien édifié sur les résultats que ces cultures en terre fertile peuvent fournir quand elles sont convenablement conduites, j'ai cru devoir, en 1890, aborder la question, plus importante encore, de la culture en terres médiocres ou pauvres.

Neuf de mes collaborateurs m'ont suivi dans cette voie; ils ont, cette année, cultivé la Richter's Imperator en adoptant exactement les procédés culturaux que j'ai indiqués, mais en plantant dans des terres de deuxième, troisième et même de quatrième classe, terres dont le loyer, pour quelques-unes au moins, ne dépasse pas 20^{fr} et même 15^{fr} l'hectare.

Les résultats fournis par ces cultures ont été singulièrement remarquables; je les inscris ci-dessous :

Noms et localités.	Surface cultivée.	Rendement à l'hectare.	Fécule pour 100.	Fécule à l'hectare.
MM.	h a			kg
Pargon, Neubourg (Eure)............	20	25 000	17,16	4310
Gatellier, La Ferté-sous-Jouarre (S.-et-Marne).........................	26	28 180	17,52	4937
Thiry, Tomblaine (M.-et-Moselle)....	1.00	29 900	17,40	5202
P. Genay, Lunéville (M.-et-Moselle)..	50	21 100	18,48	3900
Guerrapain, Chaumont (Hte-Marne)...	4	17 074	18,59	3 188
F. d'Hérouël, V.-s.-Laon (Aisne).....	10	29 635	16,58	4913
Blanc-Fontenille, Villebois (Charente).	12	28 300	17,47	4944
Masquelier, Saint-Maur (Indre)......	15	24 400	19,92	4 800
Brière, Culan (Cher)...............	1.2	23 200	18,04	4 196

Sur l'importance de ces rendements qui, pour des terres de médiocre ou de pauvre valeur, représentent une récolte moyenne de 25200^{kg}, il est inutile d'insister; comptée, en effet, à $3^{fr},50$ les 100^{kg}, cette récolte apporte une valeur de 882^{fr}; comptée à 3^{fr} seulement, parce que la richesse moyenne ne dépasse pas 18 pour 100, elle assure encore une récolte de 756^{fr} à l'hectare.

Les terres médiocres et même les terres pauvres sont, comme les terres fertiles, appelées à profiter du bénéfice qu'assure à la culture de la pomme de terre l'application de procédés rationnels.

Tels sont les résultats agricoles qu'a donnés, en 1889 et en 1890, l'entreprise que je poursuis depuis six années, et dont le but est l'amélioration de la culture de la pomme de terre industrielle et fourragère en France.

Je ne crois pas me faire illusion en pensant que ce but est atteint aujourd'hui et que la démonstration pratique de l'efficacité des procédés culturaux que je recommande est, dès à présent, complète.

De tous côtés, les résultats que j'ai fait connaître sont accueillis avec confiance; de tous côtés les cultivateurs veulent aborder la voie que j'ai ouverte.

Et, pour substituer à nos maigres récoltes de 12000^{kg} à 15000^{kg} à l'hectare des récoltes rémunératrices de 30000^{kg} et 35000^{kg}, pour produire sur cette surface des masses de 5000^{kg}, 6000^{kg} et même quelquefois davantage de fécule au lieu de 1000^{kg} à 1500^{kg} qu'on y a produit jusqu'ici, il ne reste plus qu'à faire pénétrer par l'exemple les procédés culturaux qu'une expérience personnelle de six années, que l'expérience de mes habiles collaborateurs de 1889 et 1890 m'ont autorisé à conseiller. Le succès n'est plus dorénavant qu'une question de propagande.

Résultats de la campagne de 1891.

Les procédés culturaux que j'ai cru pouvoir recommander il y a quatre ans, et qui, d'après mes recherches, doivent amener une transformation complète des conditions dans lesquelles la pomme de terre industrielle et fourragère est produite en France, se sont, en 1889 et 1890, propagés avec une rapidité que je n'aurais pas osé espérer; leur propagation a fait en 1891 des progrès plus rapides encore.

Le nombre de mes collaborateurs a triplé; les rendements élevés sont devenus plus nombreux, les insuccès sont devenus plus rares, l'heure des hésitations est passée, et les résultats que j'avais pressentis sont acquis désormais.

Pour résumer de suite ces résultats, je dirai qu'à la suite de la campagne dernière cent dix cultivateurs m'ont fait connaître des rendements en poids variant de 30000^{kg} à 50000^{kg} à l'hectare, rendements obtenus sur des surfaces dont plus du tiers, appartenant à la grande culture, varie de 20 ares à 11 hectares; obtenues en terre fertile, ces récoltes ont mis entre les mains de leurs auteurs des tubercules dont la richesse moyenne atteint 20 pour 100 de fécule anhydre.

A côté de ces récoltes, vingt-trois cultivateurs m'ont fait connaître des rendements en poids obtenus dans des terres pauvres, d'une valeur foncière de 250^{fr} à 300^{fr}, dont la moyenne s'est élevée à 23000kg de tubercules d'une richesse sensiblement égale.

D'autres, parce qu'ils ont négligé de suivre les indications qu'ils m'avaient demandées, ont obtenu de moindres résultats; d'autres encore ont eu à souffrir des intempéries et notamment de la sécheresse; mais, même en ces circonstances, quel qu'ait été l'accident météorologique dont la culture a souffert, les rendements se sont toujours montrés supérieurs aux rendements que fournissent les procédés défectueux et surannés dont j'ai recommandé l'abandon.

Au commencement de la campagne dernière, trois cent cinquante cultivateurs environ m'avaient apporté leur concours: une centaine d'entre eux avaient, sur ma proposition, reçu de M. le Ministre de l'Agriculture 16000kg de plant trié de Richter's Imperator récolté par moi à Joinville-le-Pont; cent cinquante environ continuaient en 1891 la culture dont je leur avais distribué le premier plant en 1889 et 1890; une centaine enfin s'étaient procuré du plant en s'adressant soit au commerce, soit directement à la culture, qui déjà, à la fin de 1890, en possédait des approvisionnements notables.

De ces trois cent cinquante collaborateurs, beaucoup, à l'heure de la récolte, se sont dérobés. Des circonstances diverses, tantôt des absences forcées, tantôt l'impossibilité de surveiller les travaux, tantôt la résistance routinière des agents employés, avaient fait échouer la culture, d'où le désir bien naturel de ne me point communiquer les résultats de celle-ci. Ce n'est pas exagérer que d'évaluer à une centaine le nombre des collaborateurs de la première, mais non de la dernière heure, qui se sont trouvés dans ce cas.

D'autre part, dans les Tableaux statistiques que je présente à la Société, je n'ai cru devoir faire figurer ni les rendements qui ont été obtenus sur des surfaces inférieures à 1a, ni un certain nombre de rendements excessivement élevés qui m'ont paru constituer de véritables tours de force, et ne répondre en aucune façon aux conditions d'une culture normale. Ces résultats, cependant, je ne les laisserai pas complètement de côté; à un point de vue particulier, ils sont intéressants à signaler.

En somme, et ces éliminations faites, ce sont les résultats

obtenus par 224 cultivateurs que je présente à la Société. Sur ce nombre :

Cultivant en terre fertile et suivant les procédés indiqués ont obtenu des rendements dont la moyenne s'élève à 36250^{kg} de tubercules riches à 20 pour 100	110
Cultivant en terre pauvre et suivant les procédés indiqués ont obtenu des rendements de 23000^{kg} d'une richesse égale	23
Ont, volontairement en général, obligatoirement quelquefois, modifié les procédés indiqués : leur rendement, qui aurait dû s'élever aux chiffres précédents, s'est abaissé dans des proportions variables, sans jamais atteindre le chiffre de 30000^{kg}	68
Enfin ont été victimes des intempéries et particulièrement d'une sécheresse excessive	23
	224

J'examinerai successivement les conditions dans lesquelles les uns et les autres se sont placés.

Mais d'abord, je m'arrêterai quelques instants en face des rendements extraordinaires auxquels, tout à l'heure, je faisais allusion.

Plusieurs expérimentateurs, en effet, ont, dans ces derniers temps, appelé l'attention sur des rendements de cette sorte qu'ils avaient récemment obtenus; c'est une imprudence, à mon avis, que de présenter des résultats de cet ordre autrement que comme des curiosités : ce sont jeux d'horticulteur, et la culture normale n'a rien à y voir.

Obtenir avec de bonnes variétés, dans un jardin dont la terre est profonde, meuble, largement fertilisée, des rendements de 8^{kg} et même de 10^{kg} au mètre carré est chose aisée, et il suffit alors de multiplier ces rendements par 10000 pour obtenir des rendements calculés de 80000^{kg}, de 100000^{kg} à l'hectare.

Déjà, l'année dernière, j'avais entre les mains de semblables rendements; je n'ai pas cru sage de les citer : ils auraient pu donner aux cultivateurs de dangereuses illusions; mais cette année, c'est une nécessité que de les signaler, au contraire; en voici quelques-uns :

A Courseulles-sur-Mer, un physicien distingué, M. Ad. Martin, que sa santé a malheureusement éloigné de nous depuis quelques années, a, dans son jardin, et sur 0^{a},60, obtenu un rendement qui, évalué à l'hectare, représenterait 69696^{kg}.

Un agriculteur de son voisinage, M. Grignon, a, sur $0^a,44$, récolté 400^{kg}; ce qui, à l'hectare, représenterait $91\,000^{kg}$.

M. Delarue, pharmacien au Havre, a, dans son jardin, de même, récolté 88^{kg} sur 10^{mq}; ce qui, multiplié par 1000 *seulement,* représenterait $88\,000^{kg}$ à l'hectare.

Je pourrais citer encore plusieurs chiffres du même ordre, je ne m'y attarderai pas; je ne saurais cependant laisser dans l'ombre un ensemble de résultats qui, par les circonstances dans lesquelles ils ont été obtenus, méritent de fixer l'attention.

M. le Dr Labrousse, député de la Corrèze, auquel j'avais envoyé 400^{kg} de plant de Richter's Imperator trié de Joinville, a confié ce plant à douze cultivateurs de son département qu'il a su convertir aux procédés de culture améliorée que je recommande. Parmi ces douze cultivateurs, les uns ont cultivé 1^a, les autres 2^a; l'un d'eux a obtenu un rendement qui, calculé à l'hectare, s'élève à $71\,000^{kg}$; deux ont obtenu $62\,000^{kg}$ et $63\,000^{kg}$; six ont obtenu de $50\,000^{kg}$ à $60\,000^{kg}$; trois seulement ont obtenu de $40\,000^{kg}$ à $50\,000^{kg}$.

Et ce qui rend ces résultats plus intéressants encore, ce qui établit la valeur des procédés culturaux indiqués, c'est que, cultivant par les mêmes procédés, dans les mêmes terrains, les variétés ordinaires du pays et notamment le Chardon, ces mêmes cultivateurs ont obtenu des rendements qui, en aucun cas, n'ont été inférieurs à $33\,000^{kg}$ et se sont quelquefois élevés jusqu'à 40000 et $50\,000^{kg}$.

On s'étonnera peut-être que je n'aie pas utilisé, dans mes Tableaux statistiques, des rendements aussi beaux, qui auraient singulièrement élevé la moyenne de cette année : je n'ai pas cru devoir le faire, parce que, obtenus dans des terrains où la couche végétale atteint $0^m,60$ et même 1^m, ils m'ont paru constituer des exceptions; mais il n'en est pas de même des récoltes faites en grande culture par M. le Dr Labrousse lui-même et par un de ses collaborateurs, M. Berthaud : celles-ci trouveront leur place au milieu des récoltes normales.

J'ai cru cependant qu'il était bon de signaler tous ces résultats pour montrer les limites extrêmes des rendements auxquels la culture de la pomme de terre peut atteindre dans des terrains exceptionnels, et sans qu'il soit nécessaire de recourir à aucun procédé mystérieux.

Mais il est temps de revenir aux résultats obtenus par les cent dix cultivateurs qui ont bien voulu se conformer aux indications que je leur avais données.

Tous ont profondément labouré, largement fumé, planté régulièrement à l'écartement que je leur avais indiqué; tous enfin ont choisi leur plant avec soin et traité leur culture par les composés cuivriques, dans les régions où la maladie constitue un danger habituel.

Ils en ont été récompensés : pour eux, les récoltes les moins élevées ont été de 30000^{kg}, les plus hautes ont dépassé 45000^{kg}.

La moyenne générale de leur rendement s'élève à 36250^{kg} en poids. Comptés à $3^{fr},50$ les 100^{kg} (et c'est un prix modeste pour des tubercules riches à 20 pour 100), c'est une recette de 1265^{fr} par hectare que la pomme de terre leur a apportée.

Cette moyenne est presque égale à celle de l'année dernière (37157^{kg}); mais, ce qui la rend particulièrement remarquable, c'est le grand nombre des cultures étendues qui l'ont fournie.

Parmi mes collaborateurs de 1890, en effet, je n'en comptais que 22 pour 100 dont la culture eût dépassé 10^{a}; 5 pour 100 dont la culture eût atteint 1^{ha}; en 1891, 18 pour 100 de mes collaborateurs ont cultivé des surfaces supérieures à 1^{ha} et s'élevant quelquefois jusqu'à 10 et 11^{ha}; 50 pour 100 ont étendu leur culture sur des surfaces comprises entre 10^{a} et 1^{ha}.

Les rendements obtenus par ces cent dix cultivateurs sont représentés sur le tracé graphique que je joins à cette communication; l'importance de chacun d'eux s'y traduit par la hauteur de la bande verticale qui correspond au nom de chaque cultivateur.

Dans le Tableau statistique qui suit, sont indiquées en outre, en même temps que l'étendue des surfaces cultivées, la richesse de la récolte en fécule, et par conséquent la production de la fécule anhydre à l'hectare. Dans ce Tableau, les cultures sont rangées par région d'abord, par département ensuite, suivant l'ordre descriptif qu'a imaginé et que recommande M. Levasseur.

CULTURES RATIONNELLES EN TERRES FERTILES.

Région du Nord-Ouest.

	Noms et localités.	Surface cultivée.	Rendement à l'hectare.	Fécule pour 100.	Fécule à l'hectare.
	MM.	h a	kg		k
Finistère	Bénac (Karengrimen)	4,0	40000	»	»
Morbihan	Breuilpont (Cte de) (Sarzeau)	5,0	48000	»	»
	Le Dain (Grand-Resto)	60,0	39600	18,7	7405
	Le Floch (Vannes)	8,0	36000	»	»
	Petit (Vannes)	1,5	46000	»	»
Ille-et-Vilaine	Herissant (Rennes)	26,5	50000	18,0	9000
Loire-Inférieure	Godefroy (Grand-Jouan)	12,0	45000	22,5	10125
Maine-et-Loire	Marcheau (Allonnes)	1,6	39800	»	»
	Pottier (Allonnes)	2,0	35100	18,7	6560
Mayenne	Bidault (Commer)	2,1	30465	19,1	6464
	Maignan (Saint-Berthuin)	3,8	35300	»	»
	Moreul (Laval)	75,0	38160	20,6	7861
	Riaudier-Laroche (Mayenne)	3,6	35000	17,8	6230
Orne	Blin (Domfront)	3,4	30000	»	»
Manche	Aubril (Sartilly)	13,0	46000	17,6	7100
	Danlos (Montmartin-sur-Mer)	1,0	39000	»	»
	Laurence (La Rochelle)	2,0	44000	18,7	8328
Sarthe	Lespagnondelle (Chât. du Loir)	2,0	32500	18,7	6077
Eure-et-Loir	Egasse (Chartres)	3.00	40680	20,4	8299
Eure	Delanney (Les Andelys)	1.50	38995	20,0	7793
	Fleury (Saint-Pierre d'Antils)	2,0	41800	21,7	9070
	Moutard (Fontenay)	3.53	32800	20,4	7019
	Pargon (Neubourg)	19,0	32400	19,4	6285
Seine	Aimé Girard (Joinville-le-Pont)	1.00	33250	21,4	7115
	Petitpont (Choisy-le-Roi)	5,0	30420	»	»
Seine-et-Marne	Bénard (Coupvray)	62,0	31503	21,0	6515
	Brandin (Galande)	10,0	30000	»	»
	Debrousse (Nangis)	3,0	30800	21,1	6499
	Mir (Armainvilliers)	18,0	33300	20,4	6793
Seine-et-Oise	Fiaux (D^r) (Andilly)	4,0	30000	»	»
	Flé (Maule)	5.00	30000	20,4	6120
	Aimé Girard (Clichy-sous-Bois)	2,5	45580	21,4	9754
	Papillon (Aulnay)	7.00	30000	»	»
	Philippar (Grignon)	8,0	33900	23,9	7887
	Poirrier (Behoust)	1.34	39300	21,7	8528
	Poupinel (Saint-Arnoult)	18,8	32050	21,4	6859
	Roy (Andrésy)	1,3	38000	»	»
	Tétard et fils (Gonesse)	11.00	33629	21,2	7129

	Noms et localités.	Surface cultivée.	Rendement à l'hectare.	Fécule pour 100.	Fécule à l'hectare
	Région du Nord.				
	MM.	h a	kg		kg
Oise	Hervaux (Fresnoy-le-Luat)	3.00	33000	»	»
Pas-de-Calais	Coëtlogon (de) (Cocove)	5,0	44860	19,9	8926
	Éloi-Lételvé (Arras)	5,0	30000	18,0	5400
	Roosmalen (de) (Berthonval)	7.0	32700	»	»
Nord	Cordonnier (Bailleul)	22,0	36300	»	»
	Desprez (Cappelle)	1,0	37889	»	»
	Vouters-Delporte (Halluin)	3,0	31000	»	»
Aisne	Droguet (Chauny)	6,0	33000	»	»
	Fiaux (D[r]) (Château-Thierry)	1.00	35000	19,5	6825
	Tartier (Valpriez)	10,0	34980	16,7	6042
	Région du Nord-Est.				
Meuse	Bachelier (Saint-Benoist)	33,0	31000	20,4	6324
Marne	Brion (Monthaon-Bagneux)	4.00	31250	22,2	6937
	Wargnier (Courcelle)	3,0	44000	»	»
M.-et-Moselle	Harmand (Tantonville)	45,0	45000	19,9	8955
	Louis Antoni (Tomblaine)	10.00	41500	»	»
	Thiry (Tomblaine)	1.00	30900	21,0	6489
Aube	Chuchu (Villemorien)	5,0	32310	»	»
	Dupont (Troyes)	5,0	32000	»	»
	Huot (Troyes)	42,0	33000	23,2	7650
	Masson (Mergey)	5,0	37900	»	»
	Rible (Saint-André)	5,0	33000	22,0	7260
Vosges	Bertaud (Épinal)	4,0	30700	18,0	5526
	Fleurent (Celles-sous-Plaine)	2,2	36050	19,1	6885
	François (Grand-Busegny)	1.00	34000	21,0	7140
	Méline (Remiremont)	1,5	33500	19,6	5661
	Michel (Raon-l'Étape)	30,0	35945	19,1	6865
	Vauthier (Moyemont)	1,0	34000	»	»
Yonne	Thierry (La Brosse)	12,5	33120	23,2	7683
	Geste (Auxerre)	10,0	43000	21,4	9200
Côte-d'Or	Lamblin (Daix)	40,0	30000	21,2	6360
	Maillard (de) (Villaine)	19,0	33790	19.9	6724
	Martin-Jenoudet (Ruffey)	20,0	30000	20,6	6180
	Renaud (Bouvent)	17.0	30600	21,2	6487
Doubs	Bugnot-Colladon (Besançon)	1.77	31100	20,6	6406
Saône-et-Loire	Duverne (Monceau-les-Mines)	3.00	34700	18,9	6558
Ain	Grandvoinnet (Bourg)	15,0	30085	»	»
Rhône	Cheysson (Chiroubles)	5,0	36680	20,2	7409

	Noms et localités.	Surface cultivée.	Rendement à l'hectare.	Fécule pour 100.	Fécule à l'hectare.
	Région du Sud-Est.				
	MM.	ha a	kg		kg
Isère	Caille (La Mure)	5,0	35500	»	»
Isère	Emery (Sérezin)	1,0	41900	»	»
Vaucluse	Allier (Avignon)	2,5	30160	16,5	4976
Hérault	Théron (Colombières)	1,0	33000	»	»
	Région du Sud-Ouest.				
Ariège	Soula (Foix)	10,0	31000	19,5	6045
Basses-Pyrénées.	Sarrailh (Messein)	9,5	32000	16,7	5344
Landes	Germain (Mios)	1,0	52000	21,4	11128
Lot-et-Garonne.	Lacombe (Clairac)	20,0	30000	18,7	5610
Gironde	Pioche (Sainte-Foy-la-Grande)	5,0	45540	»	»
Dordogne	Béral (Frayssinet-le-Gelat)	3,5	32000	21,5	6880
Charente	Durand (Le Chapelle)	8,8	32800	22,1	7247
Charente-Infér.	Barthe (La Rigalleau)	6,0	30000	»	»
Vienne	Beauchamp (de) (Lhommaizé)	13,6	30000	16,5	4980
	Région du Centre.				
Loir-et-Cher	Estienne (Beauval)	26,0	41900	18,9	7919
Indre-et-Loire	Bouillé (de) (Bourgeuil)	2,0	41625	19,5	7117
Indre-et-Loire	Dugué (Tours)	3,0	42866	»	»
Indre-et-Loire	Grondard (La Valinière)	30,0	33155	22,0	7294
Indre-et-Loire	Plessis (du) (Mettray)	10.4	43000	20,6	8858
Indre	Guignon (Chateauroux)	1,0	52000	»	»
Indre	Leroy d'Airoles (le Pin)	2,4	33000	22,7	7491
Indre	Tréfault (Les Chezeaux)	70,0	41910	22,8	9605
Cher	Larger (Dr) (Reigny)	10,0	30000	21,2	6360
Cher	Lebocq (Dun-sur-Auron)	2,0	47500	21,2	10070
Cher	Le Petit (Saint-Amand)	2.00	30000	20,2	6060
Nièvre	Mancheron (Varzy)	20,0	47500	19,5	9262
Haute-Vienne	Bruchard (de) (Chavaignac)	33,6	35416	21,0	7437
Haute-Vienne	Le Play (Ligoure)	3.00	30000	»	»
Haute-Vienne	Mignon (La Jonchère)	4,9	36250	16,3	5909
Haute-Vienne	Teisserenc de Bort (Ambazac)	19,5	30400	17,2	5229
Corrèze	Labrousse (Dr) (Brive)	20,0	51000	»	»
Corrèze	Martin (Tulle)	1,0	40800	»	»
Corrèze	Rouhaud (Donzenac)	10,0	48750	»	»
Puy-de-Dôme	Duvergier (Montel-le-Gelat)	40,0	31000	17,6	5456
Loire	Chandier (Nolhac)	7,0	34800	19,3	6696
Cantal	Savre (Aurillac)	1,9	32630	18,7	6101

Cinquante et un de nos départements appartenant aux régions les plus diverses figurent dans cette statistique des cultures couronnées de succès; d'où cette conclusion autorisée que la culture intensive de la pomme de terre, en appliquant à des variétés productives et riches les procédés culturaux que j'ai indiqués, peut être rémunératrice sur tout le territoire de la France.

Si l'on analyse les Tableaux que je soumets en ce moment à la Société, on reconnaît que, parmi les 110 cultivateurs dont j'expose en ce moment les résultats :

Un rendement de 30000kg à 35000kg a été obtenu par.....	59
» 35000kg à 40000kg a été obtenu par.....	21
» 40000kg à 45000kg a été obtenu par.....	16
» 45000kg à 50000kg et au-dessus a été obtenu par..	14
	110

Ce serait d'ailleurs une erreur que de considérer les rendements les plus élevés comme appartenant en propre à des cultures peu étendues et que par suite on pourrait être tenté de considérer comme ne relevant pas de la grande pratique agricole.

Quelques-uns des hauts rendements que signalent mes Tableaux sont fournis, en effet, par des cultures singulièrement développées, et, parmi celles-ci, je ne puis m'empêcher de citer particulièrement celle de M. Egasse, à Chartres, qui, conseillé par le directeur de la station agronomique, M. Garola, a, sur une pièce de 3ha, obtenu un rendement de 40680kg à l'hectare; celle de M. Antoni Louis qui, à Tomblaine, a, sur 10ha, obtenu 41500kg; celle même de M. Hérissant, à Rennes, qui, sur 26a, 5, a obtenu un rendement de 50000kg; de M. le Dr Labrousse, dont le rendement, à Brive, s'est élevé, sur 20a, à 51000kg par hectare; de M. Mancheron, qui, à Nevers, sur 20a, a atteint le chiffre de 47500kg à l'hectare, etc.

En réalité, c'est suivant une proportion sensiblement égale que les divers rendements se répartissent entre les petites et grandes cultures. C'est ce que montre le Tableau de répartition ci-dessous :

Culture	De 30000 à 35000.	De 35000 à 40000.	De 40000 à 45000.	De 45000 à 50000 et au-dessus.	Tot
De 1 à 5a	15	11	9	6	41
De 5 à 20a............	22	2	4	5	33
De 20 à 50a............	8	3	»	3	14
De 50a à 1ha............	1	2	1	»	4
De 1ha à 11ha............	13	3	2	»	18
	59	21	16	14	110

Ce n'est pas d'ailleurs seulement par le rendement en poids qu'elles représentent que les récoltes précédentes se recommandent, c'est aussi par la grande richesse en fécule anhydre des tubercules. La plupart de mes collaborateurs m'ont, sur ma demande, envoyé un échantillon moyen de leur récolte : tous ces échantillons ont été analysés ; ils étaient au nombre de 156, et j'ai pu ainsi, d'après leur teneur en fécule anhydre, les classer de la manière suivante :

8 ont fourni	de 16	à 17	pour 100	de fécule anhydre.
17	»	17	18	»	»
26	»	18	19	»	»
26	»	19	20	»	»
28	»	20	21	»	»
28	»	21	22	»	»
12	»	22	23	»	»
8	»	23	24	»	»
2	»	24	25	»	»
1 a fourni			25	»	»

Calculée d'après ces données, la moyenne de la campagne 1891 est égale exactement à 20 pour 100 de fécule anhydre; en 1890, elle n'avait été que de 19,5.

Si l'on considère les nombres d'échantillons correspondant à chaque série, on reconnaît aussitôt que la presque totalité de ces échantillons (82 sur 100) possédait une richesse comprise entre 18 et 22 pour 100; les autres résultats, aussi bien ceux qui tombent à 16 pour 100 que ceux qui s'élèvent à 24 et même 25 pour 100, doivent, à mon avis, être considérés comme exceptionnels.

Indiquer à quelles causes sont dus les écarts de 3 à 4 pour 100 que je viens de signaler serait certainement un résultat d'une importance capitale : jusqu'ici, à mon grand regret, je n'ai pu les préciser; plus tard, lorsque le travail courant me laissera quelques loisirs, je m'efforcerai de découvrir ces causes, en étudiant les renseignements détaillés que je dois à l'obligeance de plus de 200 collaborateurs.

Quoi qu'il en soit, c'est à des productions de fécule anhydre à l'hectare, dont la partie foncée, à la base de chaque bande du tracé graphique, indique l'importance, à des productions qui, en certains cas, se sont élevées au chiffre prodigieux de 10000 et même 11000^{kg} de fécule anhydre à l'hectare, que les teneurs en fécule ci-dessus indiquées correspondent.

En moyenne, c'est à une production de 7245^{kg} de fécule anhydre à l'hectare que les récoltes des 110 cultivateurs dont j'analyse en ce moment les travaux aboutissent.

Par une singularité véritablement surprenante, c'est exactement au même chiffre que s'élevait, avec des rendements en poids un peu plus forts et une richesse un peu plus faible, la moyenne de 1890.

Jamais, comme déjà je le disais l'année dernière, jamais aucune plante n'a fourni à l'hectare une quantité aussi considérable de matière hydrocarbonée industrielle ou alimentaire.

En considérant les chiffres élevés que je viens de lui faire connaître, la Société d'Agriculture ne pourra certainement se défendre d'un grand sentiment de satisfaction. Lorsque, en effet, à la fin de 1888, je venais lui exposer les faits scientifiques et pratiques que m'avaient permis d'établir des recherches poursuivies depuis quatre années déjà, et en même temps lui faire connaître les résultats de la première application de ces faits à la grande culture, je lui disais qu'il fallait, à cette époque, considérer les rendements de 22000 à 25000^{kg}, avec des richesses de 17 à 18 pour 100, comme normaux dans une partie de l'Allemagne, et que mon espoir était d'élever à ce chiffre, à l'aide des procédés culturaux que je faisais connaître, les rendements normaux de la France.

Cet espoir est aujourd'hui singulièrement dépassé. Ce sont, en effet, les rendements, non pas de 22000^{kg} et 25000^{kg}, mais bien de 30000^{kg} à 35000^{kg}, avec des richesses de 19 à 20 pour 100, qui, en terres fertiles, sont devenus aujourd'hui les rendements normaux de notre culture améliorée.

C'est avec une bien grande satisfaction aussi qu'on doit considérer les efforts faits par la culture en terres pauvres ou médiocres pour utiliser les procédés culturaux dont l'adoption a conduit la culture en terres fertiles à de si grands succès.

Cette année, vingt-trois cultivateurs, opérant sur des terres de troisième et quatrième classes, ont obtenu, en suivant mes indications, des résultats remarquables sur lesquels je ne saurais trop appeler l'attention. A ces résultats, j'ai réservé, sur le tracé graphique qui accompagne cette communication, la place qui leur était due, et dans le Tableau suivant, j'en ai, comme pour les résultats obtenus en terres fertiles, résumé les points principaux :

CULTURES EN TERRES MÉDIOCRES OU PAUVRES.

	Noms et localités.	Surface cultivée.	Rendement à l'hectare.	Fécule pour 100.	Fécule à l'hectare.
	Région du Nord-Ouest.				
	MM.	h a	kg		kg
Eure	Chabrol (Vernon)	55,0	26000	17,6	4576
Eure	Hervey (Le Vaudreuil)	18,0	19000	24,4	4636
Seine-et-Oise	Flé (Beaurepaire)	7.00	24000	20,4	4896
Seine-et-Oise	Gosselin (Bainvilliers)	4,0	20000	»	»
	Région du Nord.				
Oise	Michon (Crépy-en-Valois)	4.00	25000	18,7	4675
Oise	Sebert (Verberie)	1,0	24250	»	»
	Région du Nord-Est.				
Meuse	Doyen (Mesnil-la-Horgne)	47,0	22510	23,5	5290
Vosges	Pernot (Épinal)	4,0	25000	»	»
Vosges	Poussier (Saulxures)	10,0	27500	17,4	4785
Marne	Lhotelain (Reims)	2,50	25000	18,9	4725
Marne	Collard-Brisson (Fère-Champ)	1.50	20000	21,0	4200
Marne	Christiann (Fère-Champ)	91,0	19000	22,4	4256
Marne	Brion (Mouthaon-Bagneux)	2.00	25000	22,2	5550
Aube	Baveux (Jasseines)	5,0	21500	»	»
Aube	Cornard-Oudinot (Etrelles)	5,0	25410	»	»
Aube	Collard (Dampierre)	5,0	23000	»	»
	Région du Sud-Ouest.				
Ariège	Soula (Foix)	5,0	18000	19,5	3510
Gironde	Ipoustegui (Saint-Isidore)	1,0	22100	19,3	4246
Charente	Carnot (Chabanais)	10,0	24000	16,5	3960
Charente-Infér.	Blanc-Fontenille (Malleberche)	52,0	20000	17,4	3480
Vendée	Masson (La Bobinière)	4,2	25540	»	»
	Région du Centre.				
Tarn	Rouvière (Mazamet)	28,0	19100	17,1	3266
Loir-et-Cher	Labiche (Souvigny)	4,0	21300	18,9	4045

C'est, en somme, à une moyenne en poids de 23000^{kg} environ à l'hectare, à une richesse de 19,7 pour 100, que l'ensemble de ces résultats aboutit. C'est une recette brute de 800^{fr} à l'hectare qu'ils représentent. Aucune récolte ne saurait, dans des terrains de cette nature, fournir un produit aussi rémunérateur.

Cependant, ce n'est pas seulement aux succès obtenus par les cent trente-trois cultivateurs dont je viens de parler qu'il convient d'accorder attention, c'est aussi aux insuccès relatifs qui, chez soixante-huit de mes collaborateurs, ont été la conséquence de modifications volontaires ou obligées apportées par eux aux procédés que je leur avais conseillé de suivre.

Ces modifications ont porté sur divers points que je passerai successivement en revue.

Profondeur des labours. — L'importance que j'attribue à la profondeur des labours est aujourd'hui admise par la plupart des cultivateurs éclairés. Il suffit, d'ailleurs, de se reporter aux vues héliographiques de l'Atlas pour comprendre aussitôt que des labours de cette sorte sont nécessaires à l'épanouissement de l'énorme chevelu que la pomme de terre développe à travers le sol.

Cette année, parmi mes deux cent vingt-quatre correspondants, j'en compte quatre seulement qui, au lieu de labourer à 0^{m},25, 0^{m},30, même 0^{m},40 s'il se peut, se sont contentés d'un labour tout à fait superficiel. Ces résultats ont été ceux que l'on devait prévoir. Je les indique ci-dessous :

	Labour de	Surface cultivée.	Rendement à l'hectare.	Fécule pour 100.	Fécule à l'hectare.
	m	ha a	kg		kg
Achiet (Pas-de-Calais)....	0,15	21	18700	»	»
Grignancourt (Vosges)....	0,15	2,60	27000	21,2	5724
Carvin (Pas-de-Calais)....	0,12	3	23000	18,2	4186
Bréau (Seine-et-Marne)...	0,15	3	25000	23,2	5800

Espacement. — Mais si, du côté des labours, j'ai vu mes indications généralement suivies, il n'en a pas été de même du côté des conditions d'espacement que la plantation doit remplir.

J'ai démontré, et je considère comme un résultat acquis par une pratique déjà longue, que, d'une manière générale, il convient de placer sur une surface donnée un nombre de poquets tel que chaque plante puisse développer en liberté sa végétation aérienne, mais tel aussi que, une fois cette végétation bien développée, chaque plante rejoigne sa voisine sans laisser découverte la plus petite place sur le sol.

Ce principe est aujourd'hui admis par un grand nombre de praticiens, mais son application a rencontré cependant, en certains cas, quelques résistances : nombre de personnes, en effet, continuent à croire que, pour obtenir des résultats supérieurs, il convient de *donner de l'air* aux plantes et les espacer plus largement.

C'est là un préjugé qu'il faut s'efforcer de faire disparaître, et contre lequel des expériences nouvelles, que j'ai faites en 1890 et 1891, apportent aujourd'hui des arguments nouveaux.

Ces expériences ont consisté à cultiver côte à côte, sur des surfaces déjà étendues, et dans les mêmes conditions de labour, d'engrais, etc., des tubercules d'une même variété, d'une même provenance, de même poids et d'aspect aussi égal que possible, en les plantant à des espacements très différents.

En 1890, j'ai expérimenté sur les variétés *Richter's Imperator* et *Jeuxey;* en 1891, sur les variétés *Richter's Imperator* et *Red Skinned.*

Chaque essai s'étendait sur une pièce divisée en cinq carrés recevant au mètre : le premier, 1 tubercule; le second, 2; le troisième, 3,3; le quatrième, 5; le cinquième, 8. C'est en serrant le plant à $0^m,30$ et à $0^m,20$ sur les lignes espacées à $0^m,60$, que ces deux dernières plantations ont été obtenues.

Les résultats ont été les suivants :

Espacement.	Poids moyen de la récolte à chaque pied.	Récolte à l'hectare. Brute.	Récolte à l'hectare. Déduction faite du plant.
Richter's Imperator 1890.			
	kg	kg	kg
1 tubercule au mètre.............	3,130	31000	30000
2 » »	1,666	33300	31300
3,3 » »	1,210	39900	36600
5 » »	0,880	40300	35300
8 » »	0,550	44600	36600

Espacement.	Poids moyen de la récolte à chaque pied.	Récolte à l'hectare. Brute.	Récolte à l'hectare. Déduction faite du plant.
Jeuxey 1890.			
	kg	kg	kg
1 tubercule au mètre.............	1,500	16400	15400
2 » »	0,980	19600	17600
3,3 » »	0,796	26500	23200
5 » »	0,500	25000	20000
8 » »	0,300	25030	17030
Richter's Imperator 1891.			
1 tubercule au mètre.............	2,210	22100	21100
2 » »	1,230	24600	22600
3,3 » »	0,941	31060	27760
5 » »	0,668	33400	28400
8 » »	0,410	32800	24800
Red Skinned 1891.			
1 tubercule au mètre.............	1,120	11200	10200
2 » »	0,892	17840	15840
3,3 » »	0,620	20460	17160
5 » »	0,410	20600	15600
8 » »	0,260	20800	12800

On ne saurait, en vérité, réclamer une démonstration plus frappante de la valeur des indications que j'ai données au sujet de l'espacement.

En plaçant les poquets à un écartement plus grand que celui que je conseille, on obtient, à la vérité, à chaque pied une récolte plus forte; mais cette augmentation du poids individuel est largement compensée par le petit nombre des individus végétant sur une surface donnée; en leur donnant au contraire un écartement moindre, on voit le poids de la récolte, à chaque pied, s'abaisser si rapidement que la récolte totale n'augmente pas, et même, dans presque tous les cas, diminue dans une proportion notable.

C'est donc, ainsi que je l'ai conseillé depuis longtemps, en espaçant les lignes à $0^{m},60$, en plantant sur la ligne à $0^{m},50$; en n'apportant en tout cas à ce système de plantation que de très légères modifications, qu'il convient de cultiver.

C'est ce que n'ont pas fait, en 1891, vingt-et-un de mes collaborateurs : cédant à une vieille routine, ils ont espacé davantage, planté non plus 330, mais 250, 200, 150, même 100 tubercules à l'are, et sur des cultures bien traitées d'ailleurs ils ont obtenu, comme le montre le Tableau ci-dessous, des rendements très inférieurs aux rendements normaux :

	Nombre de poquets à l'are.	Surface cultivée.	Rendement à l'hectare.	Fécule pour 100.	Fécule à l'hectare.
		ha a	kg		kg
La Rochelle (Char.-Inférieure).	260	10,0	25000	»	»
Ruffec (Indre)	250	4,8	22000	16,0	3520
Bellegarde (Loiret).	180	3,3	20600	19,1	3934
Castres (Tarn)....	250	3,4	24210	19,9	4818
Cravant (Loiret).	200	7,2	22500	22,0	4950
Besplas (Aude)...............	220	5,0	19200	»	»
Minors (Lot-et-Garonne).....	200	20,0	28000	20,4	5712
Leurville (Haute-Marne)......	220	3,0	20000	21,4	4280
Dijon (Côte-d'Or)............	250	17,2	23500	19,4	4559
Fondettes (Indre-et-Loire)....	220	4,5	16300	20,2	3329
Jonzac (Charente-Inférieure)..	109	7,5	16139	19,5	3149
Rouen (Seine-Inférieure).....	200	3,0	28133	16,0	4300
Aiguillon (Lot-et-Garonne)...	260	3,0	20589	19,1	3932
Méry-sur-Seine (Aube).......	156	1,8	19000	»	»
Launoy (Cher)............ ..	238	90,0	15820	19,5	3279
Migné (Vienne)............ .	260	15,0	27000	21,4	5778
Creuzeau (Indre-et-Loire).. .	200	4,0	20620	22,8	4701
Saint-Blin (Haute-Marne)....	260	3,0	18333	20,2	3703
Leurville (Haute-Marne)......	200	3,0	20000	19,1	3820
Liffré (Ille-et-Vilaine)........	185	8,0	11800	»	»
Châtillon-sur-Indre (Indre)...	180	3.24,0	23425	18,0	4216

Ces chiffres portent avec eux leur enseignement; ils viennent corroborer les résultats des expériences que je rapportais tout à l'heure, et ils suffiront, je l'espère, à convaincre ceux qui doutent encore des avantages que présente le placement des poquets aux distances que j'ai précédemment indiquées.

Engrais. — La question de la fertilisation du sol destiné à recevoir la pomme de terre a fait, en 1891, un pas considérable.

Je ne saurais, dans cette communication, analyser en détail les renseignements que m'ont transmis sur cette question la plupart de mes collaborateurs; je dois me contenter de résumer ces renseignements en disant que, dans tous les cas, c'est à la plus grande abondance des engrais que correspondent les plus hauts rendements. La pomme de terre est décidément une plante très exigeante, mais à son exigence il est toujours possible de satisfaire : la récolte paye largement les dépenses que l'achat des engrais a entraînées.

Au contraire, toutes les fois que la fumure est faible, les rendements s'abaissent, alors même que les autres conditions d'une bonne culture ont été observées.

J'ai vu cette année, et j'étais loin de m'y attendre, cinq de mes collaborateurs n'ajouter au terrain qu'ils allaient cultiver aucun engrais. Le Tableau ci-dessous dit à quel chiffre leur rendement est tombé :

	Surface cultivée.	Rendement à l'hectare.	Fécule pour 100.	Fécule à l'hectare.
	a	kg		kg
Pierrefitte-sur-Loire (Allier)........	8,0	25000	»	»
Monsboubert (Somme)............	1,0	28500	»	»
Haubourdin (Nord)...............	12,0	15000	»	»
Gondreville (Loiret)...............	5,0	12500	22,8	2850
Montmorillon (Vienne)............	3,3	16500	20,8	3432

D'autres ont employé des fumures évidemment insuffisantes (ils sont au nombre de dix); leurs rendements ont aussi diminué, mais dans une proportion naturellement moindre, comme le montrent les chiffres suivants :

	Surface cultivée.	Rendement à l'hectare.	Fécule pour 100.	Fécule à l'hectare.
	a	kg		kg
Lusigny (Aube)...................	1,3	28300	»	»
Chazeirollettes (Lozère)............	3,2	24000	16,3	3912
Verberie (Oise)....................	1,0	28600	»	»
Malaise (Indre)....................	3,0	26000	»	»
Cessey-aux-Vignes (Calvados)......	4,0	18300	»	»
Penanrum (Finistère)............ ..	2,7	24800	»	»
Saint-Laurent (Vosges)....	85,0	27000	21,4	5778
Tullins (Isère)....................	32,0	22968	18,2	4180
Wardrecques (Pas-de-Calais).......	13,0	23300	»	»
La Roche (Doubs).................	3,3	21200	21,0	4432

Ce serait une question d'une importance capitale évidemment

que de fixer à ce moment les quantités d'engrais que la culture de la pomme de terre réclame. Bientôt, j'espère, à la suite d'un long travail d'analyses que je poursuis en ce moment, fixer la limite de ses exigences.

Mais on ne saurait espérer aller au delà et fixer à l'avance une formule qui réponde à tous les cas. Chaque sol, suivant sa constitution géologique, suivant sa composition chimique, a des besoins particuliers, et c'est en s'éclairant auprès des stations agronomiques et des laboratoires agricoles que les cultivateurs devront dorénavant chercher les éléments de la formule d'engrais qui leur convient.

Tout ce que je puis dire à ce propos, c'est que, en présence des résultats de cette année, j'ai dû considérer comme insuffisantes des fumures de 20000^{kg} de fumier, complétées par 500^{kg}, même 600^{kg} d'engrais minéral à l'hectare.

Dans une publication précédente, tout en me défendant de prétendre apporter une formule type d'engrais, j'avais indiqué les proportions d'agents fertilisants dont l'addition à un sol de *composition moyenne* me paraissait devoir déterminer de hauts rendements; aujourd'hui, et dans les circonstances que je viens d'indiquer, il me paraît sage d'augmenter les quantités d'engrais que j'avais précédemment indiquées.

Pour mon compte, dans les terres que je cultive soit à Clichy-sous-Bois, soit à Joinville-le-Pont, je compte dorénavant employer par hectare :

	kg
Fumier	25 à 30000
Superphosphate riche	600 à 700
Sulfate de potasse	300
Nitrate de soude	200

Fragmentation des tubercules. — Une des causes d'insuccès qui, cette année, s'est le plus fréquemment présentée, a été la fragmentation, et la fragmentation souvent excessive, des tubercules de plant. Vingt-trois de mes collaborateurs ont, cette année, vu, de ce fait, leurs rendements abaissés dans une forte mesure.

Je ne saurais, en vérité, reprocher à ceux-ci la manière de faire qu'ils ont adoptée. La plupart d'entre eux, en effet, s'y sont vus absolument obligés; et, dans les indications transmises à mes collaborateurs au mois de février 1891, j'avais dû prévoir que plusieurs d'entre eux certainement seraient conduits à fragmenter les tubercules de plant.

Dès les premiers mois de l'année dernière, en effet, les demandes de plant de Richter's Imperator sont devenues considérables et ont bientôt dépassé les ressources dont la culture pouvait disposer. Par une particularité fâcheuse d'ailleurs, qui ne s'est pas reproduite en 1891, les tubercules gros et extra-gros avaient prédominé dans la récolte de 1890, et c'était, par suite, chose extrêmement difficile que de se procurer des tubercules moyens et triés à grosseur de plant, c'est-à-dire du poids de 80gr à 120gr. On a vendu alors, et à des prix quelquefois exagérés, tout ce que l'on a pu trouver, et plus d'un acheteur, par suite, s'est trouvé ne posséder qu'un petit nombre de tubercules moyens, un grand nombre, au contraire, de tubercules de 300gr, de 500gr et même de 750gr. Ces tubercules, pour faire le plant destiné aux récoltes suivantes, il a fallu les couper en deux, en trois et quatre quelquefois, et, dans ces circonstances, on a vu, une fois encore, se produire la diminution de rendement que j'ai toujours constatée pour la variété Richter's Imperator et même pour beaucoup d'autres.

Cette diminution de rendement a été d'autant plus accentuée qu'en 1891 nombre de cultures, dans l'Ouest, dans le Nord et dans l'Est surtout, ont, au début de la végétation de la pomme de terre, souffert de pluies abondantes, sous l'influence desquelles s'est déclarée cette maladie, ancienne je crois, mais dont M. Prillieux a récemment fait connaître la nature, qu'il a appelée la *gangrène du pied* à laquelle la variété Richter's Imperator est particulièrement sujette, et dont les pieds provenant de tubercules coupés ou blessés semblent avoir le monopole.

Parmi les cultivateurs, en effet, qui m'ont signalé la gangrène du pied comme ayant exercé une influence fâcheuse sur leur rendement, il n'en est que deux : M. Guerrapain, à Chaumont, et M. Rolland, à Saint-Bon, qui aient vu cette maladie s'attaquer aux tubercules entiers, tandis que, chez les quatorze cultivateurs dont les rendements sont indiqués ci-après, c'est sur les tubercules coupés que la gangrène a sévi particulièrement et même exclusivement.

Noms et localités.	Surface cultivée.	Rendement à l'hectare.	Fécule pour 100.	Fécule à l'hectare.
MM.	ha a	kg		kg
Bastard, à Fontaine (Calvados)......	3,2	22500	18,2	4095
Chezelles (de), au Boulleaume (Oise).	5,69	25200	19,3	4863
Clauzade, à Aubiet (Gers)...........	1	28000	»	»
Cusinberche, au Mesnil-Hardray (Eure).	7,8	23850	23,2	4533
Degenne, à Luçon (Vendée)..........	3,8	25000	»	»
Dillies, à Marcq-en-Barœul (Nord)...	8,9	20000	»	»
Dubois-Fresney, à Château-Gontier (Mayenne)........................	50	9830	23,4	2300
Dulignier, à Lachenaud (Allier)......	8	26500	22,3	5909
Fasquelle, à Laon (Aisne)............	7	14500	20,6	2987
Gardrat, à Melle (Deux-Sèvres)......	21	20380	18,9	3851
Gaudet (J.), à Montrond (Loire)......	4	26000	»	»
Pinet, à Beaumont (Saône-et-Loire)..	1,30	24000	21,7	5208
Ravier, à Lagarde (Allier)...........	10	20000	21,2	4240
Rolland, à Saint-Bon (Haute-Marne).	4,3	12200	17,6	2147

Cette impressionnabilité des tubercules coupés, surtout pour la variété Richter's Imperator, apporte un argument nouveau en faveur de l'emploi des tubercules moyens et entiers.

Alors même d'ailleurs que la gangrène n'intervient pas, on n'en voit pas moins, du fait de la fragmentation des tubercules, le rendement diminuer dans une mesure importante. C'est ce que j'ai annoncé depuis longtemps et ce que montrent à nouveau les résultats obtenus par les neuf cultivateurs inscrits dans le Tableau suivant, qui ont été obligés de fragmenter leurs tubercules, et dont la récolte cependant n'a pas été attaquée par la gangrène :

Noms et localités.	Surface cultivée.	Rendement à l'hectare.	Fécule pour 100.	Fécule à l'hectare.
MM.	ha a	kg		kg
Bonjean, au Grand-Quévilly (Seine-Inférieure).......................	1	26000	»	»
Delherm de Larcenne, à Gimont (Gers).	1	28680	19,3	5535
Dupvray, à Sennecy-le-Grand (Saône-et-Loire)........................	16,5	24000	21,4	5136
Grioche, à Aire-sur-Lys (Pas-de-Calais).	26,3	27000	17,4	4698
Laussedat, à Yzeure (Allier).........	1	28000	17,5	4900
Pulliat, à Ecully (Rhône)............	8	12750	»	»
Tonge (de), à Avranches (Manche)...	1	19000	»	»
Trarieux, à Aubeterre (Charente)....	9	15600	17,8	2778
Villepin (de), à la Pilletière (Sarthe)..	2,8	25928	18	5667

Du reste, j'ai eu la satisfaction cette année de voir vingt de mes collaborateurs m'apporter une démonstration nouvelle de l'influence fâcheuse de la fragmentation, tout au moins pour la variété Richter's Imperator. Dans une même pièce, ils ont, côte à côte, planté et traité de même des tubercules de même origine, les uns entiers et moyens, les autres gros et coupés, et toujours ils ont vu, du fait de la fragmentation, le rendement diminuer, et diminuer d'autant plus que la fragmentation avait été poussée plus loin.

Dans le Tableau suivant j'ai réuni, sur deux colonnes, les résultats que ces vingt collaborateurs ont bien voulu me communiquer.

Noms et localités.	Surface cultivée.	Rendement à l'hectare des parties plantées en tubercules	
		moyens entiers.	gros coupés.
MM.	ha a	kg	kg
Béral, à Frayssinet-le-Gelat (Dordogne).	3,50	32000	19000
Berveiller, à Ranfaing (Vosges)..........	5,60	30000	24800
Bugnot-Colladon, à Besançon (Doubs)...	1.77,00	31100	21300
Colin, à Saint-Laurent (Vosges).........	5,70	25416	18572
Cordier, à Saint-Remy (Haute-Loire)....	1	22466	18986
Cosnier, à Châtillon (Indre)............	3,24	26690	22544
Duverne, à Montceau (Saône-et-Loire)...	3	34700	31200
Egasse, à Chartres (Eure-et-Loir).......	3	41580	40500
Aimé Girard, à Joinville (Seine).........	4,14	33250	25600
Hervaux, à Fresnoy (Oise)..............	3	33000	28500
Hervey, au Vaudreuil (Eure)............	18	19000	12500
Le Petit, à Saint-Amand (Cher).........	3	30000	20000
Lamblin, à Daix (Côte-d'Or)............	40	30000	25600
Martin-Jenoudet, à Ruffey (Côte-d'Or)...	20	30000	25000
Mignon, à la Jonchère (Haute-Vienne)...	5	36250	28500
Poussier, à Saulxres (Vosges)...........	10	27500	12000
Rolland, à Saint-Bon (Haute-Marne).....	10	25000	12200
Tétard et fils, à Gonesse (Seine-et-Oise).	11	33625	30873
Tréfault, aux Chezeaux (Indre).........	70	41910	32085

Sur l'influence fâcheuse que la fragmentation des tubercules exerce au point de vue du rendement de la variété Richter's Imperator il ne saurait donc y avoir aucun doute : beaucoup d'autres variétés sont dans le même cas, et il n'est peut-être pas inutile de le rappeler au moment où un certain mouvement semble se produire en faveur du retour aux méthodes qui consistaient à planter non seulement des tubercules coupés, mais encore des bourgeons isolés.

J'ai entrepris, sur ce sujet, depuis deux ans, une série d'expériences délicates qui jusqu'ici militent toutes en faveur de la plantation de tubercules moyens et entiers. Mais sur ces expériences je ne m'arrêterai pas aujourd'hui, me proposant de les continuer une année encore, afin de donner aux conclusions que j'espère en tirer une solidité plus grande.

Maladie. — Quant à l'influence exercée en 1891 sur le développement de la pomme de terre par la maladie, je ne saurais ici m'en occuper incidemment : je me contenterai de dire que la résistance de la Richter's Imperator, si bien constatée déjà en 1890, s'est, en 1891, affirmée mieux encore. Cette variété doit aujourd'hui être comptée au premier rang de celles sur lesquelles la maladie n'a que très peu de prise.

Intempéries. — Enfin, pour donner un aperçu complet des conditions dans lesquelles s'est, en 1891, poursuivie la culture de la pomme de terre en France, j'ajouterai que, parmi mes collaborateurs, il en est un certain nombre dont les récoltes ont souffert des intempéries ; trois ont vu leurs plantations attaquées par la gelée, trois seulement ont eu à souffrir de pluies continues ; mais chez vingt-trois d'entre eux, et j'en ai d'abord été véritablement surpris, le rendement de la récolte s'est trouvé grandement diminué, de moitié quelquefois, par une sécheresse persistante. Il en est chez qui, du jour de la plantation au jour de la récolte, la pomme de terre n'a pas reçu une goutte d'eau. C'est dans le Midi et dans le Sud-Ouest que cette sécheresse extraordinaire s'est produite, et on l'a même vue remonter par places jusque dans la Vendée, dans l'Indre et dans le département de Seine-et-Marne. Il est inutile, je crois, de donner le résultat des récoltes ainsi influencées.

Voilà quels sont les résultats fournis par la campagne de 1891. En donnant les résultats de 1890, j'émettais la pensée que mon but pouvait dès lors être considéré comme atteint : les faits que je viens de rapporter démontrent, je crois, que je ne m'étais pas trompé. La culture améliorée de la pomme de terre productive et riche, de la variété Richter's Imperator aujourd'hui, d'autres variétés aussi remarquables demain, l'application à cette culture de la méthode qu'une longue étude préalable m'avait conduit à combiner, sont aujourd'hui des faits acquis.

Cette culture améliorée va, dans un avenir prochain, dès l'année 1892 acquérir un grand développement. A la fin de 1890, quelques agriculteurs hardis m'annonçaient pour 1891 des cultures de 5^{ha} et de 10^{ha} : ils ont tenu parole, et le succès qui a couronné leurs efforts est aujourd'hui connu. Cette année, ce sont des surfaces bien autrement importantes qu'on laboure et qu'on fertilise pour, dans quelques semaines, y planter la pomme de terre.

Au moment où les droits sur les grains étrangers allaient obliger nos grandes distilleries industrielles à éteindre leurs feux, les chefs de quelques-unes de ces importantes maisons se sont, comme je l'avais prévu, tournés hardiment du côté de la pomme de terre; imitant l'exemple des industriels qui, en 1889 et 1890, avaient, comme M. Maquet à Fère-Champenoise et M. Michon à Crépy-en-Valois, inauguré en France la distillation moderne de la pomme de terre, les chefs de ces maisons se préparent à distiller, dès le mois d'octobre prochain, des millions de kilogrammes de tubercules. Des féculeries importantes, d'autre part, s'élèvent en ce moment de divers côtés, et déjà l'emploi de la pomme de terre cuite à l'alimentation régulière du bétail préoccupe nombre d'éleveurs.

Si bien qu'aujourd'hui c'est, non plus par ares comme il y a quatre ans, mais par 50^{ha} et 100^{ha} que l'on compte. Parmi les plus hardis, j'en pourrais citer qui, cette année, entreprennent des cultures de 200^{ha} et même de 300^{ha}.

Je ne me trompais donc pas lorsque, l'année dernière, à pareille époque, j'exprimais cette pensée qu'il n'y avait pas témérité à considérer comme résolue la question de l'amélioration, j'oserai dire de la régénération de la culture de la pomme de terre industrielle et fourragère en France.

Résultats de la campagne de 1892.

C'est dans des conditions toutes singulières et inattendues que se présentent les résultats fournis en 1892 par la culture intensive de la pomme de terre industrielle et fourragère en France.

Suivant les régions, et même en diverses localités d'une région déterminée, on constate, dans les rendements, des inégalités considérables dont, tout d'abord, l'explication semble difficile à trouver. Ce fait devient aisé à comprendre lorsqu'on tient compte non seulement des conditions météorologiques auxquelles les cultures ont été soumises, mais encore de la nature géologique des terrains dans lesquels elles se sont développées.

L'agriculture française, on ne le sait que trop, a généralement souffert, en 1892, d'une sécheresse intense et continue. Partout où cette sécheresse a sévi sans aucune atténuation, la récolte des pommes de terre est descendue au-dessous des rendements ordinaires; partout, au contraire, où cette sécheresse a rencontré comme correctif ou bien de petites pluies réparties avec opportunité, ou bien des sous-sols imperméables, capables de retenir l'humidité souterraine, les résultats ont été magnifiques et les récoltes ont dépassé tout ce qu'il était permis d'espérer. L'abondance des rendements est telle en certains cas que ce serait une faute que de les considérer comme normaux : ils sont exceptionnels, et peut-être faudra-t-il attendre longtemps pour en retrouver de semblables.

Il en est ainsi des rendements de 45000, de 48000, de 52000^{kg} à l'hectare dont j'aurai tout à l'heure, même en grande culture, plusieurs exemples à citer.

Les documents mis cette année à ma disposition par mes collaborateurs sont nombreux, si nombreux que, pour la première fois, j'oserai dire que de leur ensemble il est permis de dégager la physionomie générale de la récolte des pommes de terre en France.

La publication des résultats obtenus par mes collaborateurs de 1889, 1890 et 1891, dont le nombre allait chaque année en croissant, a donné à la question qui, depuis dix ans bientôt, est l'objet de mes efforts une impulsion dont personne n'aurait osé, à l'origine, prévoir la puissance. De tous côtés, dans l'Ouest, dans le Nord, dans le Nord-Est surtout, les procédés de culture rationnelle dont cinq années de recherches et d'expériences m'avaient démontré l'efficacité se sont répandus, et il n'y a aucune exagération à dire que dorénavant ces procédés appartiennent au domaine classique de l'agriculture progressive.

Certes, je suis loin de connaître tous ceux qui m'ont suivi dans l'étude de l'amélioration de la culture de la pomme de terre; mais des impressions que je reçois et des communications qui me sont faites journellement j'ai le droit de conclure que le nombre en est très considérable. A ces collaborateurs inconnus dont je n'ai pas suivi les travaux, mais qui ont bien voulu écouter les conseils généraux inscrits dans mes publications, j'adresse ici tous mes remercîments.

Ces remercîments, je les adresse également aux six cents cultivateurs qui, pendant la campagne de 1892 et jusqu'à ces derniers jours, sont restés en correspondance directe avec moi, me faisant part de leurs travaux, de leurs espérances et quelquefois aussi de leurs déceptions.

Tous, à la vérité, ne m'ont pas adressé des renseignements utilisables; plusieurs, à la dernière heure, ont, pour des causes diverses, manqué au rendez-vous; mais, tout compte fait, la campagne dernière a mis entre mes mains quatre cent cinquante documents environ, de valeur inégale bien entendu, les uns constituant de véritables Mémoires qu'il est regrettable de ne pouvoir publier, les autres, moins étendus, moins précis, naïfs quelquefois, venant de cultivateurs peu lettrés, peu instruits, mais par cela même particulièrement intéressants.

Pour dégager de ces quatre cent cinquante documents les résultats généraux auxquels leur examen conduit, je les répartirai en trois groupes, dans chacun desquels je m'efforcerai de condenser les renseignements qui m'ont été fournis par mes collaborateurs, en me bornant d'ailleurs provisoirement à ceux qui sont relatifs à la variété Richter's Imperator, quitte à revenir plus tard sur les communications qu'ils ont bien voulu me faire au sujet d'un assez grand nombre d'autres variétés.

Le premier de ces trois groupes sera celui de la grande culture. On y compte quatre-vingt-quatre cultivateurs ayant consacré à la culture intensive de la pomme de terre des surfaces variant de 1^{ha} à 56^{ha}; la surface totale cultivée par eux s'élève à 580^{ha}.

Le second groupe sera celui de la moyenne culture. J'y ai compris ceux de mes collaborateurs dont les cultures ont eu lieu sur des surfaces variant de 20^{a} à 99^{a}. Le nombre en est de cent sept, et la superficie cultivée totale s'élève encore à 41^{ha}.

En troisième lieu enfin, viendra le groupe de la petite culture. Là figurent deux cent trente cultivateurs, souvent bien intéressants par le sacrifice qu'ils ont fait des procédés routiniers invétérés dans leur région, dont les cultures quelquefois se sont abaissées jusqu'à 1^{a}, mais souvent se sont élevées jusqu'à 10^{a}, 15^{a} et 20^{a}. La superficie totale cultivée par ces deux cent trente cultivateurs ne mesure pas moins de 16^{ha}.

C'est, en un mot, sur 637^{ha} et sur quatre cent vingt et une cultures exactement qu'ont été recueillis les documents que je vais inscrire.

Cette année encore, et malgré les circonstances météorologiques qui, en certaines régions de la France, ont si profondément troublé la végétation, je fixerai, comme pour les années précédentes, à 30000^{kg} par hectare le rendement en poids qu'il convient de considérer comme la limite inférieure d'une récolte satisfaisante. Quant à la richesse de la récolte en fécule, elle devra, tout à l'heure, et à cause des circonstances qui, dans nombre de cas, ont empêché la maturation des tubercules, faire l'objet d'observations spéciales.

Si l'on adopte, ainsi que je viens de l'indiquer, le chiffre de 30000^{kg} à l'hectare comme établissant la démarcation entre les bonnes récoltes et les récoltes inférieures, on voit les résultats obtenus dans chacun de ces trois groupes que forment les quatre cent vingt et un cultivateurs qui m'ont fourni des données précises se répartir ainsi que l'indique le Tableau suivant :

Récoltes à l'hectare.		Nombre de cultivateurs.	Surfaces cultivées.
Grande culture, 1^{h} à 56^{h}.......	30000^{kg} et au-dessus.	49	385
	Inférieures à 30000^{kg}.	35	195
Total..........................		84	580
Moyenne culture, 20^{h} à 99^{h}	30000^{kg} et au-dessus.	62	25
	Inférieures à 30000^{kg}.	45	16
Total..........................		107	41
Petite culture, au-dessous de 20^{h}.	30000^{kg} et au-dessus.	111	8
	Inférieures à 30000^{kg}.	119	8
Total..........................		230	16
Total général..........................		421	637

En étudiant le Tableau qui précède, il est un fait dont on ne peut aussitôt s'empêcher d'être frappé; je veux parler de la supériorité croissante des résultats d'ensemble fournis par la culture au fur et à mesure qu'elle grandit en surface.

Pour la petite culture, en effet, les rendements inférieurs à 30000^{kg} représentent 50 pour 100 de la surface cultivée; pour la moyenne culture, la proportion s'en abaisse à 40 pour 100; pour la grande culture enfin, elle n'est plus que de 33 pour 100.

Il devrait, semble-t-il, *a priori,* en être autrement. Les petites cultures, en effet, sont généralement l'objet de plus de soins que les grandes. Dans bien des cas, on peut les considérer comme des cultures de jardin, et c'est dans ce groupe, en effet, qu'on rencontre quelquefois ces récoltes de 800^{kg} et de 1000^{kg} à l'are, qu'avec un peu de complaisance et par une simple multiplication on transforme en rendements de 80000^{kg} et 100000^{kg} à l'hectare. Mais c'est là aussi surtout que le progrès vient se heurter aux procédés routiniers dont la grande culture sait si bien se débarrasser aujourd'hui et que le petit cultivateur n'abandonne jamais sans regret.

C'est principalement à la mise en relief des résultats obtenus par la grande culture que je m'attacherai cette année. Leur publication, en effet, suffira pour bien caractériser la situation actuelle. Quant aux résultats obtenus en moyenne et en petite culture, je me contenterai de les présenter dans leur ensemble.

Entre ces résultats d'ailleurs et ceux fournis par la grande culture, l'étude attentive des documents qui m'ont été adressés fait reconnaître une conformité absolue au point de vue des causes qui ont déterminé tantôt le succès, tantôt l'insuccès.

C'est en quatre catégories, d'ailleurs, qu'il convient cette année, comme pour les campagnes précédentes, de classer les uns et les autres :

1° Ceux qui correspondent à des cultures en terres fertiles, conduites d'après les procédés rationnels de la culture intensive, et sur lesquelles les intempéries, la grande sécheresse de 1892 notamment, n'ont exercé aucune influence fâcheuse;

2° Ceux qui correspondent à des cultures analogues, mais dont le développement a été contrarié par cette sécheresse;

3° Ceux qui proviennent de cultures en terres médiocres ou pauvres;

4° Ceux enfin qu'ont fournis des procédés comprenant une modification plus ou moins importante de ceux que je considère comme indispensables pour le succès.

Les résultats de cette dernière catégorie sont peu nombreux cette année, en grande culture surtout. L'efficacité des procédés auxquels je viens de faire allusion est aujourd'hui généralement admise, et chacun sait quelle est l'influence exercée sur le rendement par la profondeur des labours, par l'abondance des engrais, par la régularité de la plantation, par le choix et surtout par la sélection des tubercules de plant. Dans quelques cas d'ailleurs où l'oubli, soit de l'une, soit de l'autre de ces conditions, aurait probablement amené un insuccès, la sécheresse est venue, en surcroît, exercer sur le rendement une influence prépondérante, si bien que, charitablement, c'est parmi les résultats influencés par les intempéries qu'il convient de placer ces derniers.

Malgré tout, cependant, c'est à un chiffre relativement peu élevé que, en grande culture du moins, on voit s'élever le nombre des cultures compromises par la sécheresse. Ce chiffre ne dépasse pas 14 sur 84.

Celle-ci a été à peu près générale, il est vrai; mais, je le montrerai tout à l'heure, des circonstances heureuses en ont souvent atténué l'effet.

Quant aux cultures en terres pauvres ou médiocres, elles ont, même dans notre premier groupe, pris une grande importance. Leur nombre, en effet, est de 16 sur 84, c'est-à-dire du cinquième environ.

C'est des résultats qui ressortissent à la première catégorie que je m'occuperai d'abord. Ils sont au nombre de 49 et, d'après l'étendue des surfaces cultivées, on y compte :

		ha ha
5	cultivateurs ayant planté de	30 à 56
4	»	10 à 30
3	»	5 à 10
18	»	2 à 5
19	»	1 à 2

Suivant la méthode de division de notre territoire imaginée par notre savant confrère, M. Levasseur, je les répartirai en six régions.

Cette répartition est développée dans le Tableau suivant :

GRANDE CULTURE (de 1^{ha} à 5^{ha}).

APPLICATIONS, EN TERRES FERTILES, DES PROCÉDÉS RATIONNELS DE CULTURE INTENSIVE.

(Rendements supérieurs à 30000^{kg}).

	Noms et localités.	Surface cultivée.	Rendement à l'hectare.	Fécule pour 100.	Fécule à l'hectare.
	Région de l'Ouest.				
	MM.	ha	kg		kg
Ile-et-Vilaine...	Touzard (Roz-sur-Couesnon)..	4,00	30000	»	»
Mayenne.......	Moreul (Laval)...............	2,50	34500	»	»
Eure-et-Loir....	Égasse (Archevilliers).........	16,00	45000	17,3	7785
Eure...........	Moutard (Fontenay-en-Vexin).	3,90	42700	18,2	7771
	Labarrière (Vernon)...........	1,50	33200	»	»
	St-Martin (Fleury-sur-Andelle).	2,40	30000	17,7	5310
	Delanney (Andelys)...........	4,00	30355	16,8	5099
Seine-et-Oise...	De Dorledot (Rosny-sur-Seine).	1,00	31000	»	»
	Godefroy (Grigny)............	39,00	35000	»	»
	Landry (Roissy)..............	10,00	30000	15,8	4740
	Papillon (Aulnay-les-Bondy)..	25,00	32500	15,7	5102
	Philippar (Grignon)..........	4,34	36000	17,4	6264
	Tétard et fils (Gonesse).......	13,50	32000	17,0	5440
Seine-et-Marne.	Vast (Chanteloup)............	45,00	36000	18,0	6480
	Total : 14 cultivateurs ayant récolté.....	172,14			
	Moyenne de la récolte...........		36333		

	Noms et localités.	Surface cultivée.	Rendement à l'hectare.	Fécule pour 100.	Fécule à l'hectare.
	Région du Nord.				
	MM.	ha	kg		kg
Nord	Desprez (Cappelle)	40,00	37500	17,0	6375
Pas-de-Calais	De Coëtlogon (Recousse)	4,00	44700	16,6	7420
Aisne	Le Dr Fiaux (Les Brusses)	2,50	41000	18,9	7749
Oise	Bullot (Longueil-Ste-Marie)	6,00	32000	»	»
Oise	De Chezelles (Boulleaume)	1,72	31200	»	»
Oise	Coponet (Mouchy-Humières)	1,00	35000	20,0	7000
Oise	Hervaux (Fresnoy-le-Luat)	4,00	35000	16,4	5740
Oise	Michon (Crépy-en-Valois)	6,00	32500	17,0	5525
	Total : 8 cultivateurs ayant récolté	65,22			
	Moyenne de la récolte		35271		
	Région du Nord-Est.				
Meuse	Bachelier (Saint-Benoist)	1,00	33500	19,7	6600
Marne	Brion (Mathaon-Bagneux)	2,00	37500	»	»
M.-et-Moselle	Antoni Louis (Tomblaine)	56,00	35700	16,9	6033
M.-et-Moselle	P. Genay (Lunéville)	1,00	36000	16,9	6084
Aube	Huot (la Planche)	1,00	41172	20,5	8440
Vosges	Michel (Saint-Dié)	1,00	48762	»	»
Vosges	François (Busegny-Dounoux)	4,00	38000	17,7	6726
Haute-Saône	Cordier (Saint-Remy)	1,50	49910	19,9	9900
Yonne	Geste (Auxerre)	1,25	38700	13,7	5302
Doubs	Bugnot-Colladon (Besançon)	3,00	37000	»	»
Saône-et-Loire	Duverne (Monteeau-les-Mines)	1,00	30000	»	»
Saône-et-Loire	Garenne (St-Laurent-Perrigny)	1,00	32400	»	»
	Total : 12 cultivateurs ayant récolté	73,75			
	Moyenne de la récolte		40636		
	Région du Sud-Est.				
Isère	Michel Perret (Tullins)	1,00	30000	»	»
	Région du Sud-Ouest.				
Hautes-Pyrénées	Fontan (Tarbes)	3,00	41000	16,9	6800
Lot-et-Garonne	Buffandeau (Aiguillon)	3,00	34000	16,1	5474
Vienne	De Beauchamp (Lhommaizé)	40,00	30000	»	»
	Total : 3 cultivateurs ayant récolté	46,00			
	Moyenne de la récolte		33500		

	Noms et localités.	Surface cultivée.	Rendement à l'hectare.	Fécule pour 100.	Fécule à l'hectare.
	Région du Centre.				
	MM.	ha	kg		kg
Loir-et-Cher....	Estienne (la Motte-Beuvron)..	5,00	37000	»	»
Indre-et-Loire..	Cosnier (Genillé)...........	4,00	33500	20,1	6800
Cher...........	Chantemille (Culan).........	1,00	30000	16,2	4860
	Lepetit (Saint-Amand).......	3,50	37000	17,7	6550
	Renaudin (La Guerche).......	1,80	30000	»	»
Nièvre.........	Mancheron (Nevers)..........	1,50	40000	17,3	6920
Haute-Vienne...	Teisserenc de Bort (Ambazac).	1,00	41320	15,5	6404
	Le Play.....................	2,00	35108	12,4	4353
Creuse.........	Martinon....................	2,00	30000	»	»
Puy-de-Dôme...	Duvergier (Saint-Avit)......	1,00	35000	18,0	6300
Haute-Loire....	Chaudier (Saint-Paulien)....	1,00	37300	16,0	5968
	Total : 11 cultivateurs ayant récolté.....	23,80			
	Moyenne de la récolte...........		35520		

L'étude des résultats qui précèdent est singulièrement instructive.

Parmi ces résultats, en effet, il en est quelques-uns qui, par l'étendue de la culture dont ils proviennent, comme aussi par leur richesse, apportent aux faits acquis dès l'année dernière une consécration tellement éclatante que dorénavant on peut considérer comme accomplie la transformation de la culture de la pomme de terre industrielle et fourragère en France.

Tel est, par exemple, le résultat obtenu à Archevilliers, près Chartres, par M. Égasse qui, mettant à profit les savants conseils de M. Garola, apportant à la sélection de son plant un soin attentif, nous montre cette année une culture de 16^{ha} en quatre pièces, sur lesquelles le rendement s'est élevé en moyenne à 45000^{kg}, d'une teneur de 17,3 pour 100, soit un produit de 7785^{kg} de fécule à l'hectare.

Tel est de même le résultat que m'a fait connaître M. Antoni Louis, de Tomblaine (Meurthe-et-Moselle), résultat qui, obtenu sur 56^{ha}, aboutit à un rendement de 35700^{kg} à 16,9 pour 100, soit un produit de 6033^{kg} de fécule à l'hectare.

Tel est aussi le résultat de M. Vast, de Chanteloup (Seine-et-

Marne), qui, nouveau venu de la culture de la pomme de terre, m'a cette année, et pour ses débuts, placé en face d'une pièce de 50^{ha} d'un seul tenant, dont 45^{ha} en Richter's Imperator et 5^{ha} en Charolaise. C'est à un rendement moyen de 36000^{kg}, avec une richesse de 18 pour 100, c'est-à-dire à une production de 6489^{kg} de fécule à l'hectare que cette première culture de M. Vast a abouti. Vendue au prix de $3^{fr},50$ le quintal, la récolte représente une recette de 1260^{fr} à l'hectare.

Tels sont encore les résultats de M. Florimond Desprez qui, à Cappelle (Nord), sur une culture de 40^{ha}, obtient un rendement moyen de 40000^{kg}; de M. Godefroy, à Grigny (Seine-et-Oise), qui, sur 39^{ha}, atteint le rendement de 35000^{kg}, etc.

Sur des surfaces moins étendues, des résultats supérieurs, même à ceux de M. Egasse, me sont signalés. C'est ainsi que M. Cordier, à Saint-Rémy (Haute-Saône), obtient, sur $1^{ha},50$, un rendement de 49910^{kg} avec une richesse de 19,9 pour 100, soit près de 10000^{kg} de fécule à l'hectare; que M. Michel, à Saint-Dié (Vosges), sur une pièce d'un hectare, récolte 48762^{kg}; que M. de Coëtlogon, dans le Pas-de-Calais, obtient 44700^{kg} sur 4^{ha}; M. Moutard, dans l'Eure, 42700^{kg} sur $3^{ha},90$, etc.

Les succès obtenus par ceux de mes collaborateurs qui, ayant suivi mes indications, ont cultivé en terres fertiles et n'ont pas souffert des intempéries, deviennent d'ailleurs d'une appréciation plus facile si, comme dans le Tableau ci-dessous, on les groupe suivant l'importance de leur récolte et des surfaces cultivées. On voit alors que, parmi eux :

kg		ha ha	
45000 à 48000	sur des surfaces de	1 à 1,5 ont été obtenus par.......	3
40000 à 45000	»	1 à 16 ont été obtenus par........	7
35000 à 40000	»	1 à 56 ont été obtenus par.......	17
30000 à 35000	»	1 à 40 ont été obtenus par.......	22
			49

C'est chose intéressante également que de classer ces succès par régions, et de voir si, parmi celles-ci, il en est qui, plus que d'autres, aient été favorisées.

Le Tableau suivant va nous l'apprendre :

Régions.	Moyenne des rendements.	Nombre de cultivateurs.	Surfaces cultivées.
			ha
Ouest	36333	15	176
Nord	35271	7	63
Nord-Est	40636	12	74
Sud-Est	30000	1	1
Sud-Ouest	33500	3	46
Centre	35520	11	25
Moyenne générale	36276	49	385

C'est au nord-est de la France, on le voit, que se sont produits les rendements les plus élevés, et il en est de même pour la moyenne et pour la petite culture. Tout à l'heure j'indiquerai les causes de cette supériorité.

La méthode culturale suivie sur les 385^{ha} consacrés par ces quarante-neuf cultivateurs à la pomme de terre a toujours été conforme aux indications qu'ils avaient bien voulu accepter de moi; tous ont profondément labouré, ajouté au sol des fumures abondantes, choisi et sélectionné leurs semences, planté régulièrement, à espacement bien calculé; presque tous enfin ont pris leurs précautions contre l'invasion de la maladie.

Malgré les soins apportés à leur culture, cependant beaucoup avaient à craindre de voir leurs récoltes diminuées par la sécheresse dont nous avons souffert depuis le mois d'avril jusqu'au milieu du mois d'août.

Ces craintes ne se sont pas réalisées, et, tandis qu'en certains cas on voyait, sous l'influence de cette sécheresse, des récoltes soigneusement préparées s'abaisser à 25000^{kg} et même 22000^{kg}, avec des teneurs de 15, 14 et même 13 pour 100, les collaborateurs dont je viens de faire connaître les rendements ont pu, tout en me signalant la généralité de la sécheresse dans leur région, ajouter que leur culture n'en avait pas souffert.

En cherchant de près, avec leur aide, à quelles causes cette heureuse anomalie pouvait être attribuée, j'ai bientôt reconnu que ces causes étaient au nombre de deux.

Dans le nord-est de la France, d'une part, on a vu, cette année, la période des grandes sécheresses recoupée avec une opportunité singulière par de petites pluies qu'on ne saurait mieux comparer qu'à des arrosages calculés.

C'est ce que montrent, par exemple, les observations recueillies à l'école de Saulxures (Vosges) et que M. Poussier a bien voulu me communiquer. On y voit qu'en avril, du 13 au 30, il est tombé en neuf jours 39^{mm} d'eau; qu'en mai il a plu du 1er au 7, plu également le 18 et le 24; qu'en juin la pluie, en seize jours, a fourni 95^{mm} d'eau; qu'en juillet il a plu légèrement le 5 et le 7; abondamment du 13 au 22; qu'en août enfin quatre périodes de pluies légères ont été enregistrées.

On ne saurait imaginer de conditions meilleures pour la végétation, et il n'y a rien de surprenant à ce que, du fait de ces alternatives de chaleur et de pluie, les rendements aient en moyenne dépassé 40000^{kg}. Mais des conditions aussi favorables se rencontrent rarement, et ce serait une faute que de considérer ce chiffre comme normal.

Pour la plupart de mes collaborateurs cependant, ces conditions favorables ne se sont pas rencontrées, et c'est malgré la continuité de la sécheresse qu'ils ont réussi; c'est ailleurs par conséquent qu'il fallait chercher les causes des succès inespérés qu'ils avaient obtenus.

Il m'a semblé alors que très probablement la pomme de terre, avec ses longues radicelles, avait dû trouver dans les profondeurs du sol l'eau qu'exige sa végétation régulière et que l'atmosphère ne lui apportait pas. Pour m'éclairer sur ce point, j'ai prié ceux de mes collaborateurs chez qui ces succès s'étaient produits de me donner une description géologique aussi complète que possible des terrains cultivés, et, dans les réponses qu'ils ont bien voulu me faire, j'ai toujours trouvé l'indication d'un sous-sol peu perméable ou même totalement imperméable. Le phénomène dès lors se trouvait expliqué : c'est en utilisant l'eau souterraine retenue par le sous-sol que la plante avait vécu et prospéré.

D'autres au contraire ont souffert de la sécheresse, et, du fait de son influence, ont vu leurs récoltes subir une diminution qui quelquefois a atteint la moitié du chiffre normal. Ceux-ci sont au nombre de quatorze, et j'en donne ci-dessous la liste, en les rangeant, comme de coutume, par régions :

	Noms et localités.	Surface cultivée.	Rendement à l'hectare.	Fécule pour 100.	Fécule à l'hectare.
	Région de l'Ouest.				
	MM.	ha	kg		kg
Morbihan	*De Breuilpont (Cœtdihuel)...	1,00	17955	»	»
Eure	*Hervey (Vaudreuil)..........	16,00	20000	16,4	3280
Seine-et-Oise...	Poirrier (Behoust)............	7,00	26300	»	»
Seine	*A. Girard (Joinville-le-Pont)..	1,00	25200	13,0	3276
Seine-et-Marne..	*Gatellier (la Ferté-s.-Jouarre).	5,00	23200	»	»
	Région du Nord.				
Aisne	*D'Herouel (Vaux-sur-Laon)...	2,60	26200	17,0	4454
Aisne	*Berthaud (Septmonts)	1,00	10200	17,0	1734
Oise	Fercot (Verberie)............	1,00	22000	»	»
	Région du Nord-Est.				
Côte-d'Or	*Fouilland et Bonnardel (Dijon).	1,00	23200	14,0	3248
Ain	De Monicault (Versailleux)....	1,20	18410	»	»
	Région du Sud-Est.				
Gard...........	Chabaud.....................	2,00	15000	»	»
	Région du Sud-Ouest.				
Vienne........	D'Anjou	1,00	27500	20,0	5500
	Région du Centre.				
Cher...........	Mellotée (Desle)..............	4,00	28300	»	»
Haute-Vienne...	*De Bruchard (Chavaignac) ...	1,89	22800	13,7	3123
	Total....................	45,69			

Parmi les cultures citées dans le Tableau précédent, quelques-unes, il est vrai, ont eu lieu sur des terres d'une fertilité assez faible, mais la plupart ont eu lieu, au contraire, sur des terres fertiles. Les unes et les autres en tout cas auraient dû donner des résultats supérieurs. C'est à la nature du sous-sol encore qu'il faut, dans ce cas, attribuer ceux qui ont été obtenus.

Consultés au sujet de cette nature, tous ceux dont les noms sont précédés d'un astérique m'ont répondu que leur sous-sol était d'une perméabilité absolue et ne pouvait, en aucun cas, offrir aux radicelles de la plante une réserve d'eau.

J'ai eu moi-même, à la ferme de la Faisanderie, un exemple frappant de l'influence de cette perméabilité des terrains en cas de sécheresse. Le sol de Joinville-le-Pont, fait de sable et de gravier, est un véritable filtre qui, à l'exception de quelques jours de pluie en juillet, n'a reçu en cinq mois que des quantités d'eau insignifiantes. Sous l'influence de cette sécheresse persistante, la végétation aérienne n'a pas atteint la moitié de sa force habituelle, et la récolte eût été réduite à un chiffre misérable si les pluies d'octobre n'en avaient relevé le poids à 25000^{kg}, mais cela, au détriment de la teneur en fécule, qui, cette année, à Joinville, n'a pas dépassé 13 pour 100, au lieu de s'élever à 18 et 20 pour 100, ainsi que cela avait lieu pour les campagnes précédentes.

Ainsi qu'on devait s'y attendre, l'influence de la sécheresse s'est fait particulièrement sentir sur les cultures en terres pauvres, médiocres ou sans profondeur. Là, en effet, les petites quantités d'eau que le sol avait pu recevoir ont été bientôt vaporisées par la chaleur, et c'est au régime de la soif que les plantes, en réalité, ont été soumises, dans ce cas, pendant plusieurs mois.

Les résultats obtenus n'en sont que plus remarquables. Par l'emploi des procédés rationnels, en effet, et malgré les conditions défavorables créées le plus souvent par l'impossibilité d'approfondir le sol, on a vu les cultures en terres pauvres ou médiocres donner les résultats suivants :

	Noms et localités.	Surface cultivée.	Rendement à l'hectare.	Fécule pour 100.	Fécule à l'hectare.
	Région de l'Ouest.				
	MM.	ha	kg		kg
Eure	Bruguières (Muids)	12,00	27000	»	»
	Delanney (Les Andelys) [1]	3,00	27225	16,8	4600
Seine-Inférieure.	Chevallier (Rouen)	3,00	26300	»	»
Seine-et-Oise	Bonfils (Mandres)	13,00	25000	»	»
	Flé (Maule)	30,00	18300	»	»
	Région du Nord.				
Oise	Bullot (Longueil) [1]	26,00	24000	»	»
	Bullot (Longueil)	8,00	18000	»	»
	Scoppini (Attichy)	1,50	22000	16,2	3564

(1) *Voir* pages 226 et 227 les récoltes obtenues en terre fertile par les mêmes cultivateurs.

	Noms et localités.	Surface cultivée.	Rendement à l'hectare.	Fécule. pour 100.	Fécule. à l'hectare.
	Région du Nord-Est.				
	MM.	ha	kg		kg
Marne	Christian (Fère-Champenoise).	1,20	20382	21,3	4345
Marne	Gueraud-Godart (Fère-Champ.).	1,24	25000	20,0	5000
Marne	Collard-Brisson (Fère-Champ.).	1,00	18000	»	»
Marne	Renou (Fère-Champenoise)...	2,00	15000	21,0	3150
Aube...........	Turpain (Vaudrepart).........	9,00	12000	19,0	2280
Saône-et-Loire..	Pinet (Sennecey-le-Grand)....	3,00	24000	»	»
	Région du Centre.				
Nièvre.........	Caquet (Fontaine-Saint-Hilaire).	2,00	22000	15,5	3410
Aveyron........	Lunet (Rodez)................	3,00	16286	»	»

Tout compte fait, c'est à une moyenne de 21280^{kg} à l'hectare qu'aboutit la culture faite par seize cultivateurs sur 119^{ha} de terres pauvres ou médiocres, classées, le plus souvent, comme terres de troisième et de quatrième catégorie, et dont la valeur locative, dans beaucoup de cas, ne dépasse pas 10^{fr} à 15^{fr} l'hectare. C'est là, pour une année aussi sèche que l'année 1892, un résultat singulièrement satisfaisant.

Cependant, pour la culture en terre fertile aussi bien que pour la culture en terre pauvre, le rendement en poids ne doit pas être le seul objectif du cultivateur, et la richesse en fécule doit au même degré le préoccuper.

La campagne de 1892 nous apporte, à ce sujet, des enseignements qui confirment de tout point les faits que j'ai publiés plus haut, au sujet des conditions dans lesquelles les tubercules de la pomme de terre augmentent en poids et en richesse.

Dans les régions où la sécheresse a été corrigée soit par des pluies opportunes, soit par la fraîcheur du sous-sol, ces deux phénomènes se sont produits successivement et avec régularité, mais il n'en a pas été de même dans les régions qui ont eu à subir d'abord la sécheresse du printemps et de l'été, ensuite les pluies abondantes de l'automne.

Là, la végétation aérienne n'a pris que la moitié de sa force normale, les tubercules se sont développés lentement, et tout d'abord ils sont longtemps restés de petit volume. Vers le milieu d'août, c'est à peine si, dans les terrains légers et perméables, on trouvait à chaque poquet 7 ou 8 tubercules, de 50gr à 60gr chacun. Puis sont survenues les pluies de septembre et surtout d'octobre qui ont obligé de retarder l'arrachage. Sous l'influence de ces pluies, le développement des tubercules a repris son activité; au sommet de chaque petit tubercule se sont développées des repousses souvent énormes; les tubercules ont *méré,* suivant l'expression technique, mais à cette augmentation de poids n'a pu, vu l'époque avancée de l'année, vu l'absence de lumière, correspondre une formation équivalente de fécule, et dans ces conditions les tubercules sont le plus souvent restés pauvres.

Tandis que, dans les régions favorisées, la teneur en fécule des récoltes s'élevait aux taux habituels de 19 et de 20 pour 100, on voyait, là où la sécheresse et les pluies s'étaient succédé, cette teneur tomber à 17, 16 et même à 13 pour 100.

De telle sorte que la moyenne de la richesse en fécule, pour la variété Richter's Imperator, doit être considérée comme ne dépassant pas 17 pour 100 en 1892.

C'est la conséquence la plus grave de la sécheresse de cette année. Dans nombre de régions, la pomme de terre tardive n'a pu mûrir, et cet hiver, par suite, on voit, soit dans les silos, soit dans les celliers, un grand nombre de ces tubercules pauvres qui, atteints tantôt par la pourriture humide, tantôt par la pourriture sèche, se gâtent et deviennent impropres à tout emploi industriel comme aussi à la plantation. Cet accident n'est en aucune façon spécial à la variété Richter's Imperator : il est général à toutes les variétés tardives.

Parmi ceux de mes collaborateurs enfin qui ont cultivé en terre fertile et dont la culture ne paraît pas avoir souffert de la sécheresse, il en est cinq seulement (sur 84) qui, ayant négligé de suivre mes indications, ont vu, de ce fait, leur récolte s'abaisser. J'indique ci-dessous les causes diverses auxquelles est dû leur insuccès :

Localités.	Surfaces cultivées.	Rendement.	Causes de l'infériorité du rendement.
	ha	kg	
Essonnes (Seine-et-Oise).....	9,30	29,000	150 poquets à l'are.
Compiègne (Oise)........ ...	10,00	23,500	0^m,18 de labour.
Monceau-les-Mines (Saône-et-Loire)...................	6,00	27,500	tous les plants coupés.
Mer (Loire-et-Cher).........	7,00	13,000	200 poquets à l'are, tous coupés.
Mazamet (Tarn).............	1,00	27,000	Maladie, sans traitement.

En résumé, sur quatre-vingt-quatre résultats fournis par la grande culture :

Quarante-neuf, représentant 384^{ha} de terres fertiles et bien cultivées, ont donné un rendement moyen de 36276^{kg};

Seize, représentant 118^{ha} de terres médiocres ou pauvres, ont donné un rendement moyen de $21\,280^{kg}$;

Quatorze, représentant 45^{ha} dont la végétation a été éprouvée par la sécheresse, ont donné un rendement moyen de $22\,600^{kg}$;

Cinq, représentant 33^{ha} sur lesquels les procédés culturaux nécessaires ont été modifiés, ont donné un rendement moyen de $24\,000^{kg}$.

De telle sorte que, malgré la sécheresse extraordinaire de 1892, malgré les quelques modifications apportées aux procédés rationnels de la culture intensive, en faisant entrer en ligne de compte les mauvais comme les bons résultats, les récoltes en terres pauvres comme les récoltes en terres fertiles, la moyenne du rendement, en grande culture, sur 600^{ha} environ, s'élève encore à $31\,000^{kg}$ par hectare.

J'étais loin, au mois d'août, d'espérer un résultat aussi beau.

Sur les résultats fournis par la culture moyenne, c'est-à-dire par les plantations occupant de 20^a à 99^a, je ne saurais insister avec autant de détails que je viens de le faire sur les cultures étendues; je me contenterai de les résumer à l'aide de quelques chiffres, en exprimant à mes collaborateurs le regret de ne pouvoir ici mentionner leurs noms et leurs travaux.

Si, en effet, au point de vue des surfaces plantées, les cultures de cet ordre qui, au total, n'ont couvert que 41^{ha}, sont moins importantes que les précédentes, elles le sont certainement davantage au point de vue du nombre des cultivateurs qui, en 1892, ont ainsi apporté leurs concours à la propagation des méthodes à l'aide desquelles la culture de la pomme de terre se transforme actuellement en France.

Le nombre de ces cultivateurs, en effet, est de cent sept. Ce serait se tromper, d'ailleurs, que de considérer leurs cultures comme n'ayant qu'une étendue sans importance : près de la moitié ont dépassé 40ᵃ, et quelques-uns ont couvert jusqu'à 70ᵃ et 80ᵃ, ainsi que le montrent les chiffres ci-dessous :

	a	a
5 ont cultivé de	80 à	99
10 ont cultivé de	60	80
33 ont cultivé de	40	60
59 ont cultivé de	20	40

C'est, du reste, à des résultats absolument comparables à ceux obtenus en grande culture que ces cent sept cultivateurs ont abouti.

La proportion des rendements inférieurs à 30000^{kg} est cependant, en cette circonstance, un peu supérieure à ce qu'elle a été dans le premier cas; elle représente 40 pour 100 de la surface cultivée, au lieu de 33 pour 100; mais, par rapport au nombre des cultivateurs, elle est la même dans l'un et l'autre cas; c'est au chiffre de soixante-deux, sur cent sept, que s'élève, pour la moyenne culture, le nombre des rendements supérieurs à 30000^{kg}.

Quelques-uns de ces rendements, sur des surfaces de 20^{a} et même de 50^{a}, se sont élevés au chiffre énorme de 50000^{kg} et de 52000^{kg}; mais je n'hésite pas à trouver ces rendements exceptionnels : c'est aux environs de 35000^{kg} qu'il convient de placer la véritable moyenne des rendements normaux.

Cependant, c'est à un chiffre légèrement supérieur que cette moyenne s'est élevée en 1892, pour les soixante-deux cultivateurs qui, en moyenne culture, ont dépassé le rendement de 30000^{kg}. C'est ce que montre la répartition ci-dessous :

kg / kg		ha / ha		
45000 à 52000,	sur des surfaces de	20 à 50	ont été obtenus par	7
40000 à 45000,	»	20 à 80	ont été obtenus par	9
35000 à 40000,	»	20 à 82	ont été obtenus par	17
30000 à 35000,	»	20 à 75	ont été obtenus par	29

Ce qui correspond à une moyenne générale de 35993^{kg}.

Ainsi que je l'ai indiqué tout à l'heure pour les résultats de la grande culture, il semblera sans doute intéressant de connaître les régions dans lesquelles les cultures qui précèdent ont eu lieu. Le Tableau qui suit en indique le classement :

Régions.	Rendement moyen.	Nombre de cultivateurs.	Surfaces cultivées.
	kg		ha a
Ouest	37400	13	5,02
Nord	36837	14	5,69
Nord-Est	35644	20	7,85
Sud-Est	34600	1	0,74
Sud-Ouest	34480	5	1,51
Centre	37000	9	3,58
Moyenne générale	35993	62	24,39

Comme pour la grande culture, c'est aussi, pour la culture moyenne, dans les régions du Nord-Est, du Nord et de l'Ouest que l'impulsion donnée pour la transformation de la culture de la pomme de terre aboutit aux résultats les plus importants.

Les conditions agricoles dans lesquelles les hauts rendements qui viennent d'être cités ont été obtenus sont, comme on pouvait le prévoir, identiques à celles qui, en grande culture, ont fourni des rendements analogues. C'est à l'emploi des procédés rationnels de culture intensive, et surtout lorsque l'une des deux causes précédemment indiquées est venue corriger l'influence désastreuse de la sécheresse, qu'ils sont dus.

Quant aux rendements inférieurs à 30000^{kg} qu'a fournis la moyenne culture et dont le nombre est de 45, c'est à peu de chose près dans les mêmes proportions qu'en grande culture qu'ils se répartissent entre les cultures en terre pauvre ou médiocre, les cultures ayant souffert de la sécheresse, et enfin les cultures pour lesquelles les procédés nécessaires au succès ont été plus ou moins modifiés.

C'est enfin un enseignement identique que nous apportent les résultats obtenus en petite culture, c'est-à-dire sur des pièces dont l'étendue a été inférieure à 20^{a}.

Partout où les procédés rationnels de la culture intensive ont été suivis, partout où l'influence de la sécheresse a été corrigée soit par quelques averses opportunes, soit par la fraîcheur du sous-sol, les résultats ont été excellents; partout ailleurs, dans les terres pauvres ou médiocres, dans les terres perméables, là où la sécheresse a sévi, la récolte s'est abaissée dans une large mesure. Dans quelques localités du Midi, on a vu, sous cette influence, le rendement tomber à 10000^{kg} et même à 5000^{kg}; en certains cas même on n'a pas tenté d'arracher.

C'est en petite culture enfin que le plus souvent des fautes se sont produites qui, dans une proportion souvent importante, ont diminué les rendements.

Dans presque tous les cas, ces fautes ont consisté à ne donner que des labours insignifiants, à considérer les engrais comme inutiles, à adopter des espacements exagérés, à fragmenter les tubercules de plant, enfin à prendre ceux-ci parmi les plus mauvais de la récolte précédente.

J'ai trop souvent insisté sur l'importance des fautes de ce genre pour qu'il soit nécessaire d'y revenir.

Aussi me contenterai-je, sans entrer dans aucun détail, de résumer les résultats obtenus dans le groupe de la petite culture, en disant que, parmi les deux cent trente cultivateurs qui le composent, les deux tiers environ ont planté des surfaces supérieures à 5^{a}; que cent onze parmi eux ont obtenu des rendements supérieurs à 30000^{kg}, et qui en certains cas exceptionnels, se sont élevés jusqu'à 50000^{kg}, 60000^{kg} et même 70000^{kg}, mais dont la moyenne générale est de 36000^{kg} environ; que dans certains départements enfin, dans les Vosges notamment, sous l'influence des conditions météorologiques que j'ai précédemment rappelées, cette moyenne, prise sur vingt cultures, a atteint le chiffre de 40000^{kg}, et que, dans toutes les régions du Nord-Est, des résultats analogues ont été obtenus, tandis que dans le Centre et même dans l'Ouest, les bons rendements dépassent rarement 32000^{kg} à 35000^{kg}.

Quant aux cent dix-neuf cultivateurs de ce groupe, dont les rendements ont été inférieurs à 30000^{kg}, c'est, ainsi que je l'ai tout à l'heure indiqué, aux causes déjà signalées pour la grande et la moyenne culture que leur infériorité doit être attribuée.

Tels sont les résultats auxquels vient d'aboutir, en 1892, l'application à la culture intensive de la pomme de terre des procédés qu'après cinq années d'études j'ai cru pouvoir, en 1888, recommander à l'Agriculture française.

Ces résultats dépassent, et de beaucoup, tout ce qu'au début j'aurais pu espérer.

En 1889, pour la première fois, je faisais appel au concours de la culture et lui demandais de soumettre ces procédés à l'expérience; trente-trois cultivateurs répondaient à mon appel : c'étaient les ouvriers de la première heure.

Quatre années se sont à peine écoulées, et le nombre des cultivateurs qui, en correspondance directe avec moi, sont devenus mes collaborateurs actifs, s'élève à plus de six cents, tandis qu'à côté d'eux, chaque jour, des collaborateurs inconnus, et bien plus nombreux, me sont signalés.

Parmi ces cultivateurs, les deux tiers ont, en 1892, et malgré des conditions météorologiques exceptionnellement défavorables, obtenu, en suivant les procédés rationnels de la culture intensive, des rendements qui, en moyenne, représentent à l'hectare un poids de 35000^{kg}, et, au prix normal de 3^{fr},50 le quintal, une recette en argent de 1225^{fr}.

Et c'est non seulement sur de petites surfaces, mais sur des cultures de 20^{ha}, 30^{ha}, 50^{ha} et 56^{ha} que ces beaux résultats ont été obtenus.

En présentant les résultats de la campagne de 1891, j'exprimais la pensée que, dès ce moment, il semblait permis de considérer comme résolue la question de la régénération de la culture de la pomme de terre industrielle et fourragère en France.

Aujourd'hui, et à la suite des résultats que je viens de faire connaître, je n'hésite pas à affirmer que la campagne de 1892 suffit à démontrer qu'elle est résolue en effet.

C'est une conquête de plus à ajouter à celles dont la Science a, de nos jours, enrichi l'Agriculture.

Résultats de la campagne de 1893.

La sécheresse intense dont l'Agriculture française a si cruellement souffert en 1893 n'a pas épargné la culture de la pomme de terre; elle a sévi notamment sur les variétés à grand rendement et à grande richesse.

Partout, à de rares exceptions près, les rendements se sont abaissés dans une large mesure, et l'on a vu, en certaines régions particulièrement malheureuses, le cultivateur récolter un poids de tubercules à peine supérieur au poids qu'il avait planté.

Dans quelques régions favorisées, cependant, on a vu se reproduire, malgré tout, les hauts rendements auxquels des circonstances météorologiques favorables nous avaient jusqu'ici habitués.

De telle sorte que, à côté de quelques rendements misérables s'abaissant à 8000^{kg}, 6000^{kg} et même 3000^{kg} à l'hectare, il en faut compter aussi qui, dépassant 35000^{kg}, ont pu, en certaines circonstances, s'élever à 39500^{kg} et même à 44000^{kg}.

De l'un comme de l'autre côté, de tels rendements forment, bien entendu, l'exception, et si, prenant comme type permanent, ainsi que je le fais depuis dix ans, la variété Richter's Imperator, on cherche à établir le rendement moyen de l'année 1893, on reconnaît que celui-ci peut être estimé à 22300^{kg} à l'hectare. Il était en 1892 de 36000^{kg} : la diminution est donc de 14000^{kg}, c'est-à-dire de 38 pour 100 environ.

C'est à un chiffre presque identique, c'est au chiffre de 22600^{kg} que s'était élevé, en 1892, le rendement moyen sur les terres fertiles qui, pendant la campagne, avaient localement souffert d'une sécheresse comparable à celle de 1893.

La proportion des cultures ainsi influencées était relativement faible en 1892 : elle ne dépassait pas 14 sur 84, soit 16 à 17 pour 100. En 1893, il en a été autrement; toutes les cultures sans exception ont souffert de la sécheresse; et si, malgré cette circonstance défavorable, les hauts rendements que je signalais tout à l'heure ont pu être obtenus dans certains cas, c'est à l'intervention de sous-sols maintenus frais par les eaux souterraines et offrant toujours aux radicelles de la plante l'eau nécessaire à sa végétation, qu'il le faut attribuer.

Quelques exemples me permettront d'établir tout à l'heure avec netteté l'importance capitale de cette intervention, sur laquelle déjà j'avais appelé l'attention l'année dernière.

C'est d'ailleurs à une situation nouvelle que répond, pour 1893, le compte rendu que je présente. Pour l'année 1892, le nombre de mes collaborateurs s'élevait à six cents, et les communications qui, dès cette époque, m'étaient adressées des diverses régions de la France permettaient de prévoir que, pour 1893, ce nombre s'élèverait à douze cents ou quinze cents : mes ressources et mes forces ne m'auraient pas permis de suffire aux exigences d'une collaboration aussi nombreuse. J'ai eu la pensée alors de diviser le travail, et j'ai demandé à M. le Ministre de l'Agriculture de bien vouloir m'autoriser — ce qu'il fait gracieusement — à me mettre en rapport direct avec mes collègues MM. les Professeurs départementaux d'Agriculture et à leur demander de bien vouloir, individuellement, continuer dans leurs départements respectifs la propagande dont j'avais jusqu'alors, et depuis cinq années, pris la charge pour la France entière.

Presque tous ont répondu à mon appel. Beaucoup m'ont adressé des rapports intéressants, quelques-uns même des études remarquables. Sur les résultats fournis par cette collaboration locale, je présenterai prochainement un rapport détaillé à M. le Ministre de l'Agriculture, rapport dont j'espère pouvoir, avec son autorisation, présenter un résumé à la Société, de façon à faire connaître à mes confrères les travaux qui, parmi ceux auxquels je fais allusion, présentent le plus d'intérêt.

Dès à présent, je puis dire que de l'ensemble de ces rapports il résulte que, sur presque toute la surface de notre territoire, la transformation de la culture de la pomme de terre, par l'adoption des procédés que j'ai recommandés et par la plantation des variétés à grand rendement, peut être considérée comme acquise.

Cependant, et si important que fût le concours de MM. les Professeurs départementaux d'Agriculture, je me suis proposé de continuer, avec mes collaborateurs principaux, et surtout avec les plus anciens d'entre eux, mes relations des années précédentes. Choisis parmi ceux qui, les premiers, confiants dans mes conseils, avaient adopté les procédés rationnels de la culture intensive, ces collaborateurs directs ont été, pour 1893, au nombre de cent exactement.

Situés d'ailleurs dans les régions les plus diverses de la France, les champs qu'ils ont cultivés peuvent être considérés comme l'image réduite du territoire consacré dans notre pays à la culture améliorée de la pomme de terre.

C'est à exposer les résultats numériques que m'ont communiqués ces cent collaborateurs que je dois m'attacher. Tous, bien entendu, sont des cultivateurs importants, et c'est d'après les procédés de la grande culture que tous ont travaillé.

Les superficies qu'ils ont consacrées à la culture de la pomme de terre en 1893 se sont élevées, en chiffre rond, à 800^{ha} (exactement $799^{ha},65$), et, parmi ces superficies, on compte :

Cultures variant de 50^{ha} à 30^{ha}	7
» de 30 à 10	17
» de 10 à 5	16
» de 5 à 2	31
» de 2 à 1	29
	100

Classés par régions, les résultats obtenus sur ces 800^{ha} de culture sont singulièrement intéressants à étudier. Ils permettent, en effet, de déterminer, par l'abaissement plus grand des récoltes qui y ont été faites, celles de ces régions sur lesquelles la sécheresse a sévi avec le plus d'intensité. Pour en rendre d'ailleurs l'étude plus profitable, j'ai cru utile de rapprocher des résultats de 1893 ceux qui ont été obtenus sur les mêmes exploitations en 1892.

On peut ainsi apprécier : d'une part, l'extension donnée par mes cent collaborateurs, entre deux campagnes, à la culture améliorée de la pomme de terre; d'autre part, les effets désastreux dus à la sécheresse de 1893.

La répartition de ces résultats est développée dans le Tableau suivant :

RÉSULTATS DE LA CAMPAGNE DE 1893.

	Noms et localités.	1892. Surface cultivée.	1892. Rendement à l'hectare.	1893. Surface cultivée.	1893. Rendement à l'hectare.
	Région de l'Ouest.				
	MM.	ha	kg	ha	kg
Morbihan......	Cte de Breuilpont (Sarzeau)...	1	17955	2,05	20000
Ille-et-Vilaine...	Touzard (Roz-sur-Couesnon).	4	30000	12	35000
Loire-Inférieure.	Godefroy (Grand-Jouan).....	0,43	31400	1	19600
Mayenne.......	Moreul (Laval).............	2,50	34500	6,50	25000
Orne..........	Gévelot (Bellon-en-Houlme)..	0,26	30000	4,10	21600
	Blin (Saint-Gautier).........	0,65	33000	1,42	26250
Eure-et-Loir....	Egasse (Arcnevilliers)........	16	45000	14	20250
Eure...........	Saint-Martin (Fleury).......	2,40	30000	2,50	22675
	Delanney (les Andelys).......	4	30375	53	17161
	Moutard (Fontenay)..........	3,90	42700	6,50	30420
	Labarrière (Vernon).........	1,50	33200	1,10	26000
	Hervey (Le Vaudreuil).......	17	20000	12	10500
	Cusinberche (Mesnil-Hardray).	0,60	32240	1,56	23846
	Tocque (Boissey-le-Châtel)...	0,50	30000	1	12988
	Brugnières (Muids)...........	»	»	15	8000
Seine-et-Oise...	Dr Fiaux (Andilly)...........	2,50	41000	1	30000
	Godefroy (Grigny)...........	39	35000	25	22000
	Landry (Tremblay)...........	10,7	30000	14	20000
	Papillon (Aulnay)...........	25	32500	37	30000
	Philippar (Grignon).........	4	36000	5	15160
	Tétard (Gonesse)...........	13	32000	5	23000
	Bonfils (Varennes).........	13	25000	24	20000
	Poirrier (Behoust)...........	7	26300	12	28800
	de Jacquemain (Poissy)......	0,50	25000	16,50	3000
	Flé (Beaurepaire)..........	30	18300	32	17500
Seine-et-Marne..	Vast (Chanteloup)...........	45	36000	50	28000
	Darblay (Saint-Germain)....	9	29000	21	21200
	Gatellier (Condetz).........	5	23000	6	20500
	Hardon (Courquetaine)......	0,50	45000	1,50	44000
	Pereire (Armainvilliers).....	0,42	41600	1,60	14400
	Région du Nord.				
Pas-de-Calais...	De Coëtlogon (La Recousse)..	4	44700	30	24000
	Dickson (Berthonval)......	0,20	32850	3	24000
	D'Havrincourt (Achiet).....	0,82	35540	3	30000
Somme.........	Pluchet (Roye)..............	»	»	2	30720

	Noms et localités.	1892. Surface cultivée.	1892. Rendement à l'hectare.	1893. Surface cultivée.	1893. Rendement à l'hectare.
	Région du Nord (Suite).				
	MM.	ha	kg	ha	kg
Oise	Bullot (Longueil)	6	32000	22	16000
	Hervaux (Fresnoy-le-Luat)	4	35000	38	28000
	Michon (Crépy)	6	32500	15	15000
	Fercot (Verberie)	1	22000	2	17000
	Scoppini (Attichy)	1,50	22000	1	20000
	Vendôme (Lachelle)	10	23500	14	24000
Aisne	Thibaux (Rocourt)	»	»	1,50	36000
	Région du Nord-Est.				
Ardennes	Hanonnet (Vendresse)	0,50	31500	1	10000
	Donay (Hierges)	0,90	15000	1,50	25000
	Linard (Saint-Germainmont)	0,07	28900	5	8578
Meuse	Bachelier (Saint-Benoist)	1	33500	1,60	27350
	Doyen (Mesnil-la-Horgne)	0,41	21700	2,80	12206
	Contenot-Presson (Stainville)	0,10	43200	4	33000
Marne	Collard-Brisson (Fère-Champ.)	1	18000	3,50	12000
	Brion (Monthaon)	2	37500	2	15000
M.-et-Moselle	A. Louis (Tomblaine)	56	35700	56	30000
	P. Genay (Lunéville)	1	36000	22	20000
	Harmand (Tantonville)	0,40	31000	1,50	35000
	Thiry (Tomblaine)	1,50	39800	2	30000
Haute-Marne	Tibulle-Collot (Maizières)	0,75	31900	4	28600
Aube	Huot (La Planche)	1	41172	1	25600
	De Compiègne (La Chaise)	0,70	33760	5	32584
	Collard (Dampierre)	0,30	19000	1,50	14500
	Corrard-Oudinet (Etrelles)	0,40	29000	1	22500
Vosges	Bertaud (Longchamp)	0,61	40500	2,80	39800
	L. Ferry (Corcieux)	0,80	41600	4	32000
	Colin (Saint-Laurent)	0,07	41000	1,15	20000
	François (Busegny)	4	38000	8	30000
Haute-Saône	Carou (Saint-Rémy)	1,50	49910	2,30	34800
Terr. de Belfort.	Japy (Beaucourt)	»	»	1,05	25600
Yonne	Geste (Auxerre)	1,25	38700	2	39000
	Thierry (La Brosse)	0,40	9750	2	7000
Doubs	Bugnot-Colladon (La Roche)	3	37000	3	30600
Saône-et-Loire	Duverne (Montceau-les-Mines)	1	30000	5	27000
	Garenne (Saint-Laurent)	1	32400	10	26900
	Pinet (Beaumont)	3	24000	1	22000
	Duparay (Saint-Ambreuil)	0,70	24400	2	25000

	Noms et localités.	1892. Surface cultivée.	1892. Rendement à l'hectare.	1893. Surface cultivée.	1893. Rendement à l'hectare.
	Région du Sud-Est.				
	MM.	ha	kg	ha	kg
Isère...........	Emery (Serezin).............	0,74	34600	1	14000
Bouc.-du-Rhône.	Hardon (Eysselles)...........	»	»	1	38000
	Région du Sud-Ouest.				
Haute-Garonne..	Tachoires (Castelnau).	»	»	1,20	16000
Gironde........	Oger (Bordeaux)............	»	»	1,50	8000
Dordogne......	Dethan (Bourdeilles).........	»	»	2,22	16520
Charente.......	Roux (Saint-Front).........	0,39	31200	1,75	4250
	Blanc-Fontenille (Villebois)..	»	»	2	21000
Deux-Sèvres....	Martinet (Saint-Vincent).....	»	»	1	23000
Vienne.........	D'Anjou (Seneuil)...........	1	27500	3	10600
	Région du Centre.				
Loir-et-Cher....	Estienne (Beauval)..........	5	37000	8	17000
	Labiche (Souvigny)..........	0,30	26000	1,10	16470
Indre-et-Loire..	Cosnier (Chambourg)...... ..	4	33500	4	17680
Indre..........	Mellotée (Déols).............	4	28300	4	12000
	Cavé (Noz-Marafin)..........	»	»	2	6562
Allier..........	Ravier (Montmarault)........	0,40	35200	8	15800
	Béguin (Vallon-en-Sully).....	»	»	1,50	15000
Cher...........	Lepetit (Saint-Amand).......	3,5	37000	2	6000
Nièvre.........	Caquet (Saint-Hilaire).......	2	22000	6	27640
	Coquard (Chatin)...........	0,10	30000	8	34700
Haute-Vienne...	Le Play (Ligoure)...........	2	35208	4	27000
	De Bruchard (Chavaignac)...	2	22800	3,5	13663
	Mignon (La Jonchère).......	0,11	38000	9	23600
Creuse.........	Issertine (Saint-Amand)......	»	»	1	30000
	Picaud (Evaux)..............	»	»	1	15000
Corrèze........	Chauvin (Neuvic)............	0,30	51680	2,35	13091
Haute-Loire....	Chaudier (Nolhac)...........	1	37300	2	23400
Aveyron........	Lunet (Rodez)...............	3	16286	7	8000
	Caville (Rignac).............	»	»	6	25000
Tarn..........	Cormouls-Houlès (Mazamet)..	1	27000	20	37500

Ainsi que je l'ai déjà indiqué au début de ce compte rendu, c'est, en réalité, à une moyenne générale de 36000^{kg} en 1892, de 22300^{kg} en 1893, que la culture améliorée de la pomme de terre industrielle et fourragère a abouti pour l'ensemble des cent cultures qui viennent d'être passées en revue. La diminution est exactement de 38 pour 100.

Si grande que soit cette diminution, on ne saurait cependant la considérer comme correspondant à une ruine véritable, ainsi qu'il en a été pour d'autres productions agricoles, pour la production des fourrages notamment.

Si, en effet, on classe les résultats ci-dessus d'après le nombre des cultures correspondant à un rendement déterminé, on reconnaît qu'à l'hectare :

2 cultures ont donné moins de	....	5000^{kg}	
7	»	5000 à 10000^{kg}	
11	»	10000 à 15000	
17	»	15000 à 20000	
22	»	20000 à 25000	
18	»	25000 à 30000	
15	»	30000 à 35000	
8	»	35000 et au-dessus	

Ce qui revient à dire qu'en 1893, parmi mes cent collaborateurs, neuf seulement, malgré la sécheresse, ont eu un rendement inférieur à 10000^{kg}, c'est-à-dire inférieur au rendement moyen de la culture française en année normale; que, d'autre part, 22 sur 100 ont réalisé de hauts rendements dépassant 30000^{kg}, et qu'enfin 80 pour 100 des rendements ont été supérieurs à 15000^{kg}, 63 pour 100 supérieurs à 20000^{kg}, représentant dès lors, aux prix de cette année, prix qui se sont élevés jusqu'à 4^{fr} les 100^{kg}, des recettes de 600^{fr} et 800^{fr} à l'hectare.

Il est peu de cultures, je crois, qui, en 1893, aient donné des résultats aussi rémunérateurs.

Si, après avoir considéré dans leur ensemble les résultats que je viens de faire connaître, on les spécialise par régions, on voit que, suivant ces régions mêmes, les rendements ont présenté des inégalités sérieuses.

C'est ce que montre la comparaison ci-dessous entre les résultats de 1892 et ceux de 1893 :

	1892.	1893.	Diminution
Région de l'Ouest....................	36333	21893	14440
Région du Nord....................	35271	24065	11206
Région du Nord-Est..................	40636	25000	15636
Région du Sud-Ouest (¹).............	33500	13800	19700
Région du Centre....................	35520	20255	15245

C'est dans le Sud-Ouest, on le voit, que la culture de la pomme de terre a principalement souffert. Les rendements y sont d'une faiblesse désolante. Déjà, en 1892, la sécheresse avait sévi dans cette région, mais avec une intensité bien moindre et d'une façon moins générale qu'en 1893.

Comme en 1892, d'autre part, c'est dans le Nord-Est, depuis la Haute-Marne jusqu'à Saône-et-Loire, en passant par les Vosges, que les résultats les meilleurs ont été obtenus. En 1892, on ne l'a pas oublié, les rendements avaient eu, dans cette région, une abondance exceptionnelle; de telle sorte que, malgré la supériorité relative des récoltes qu'on y a obtenues en 1893, la diminution du rendement, par rapport à 1892, s'élève encore à 15636^{kg} par hectare.

Dans le Nord, l'influence de la sécheresse, tout en restant bien sensible encore, a été moindre; dans le Centre, au contraire, cette influence a été considérable, et le rendement a baissé de plus de 15000^{kg}.

En étudiant avec attention la série des résultats obtenus par mes collaborateurs de 1893, on ne peut s'empêcher d'être frappé des énormes écarts que présentent quelques-uns d'entre eux.

C'est chose intéressante alors que de rechercher la cause à laquelle ces écarts doivent être attribués. Cette cause, c'est toujours, pour 1893, dans l'influence de la sécheresse qu'il la faut aller chercher.

C'est ainsi que chez M. de Jacquemain, près Poissy, en Seine-et-Oise, dans un terrain de sable sec et peu profond, la récolte, sur 17^{ha}, atteignant à peine le poids du plant, a pu s'abaisser jusqu'à 3000^{kg} à l'hectare. La levée avait été bonne; mais, dès le commencement de juillet, les tiges fanaient sous l'action d'une

(¹) La région du Sud-Est compte trop peu de cultures pour qu'on puisse y constituer une moyenne.

sécheresse absolue et d'une chaleur tropicale, tandis qu'à 4^{km} ou 5^{km} de distance des cultures identiques, favorisées par quelques pluies d'orage, produisaient des récoltes magnifiques.

Chez M. Roux, à Saint-Front, dans la Charente, 2^{ha} de terrain calcaire, mais perméable et incapable de retenir l'humidité, ont de même donné 4250^{kg} à l'hectare. Dans cette région, la sécheresse était déjà des plus intenses au moment même de la plantation : dès la fin du mois de mai, les trois cinquièmes des tubercules de plant avaient avorté; depuis, la sécheresse a été continue.

Chez l'un des cultivateurs les plus distingués du département du Cher, chez M. Osmin Lepetit, à Saint-Amand, où la récolte, qui avait atteint 37000^{kg} en 1892, est tombée à 6000^{kg} en 1893, le sol n'avait pas, à la fin de juin, reçu une seule goutte d'eau, et c'est le 10 juillet seulement que la levée a commencé.

Il en est de même pour tous les rendements faibles indiqués au Tableau précédent : partout c'est à la sécheresse que la faiblesse de ces rendements doit être attribuée.

Partout, au contraire, où, par suite de la fraîcheur du sol, les radicelles ont pu rencontrer l'eau nécessaire à la végétation, les résultats ont été excellents.

C'est ainsi que chez M. Hardon, à Courquetaine, on a vu, sur une pièce de $1^{ha},50$, la fraîcheur naturelle du sol maintenue par un sous-sol imperméable élever le rendement au chiffre, bien exceptionnel pour 1893, de 44000^{kg} à l'hectare; que chez le même agriculteur, au domaine de l'Eysselles, dans les Bouches-du-Rhône, le rendement a pu, grâce à l'infiltration des eaux du Rhône à travers le sous-sol, atteindre 38000^{kg}.

C'est ainsi qu'à Chatin, dans la Nièvre, un cultivateur habile, M. G. Coquard, a vu, sur les huit hectares de sol meuble et frais, à sous-sol granitique, qu'il avait consacrés à la culture de sept variétés différentes, la Richter's Imperator lui fournir : en tubercules entiers, 42560^{kg}; en tubercules coupés, 26840^{kg}, soit en moyenne 34700^{kg}.

Et c'est de même, en résistant à la sécheresse, grâce à la fraîcheur d'un sol profond et à l'imperméabilité d'un sous-sol argileux, qu'ont été obtenues les magnifiques récoltes de 39800^{kg} chez M. Bertaud, à Longchamp, dans les Vosges; de 39000^{kg} chez M. Geste, à Auxerre, etc.

Partout c'est la même cause; c'est l'immunité contre la sécheresse due à l'intervention d'un sous-sol frais et imperméable qui a produit le succès, comme partout aussi c'est la sécheresse, aidée par la perméabilité du sous-sol, qui a produit l'insuccès.

Ce n'est pas d'ailleurs et spécialement sur quelques variétés que s'est fait sentir la diminution des rendements : pour toutes les variétés sans exception, ces rendements se sont abaissés souvent même dans une mesure plus grande que pour la variété Richter's Imperator.

A côté de cette diminution dans les rendements en poids, il convient cependant de placer, par rapport à l'année 1892, une augmentation remarquable et générale, d'ailleurs, de la richesse des tubercules.

En 1892, la richesse moyenne de la variété Richter's Imperator, qui d'habitude se rapproche de 20 pour 100 de fécule anhydre, s'était abaissée à 17 pour 100 environ; en 1893, nous la voyons remonter à près de 19 pour 100.

Grâce aux envois que m'ont faits mes collaborateurs, j'ai pu soumettre à l'analyse le produit de soixante-trois cultures situées dans les régions les plus diverses, et j'ai vu, parmi ces soixante-trois lots :

		Pour 100.	
7	seulement accuser, à l'analyse, moins de..	16	
6	accuser, à l'analyse, de..................	16 à	17
6	»	17	18
17	»	18	19
14	»	19	20
3	»	20	21
10	»	21	22,7

Ce retour à la richesse normale, sur plus des deux tiers des cultures, et malgré la sécheresse, est certainement un fait des plus remarquables.

C'est, en résumé, sous l'influence prépondérante de la sécheresse que la campagne de 1893 a abouti aux rendements fâcheux que je viens de faire connaître.

Et la prépondérance de cet accident météorologique a été telle que, pour cette campagne, il n'y a guère lieu de se préoccuper ni de la fertilité des terres, ni des procédés culturaux employés. Les terres fertiles ont été frappées au même degré que les terres médiocres ou pauvres.

Quant aux procédés culturaux, ils sont aujourd'hui, chez presque tous mes collaborateurs, aussi parfaits qu'on les peut désirer. Le recours aux labours profonds est aujourd'hui normal dans tous les terrains où ces labours sont possibles; de même, sous le rapport de la fertilisation du sol, les engrais, à de rares exceptions près, sont bien choisis et suffisamment abondants.

Quelques cultivateurs cependant restent encore attachés à la vieille coutume de la fragmentation des plants. Cette coutume, en 1893, et sous l'influence de la sécheresse, a conduit, et sans exception, à des déceptions cruelles. Cette fidélité à un préjugé véritable ne pouvait manquer d'appeler mon attention, et j'ai été ainsi conduit à entreprendre, depuis quatre années, des essais nouveaux sur cette question. Les résultats que ces essais ont fournis sont décisifs.

Sous le rapport de l'espacement, quelques fautes encore ont été commises; mais ces fautes, la sécheresse, en égalisant toutes les conditions, en a rendu l'appréciation impossible. Beaucoup de cultivateurs ont conservé la tendance à espacer leurs plants outre mesure; ils y voient une facilité pour l'exécution des façons: mais, ainsi que je l'ai démontré à plusieurs reprises, un espacement à $0^{m},60$ entre les lignes, à $0^{m},50$ sur les lignes, suffit à cette exécution, en même temps qu'il utilise la surface entière du sol.

Nulle part la maladie n'a sévi en 1893; la température élevée, la sécheresse de l'atmosphère ont mis obstacle au développement du *phytophtora infestans*. Mais tous les cultivateurs doivent être persuadés que eette immunité est certainement passagère, et que, pour l'année actuelle, ils devront prudemment recourir aux traitements préventifs qu'ils ont généralement négligés l'année dernière.

En terminant cet exposé des résultats fournis par la plus mauvaise campagne que la culture de la pomme de terre ait rencontrée depuis dix ans, c'est pour moi un plaisir de constater que ces résultats n'ont abattu le courage ni altéré la confiance d'aucun de de mes collaborateurs. Tel qui, sur 17^{ha}, a retrouvé à peine, en 1893, le poids des tubercules qu'il avait plantés, m'annonce que sa culture, cette année, s'étendra sur 20^{ha}; tel autre m'écrit qu'il va doubler la superficie consacrée par lui à la culture de la pomme de terre.

Chez aucun d'entre eux on ne voit poindre la plus petite nuance de découragement, et nul ne manifeste l'intention de revenir en arrière ni de retourner aux procédés routiniers d'il y a dix ans.

C'est à maintenir nos cultivateurs dans cette voie que je m'appliquerai dorénavant, et que s'appliqueront aussi mes collègues, les professeurs départementaux d'Agriculture auxquels, dès aujourd'hui, j'exprime toute ma reconnaissance pour le concours dévoué qu'ils veulent bien me prêter.

Résultats des campagnes de 1894 et de 1895.

Les deux campagnes de 1894 et de 1895 ont été, pour des causes opposées, funestes à nos récoltes de pommes de terre.

Supérieures cependant à la récolte de 1893, celles-ci n'en restent pas moins fort au-dessous des belles récoltes des années antérieures.

C'est aux conditions météorologiques sous l'influence desquelles la végétation s'est développée pendant l'une et l'autre campagnes que cette diminution des rendements habituels doit être attribuée.

En 1894, le mois de mai a été froid; en maintes localités on a observé des gelées blanches, et quoique la quantité de pluie ait été voisine de la moyenne, le ciel est resté presque constamment nuageux; aussi le plant, privé de chaleur et de lumière, a t-il levé difficilement et des manques se sont-ils produits.

Le mois de juin a été très sec; les observations si précises faites à l'observatoire de Saint-Maur par notre collègue M. Renou n'ont, en ce mois, permis d'enregistrer qu'un seul jour de pluie, et de divers côtés, des conditions météorologiques analogues ont été constatées. Comme en mai, d'ailleurs, le ciel est resté généralement nuageux; il en a été de même au commencement de juillet et, pour ces causes, la récolte s'est trouvée compromise : au milieu de juillet, les tubercules commençaient à peine à se former au pied de tiges peu développées; ils étaient d'ailleurs moins abondants que de coutume. Puis, vers la fin de juillet, le régime a changé, des pluies abondantes ont succédé à la sécheresse, et un instant on a pu espérer que le mal allait être réparé; mais en août ces pluies sont devenues excessives : pendant vingt et un jours, elles se sont prolongées presque sans interruption, et le ciel toujours couvert n'a pas apporté à la plante la somme de lumière nécessaire à l'enrichissement des tubercules.

Puis, en septembre, la pluie continuant, les tubercules ont grossi, mais en se gorgeant d'eau et restant, généralement, pauvres en fécule. De là, une récolte peu abondante et peu riche.

Tout autre, inverse on pourrait presque le dire, a été le régime de la campagne de 1895. Contrairement à ce qui s'était produit en 1894, le mois de mai a été chaud et la pluie, d'intensité moyenne, répartie sur 12 jours seulement, a favorisé la levée. Le mois de juin, de même, a apporté à la culture de la pomme de terre des conditions régulières et moyennes, la lumière a été assez abondante, et, malgré quelques orages, nos champs, à la fin de ce mois, présentaient en général une belle apparence.

En juillet, des pluies favorables sont venues s'ajouter aux causes précédentes de succès, et, dans ces conditions, on a vu, jusqu'au milieu d'août, les tubercules prendre un développement satisfaisant.

Mais, à ce moment, c'est-à-dire au moment même où, ainsi que je l'ai établi dans l'étude que j'ai faite du développement progressif de la pomme de terre, la végétation aérienne, entièrement constituée, commence à travailler surtout pour l'enrichissement des tubercules; une sécheresse presque sans précédent, accompagnée d'une chaleur excessive, dépassant souvent 30°, est venue arrêter brusquement le progrès. Sous l'influence de cette chaleur, les feuilles profondément desséchées ont été, suivant l'expression vulgaire, grillées en quelques jours et incapables dès lors de remplir leurs fonctions physiologiques; elles ont cessé d'alimenter les tubercules en même temps que, dans le sol desséché également, les radicelles ne trouvaient plus l'eau nécessaire à leur accroissement.

Au cours du mois de septembre enfin, pendant lequel M. Renou, à Saint-Maur, a enregistré onze journées offrant des maxima supérieurs à 30° et où la température a pu même atteindre 35°,5, les effets désastreux précédemment constatés se sont accentués encore, et dès la moitié de ce mois, les feuilles absolument fanées des variétés demi-tardives ou tardives, comme la *Richter's Imperator*, la *Red skinned*, la *Géante bleue*, etc., obligeaient plus d'un cultivateur à arracher, en avance de quinze jours et trois semaines sur l'époque normale. Comme en 1894, mais pour des causes différentes, c'est à une récolte généralement faible que la campagne de 1895 devait aboutir.

Ce serait se tromper cependant que de considérer les trois récoltes de 1893, 1894 et 1895 comme de nature à infirmer, par suite de leur infériorité, les résultats acquis depuis dix ans au point de vue de l'amélioration de la culture de la pomme de terre en France.

Sans doute et pour ces trois années, on a vu la moyenne des rendements s'abaisser dans une mesure importante, mais cette moyenne est malgré tout restée singulièrement respectable.

Alors que sous l'influence de la sécheresse de 1893, sous l'influence des pluies de 1894, sous l'influence de la sécheresse de 1895 encore, les rendements des cultures arriérées et des variétés vulgaires s'abaissaient à quelques milliers de kilogrammes à l'hectare, les rendements de la variété *Richter's Imperator*, sur les cultures améliorées de mes collaborateurs, s'élevaient en moyenne :

	kg		
Pour 1893 à...	22309	riches à	19,00
» 1894 à....................	25371	»	18,34
» 1895 à....................	24709	»	19,00

A l'établissement de ces moyennes interviennent, il est vrai, quelques rendements misérables dus à des accidents locaux, mais interviennent aussi de nombreux rendements s'élevant, malgré les intempéries auxquelles la culture a été exposée, aux chiffres de

30000^{kg} et même de 35000^{kg} à l'hectare. C'est ce que montrera tout à l'heure l'exposé détaillé des résultats obtenus par mes collaborateurs en 1894 et 1895.

Mais, avant d'entreprendre cet exposé, je me permettrai de rappeler que, comme pour 1893, c'est dans des conditions différentes de celles adoptées pour les années précédentes que celui-ci se présente.

En 1892, le nombre de mes collaborateurs s'élevait à 600 environ; pour 1893, un nombre de 1200 à 1500 s'annonçait; mes forces et mes ressources ne pouvaient me permettre de répondre utilement à une collaboration aussi considérable. Avec l'autorisation de M. le Ministre de l'Agriculture, j'ai prié alors mes collègues, MM. les Professeurs départementaux d'Agriculture, de bien vouloir, individuellement et dans leur région, continuer la propagande dont j'avais jusqu'alors et depuis cinq années pris la charge et assumé la responsabilité pour la France entière.

Je me suis réservé seulement de continuer, pendant quelques années encore et avec le concours d'une centaine de mes plus anciens collaborateurs, la démonstration pratique des services que peut rendre à notre Agriculture l'application sévère des procédés de culture rationnelle de la pomme de terre dont j'ai commencé l'étude en 1885.

C'est dans ces conditions que je me suis placé pour la campagne de 1893, campagne dont j'ai, dans la séance du 9 mai 1894, présenté les résultats à la Société nationale d'Agriculture, et c'est dans des conditions identiques que je me suis placé en 1894 et 1895.

Les collaborateurs auxquels j'avais, en 1893, demandé leur concours sont, à quelques exceptions près, ceux qui, en 1894 et 1895, sont restés en relations avec moi.

Leur nombre a cependant légèrement diminué, ces deux dernières années; quelques-uns ont malheureusement disparu, d'autres ont cessé leur culture, etc., si bien que, pour la campagne de 1894, le nombre des comptes rendus détaillés qui m'ont été adressés n'a été que de quatre-vingt-huit; il a été moindre encore en 1895, mais pour une cause différente et toute personnelle à un certain nombre de mes collaborateurs. Chez ceux-ci, la destruction de la végétation aérienne de la pomme de terre, sous l'influence de la chaleur et de la sécheresse, a été si prompte et si complète que, par un amour-propre bien excusable, ils ont préféré ne pas me communiquer les résultats du désastre qui leur était ainsi infligé; le nombre de ceux qui m'ont fait connaître leurs résultats n'a pas dépassé soixante-huit.

C'est, bien entendu, et comme je l'ai déjà fait en 1893, parmi les cultivateurs qui consacrent à la pomme de terre une superficie notable que j'ai choisi mes collaborateurs de 1894 et 1895; il n'en est aucun dont la culture ne comprenne, au minimum, un hectare de pommes de terre, et c'est toujours à la variété *Richter's Imperator* que s'appliqueront les résultats que je ferai connaître tout à l'heure. Quelques-uns ont cultivé simultanément d'autres variétés, mais c'est seulement dans un travail prochain que j'indiquerai les résultats que ces variétés leur ont fournis.

Somme toute, les cultures de mes quatre-vingt-huit collaborateurs en 1894 se sont étendues sur une surface de 600^{ha} environ, et l'on y voit figurer :

		Pour 100.
6	cultures de 50^{ha} à 30^{ha} soit	7,2
12	» de 30 à 10 soit	14,5
12	» de 10 à 5 soit	14,5
32	» de 5 à 2 soit	38,5
21	» de 2 à 1 soit	25,3
83		100,0

En 1895, les cultures de mes soixante-huit collaborateurs se sont étendues sur 420^{ha}, et l'on y voit figurer :

		Pour 100.
5	cultures de 50^{ha} à 30^{ha} soit	7,4
7	» de 30 à 10 soit	10,3
10	» de 10 à 5 soit	14,7
18	» de 5 à 2 soit	26,7
28	» de 2 à 1 soit	40,9
68		100,0

Classés d'après la division de la France en cinq régions qu'a imaginée M. Levasseur, les résultats des deux campagnes de 1894 et 1895 sont résumés dans le Tableau suivant, à l'aide duquel il est aisé d'établir, pour chaque cultivateur, entre les résultats obtenus dans les mêmes sols, à la suite de l'été pluvieux de 1894 et de l'été si sec de 1895, une comparaison particulièrement intéressante, aussi bien sous le rapport du rendement, en poids, de la culture que sous le rapport de la richesse en fécule des tubercules récoltés :

RÉSULTATS DES CAMPAGNES 1894 ET 1895.

	Noms et localités.	1894. Poids récolté à l'hectare.	1894. Richesse en fécule pour 100.	1895. Poids récolté à l'hectare.	1895. Richesse en fécule pour 100.
	Région du Nord-Ouest.				
	MM.	kg		kg	
Morbihan	Cte de Breuilpont (Coëtdihuel)	18000	»	25000	»
Ille-et-Vilaine	Touzard (Roz-sur-Couesnon)	10000	»	30000	»
Loire-Inférieure	Godefroy (Grand-Jouan)	22000	22,2	»	»
Loire-Inférieure	A. Gouin (Haute-Goulaine)	»	»	35000	18,2
Maine-et-Loire	Comte d'Alton (Clefs)	35025	19,7	31000	21,8
Orne	Blin (Saint-Gautier)	15000	»	26000	13,7
Orne	Gèvelot (Dieufit)	20000	12,8	»	»
Eure	Bruguières (Muids)	17000	18,4	»	»
Eure	Hervey (Le Vaudreuil)	21000	14,0	23000	19,0
Eure	Labarrière (Sainte-Geneviève)	29000	»	27600	16,6
Eure	Moutard (Fontenay)	17200	»	31000	»
Eure	Saint-Martin (Fleury)	29000	»	12000	»
Eure	Tocque (Boissy-le-Châtel)	10540	»	22000	12,6
Eure-et-Loir	Egasse (Archevillier)	37500	15,1	31000	21,5
Seine-et-Oise	Bonfils (Varenne)	28000	17,1	24000	»
Seine-et-Oise	Darblay (Corbeil)	29000	»	27000	20,5
Seine-et-Oise	De Dorlodot (Illiers)	20000	»	25000	»
Seine-et-Oise	Flé (Maule)	24600	»	26500	»
Seine-et-Oise	Godefroy (Grigny)	30000	»	32000	»
Seine-et-Oise	De Jacquemain (Poissy)	17000	»	»	»
Seine-et-Oise	Landry (Tremblay)	30000	»	»	»
Seine-et-Oise	Papillon (Aulnay)	28000	»	28000	»
Seine-et-Oise	Philippar (Grignon)	28600	16,3	24000	19,7
Seine-et-Oise	Poirrier (Behoust)	22000	»	26000	20,1
Seine-et-Oise	Tetard (Gonesse)	29600	20,9	27400	21,5
Seine-et-Marne	Euvrard (Armainvilliers)	45000	16,0	»	»
Seine-et-Marne	Gatelier (Condetz)	20000	19,4	»	»
Seine-et-Marne	Hardon (Courquetaine)	39500	»	»	»
Seine-et-Marne	Guichard (Forges)	30000	»	21000	20,5
Seine-et-Marne	Vast (Chanteloup)	38000	17,5	35000	21,7
Seine	Aimé Girard (Joinville)	33050	16,0	35110	20,5

	Noms et localités.	1894.		1895.	
		Poids récolté à l'hectare.	Richesse en fécule pour 100	Poids récolté à l'hectare.	Richesse en fécule pour 100
	Région du Nord.				
	MM.	kg		kg	
Pas-de-Calais...	Dickson (Berthonval)..........	22320	»	28300	20,5
	D'Havrincourt (Havrincourt)...	13000	»	21400	»
Nord...........	Bonzel (Haubourdin)..........	13600	»	»	»
Somme.........	Pluchet (Roye)................	34150	20,3	24500	16,9
Oise...........	Fercot (Verbérie)............	22500	»	23000	»
	Hervaux (Fresnoy)............	22000	»	22000	»
	Hougre Bullot (Longueil)......	18000	»	18000	20,5
	Michon (Crepy)...............	28000	19,0	»	»
	Poulet (Saulzy)...............	31000	19,4	»	»
	Scoppini (Attigny)............	20000	»	»	»
	Vendôme (Lachelle)...........	19000	»	18000	»
	Région du Nord-Est.				
Ardennes.......	Linard (Saint-Germainmont)...	»	»	11580	21,9
Marne.........	Collard-Brisson (Fère-Champ.).	24000	19,9	16000	17,5
	Renon (Bannes)...............	13000	»	20000	»
Meuse..........	Bachelier (Saint-Benoist)......	22340	20,9	28400	»
	Doyen (Mesnil-la-Horgne).....	12000	13,0	15000	17,1
M.-et-Moselle...	Genay (Lunéville).............	24000	18,7	20460	»
	Harmand (Tantonville)........	30000	20,5	»	»
	Louis (Tomblaine)............	25000	»	15000	»
	Thiry (Tomblaine)............	32000	20,0	16100	»
Vosges.........	Bertaud (Longchamp).........	»	»	28000	»
	Ferry (Corcieux)..............	28000	»	31000	»
	François (Busegny)...........	28000	»	30000	19,0
Haute-Marne...	Tibulle-Collot (Maizières)......	27000	»	24500	»
Aube..........	Collard (Dampierre)...........	15000	18,0	18500	20,9
	Corrard-Oudinet (Etrelle)......	29000	20,2	28000	21,2
	De Compiègne (Soulaine)......	32600	17,1	25000	»
	Huot (Laplanche).............	37460	19,9	28000	21,9
Côte-d'Or......	Martin Jenondet (Ruffey).......	25600	»	19300	»
Haute-Saône....	Carou (Saint-Remy)...........	33000	17,1	30000	»
Belfort (Ter. de).	Japy (Beaucourt)..............	28000	»	»	»
Doubs..........	Bugnot-Colladon (La Roche)...	30300	18,0	32000	20,0
Saône-et-Loire.	Duparay (Saint-Ambreul)......	24000	24,5	22000	19,7
	Duverne (Montceau)...........	30000	20,0	25000	19,0
	Garenne (Perrigny)............	42000	18,6	24050	»

	Noms et localités.	1894. Poids récolté à l'hectare.	1894. Richesse en fécule pour 100.	1895. Poids récolté à l'hectare.	1895. Richesse en fécule pour 100.
	Région du Sud-Ouest.				
	MM.	kg		kg	
Dordogne......	Dethan (Bourdeilles)...........	21170	17,1	22260	16,6
Charente.......	Roux (Saint-Front)...........	32750	19,8	25000	18,8
Vienne.........	D'Anjou (Seneuil).............	19500	16,9	22000	»
Deux-Sèvres....	Martinet (Melle)......	35000	18,8	35460	18,2
Basses-Pyrénées.	Gassion (Buros)........	»	»	14500	»
	Région du Centre.				
Loir-et-Cher ...	Labiche (Souvigny)............	16000	19,4	16000	19,7
Cher...........	O. Lepetit (Saint-Amand)......	20000	21,7	28000	17,7
Nièvre.........	G. Coquard (Chatin)...........	31470	18,5	36150	17,3
Allier..........	Beguin (Vallon-en-Sully)......	15500	15,1	31000	17,7
	Ravier (La Garde-Montmarault).	21000	20,7	26000	»
Puy-de-Dôme...	De Larouzière................	»	»	15000	»
Loire	J. Gaudet (Magnieux-le-Gabion).	»	»	18000	»
Indre	Cavé (Notz-Marafin)...........	34500	17,3	13900	18,2
	Cosnier (Chedigny)............	27000	18,2	25000	»
	Tréfault (Les Chezaux)........	27000	15,1	»	»
Haute-Vienne...	De Bruchard (Chavaignac).....	20800	20,8	»	»
	Teisserenc de Bort (Bort)......	36240	»	»	»
Corrèze........	Chauvin (La Plaine)...........	9360	15,5	30000	15,8
Haute-Loire....	Chaudier (Nolhac).............	21600	»	»	»
Aveyron........	Caville (La Maurinière)........	34200	»	31000	»
Tarn...........	Cormouls-Houlès (Mazamet)...	22500	18,2	28000	19,0

Quelque défavorables qu'aient été, pour deux causes opposées, les conditions météorologiques sous l'influence desquelles la pomme de terre s'est développée en 1894 et 1895, les résultats dus à l'application des procédés rationnels de culture que j'ai recommandés n'en sont pas moins dignes d'attention.

Sans doute, les rendements ainsi constatés sont bien inférieurs aux rendements moyens de 36000^{kg} à l'hectare, obtenus, en 1891 et 1892, par des centaines de cultivateurs; mais, supérieurs déjà au rendement moyen de 22300^{kg} constaté en 1893, ils doivent être considérés comme satisfaisants encore.

Si, en effet, décomposant le Tableau qui précède, on classe les divers résultats qui y sont relatés suivant leur importance, on reconnaît qu'appliqués à cent cultivateurs les rendements en poids se répartissent ainsi, pour l'une et l'autre campagnes :

A l'hectare.	1894.	1895.
De 10000kg à 15000kg	9,6	4,4
De 15000 à 20000	13,2	16,1
De 20000 à 25000	25,2	23,6
De 25000 à 30000	20,5	30,9
De 30000 à 35000	20,5	17,7
De 35000kg et au-dessus	11	7,3
	100,0	100,0

Du classement précédent il résulte aussitôt que les trois quarts de mes collaborateurs en 1894, les quatre cinquièmes en 1895, ont obtenu un rendement en poids supérieur à 20000kg, c'est-à-dire un poids représentant en argent, et au prix normal de 3fr,20 les 100kg, une recette brute de 640fr. C'est là encore, en présence des déplorables conditions météorologiques de ces deux années, un résultat fort intéressant. Il devient plus remarquable, d'ailleurs, lorsque, considérant les cultivateurs plus favorisés, dont la proportion est de 52 pour 100 en 1894, de 55 pour 100 en 1895, qui ont obtenu de 25000kg à 35000kg et au delà, on calcule que ceux-ci ont réalisé des récoltes représentant en argent de 800fr à 1100fr l'hectare.

Si, après avoir comparé les années 1894 et 1895 au point de vue du rendement en poids, on les compare au point de vue de la richesse en fécule des tubercules, on reconnaît bientôt, ainsi que devait le faire prévoir l'été pluvieux de 1894, que la richesse a été généralement, pour cette récolte, inférieure à ce qu'elle est à la suite de l'été sec de 1895. Prise dans la moyenne, la différence n'est pas bien grande, il est vrai; elle n'est que de 0,66 pour 100, en effet, la teneur moyenne en fécule étant de 18,34 pour 1894 et de 19 pour 1895; mais lorsqu'on entre dans le détail et qu'on compare, chez un même cultivateur, les résultats des deux années, on reconnaît que, dans la plupart des cas, la teneur est, en 1895, de 1,5 à 2 pour 100 supérieure à ce qu'elle a été en 1894.

C'est chose particulièrement intéressante alors que de comparer entre eux les chiffres qui, d'une année à l'autre, et chez un même cultivateur, correspondent aux différences les plus grandes, et que de rechercher les causes de ces différences. Je me contenterai de signaler les plus remarquables, en m'attachant d'abord à celles qui se sont traduites par une diminution de poids considérable de 1894 à 1895.

D'une année à l'autre on a vu, chez les cultivateurs dont les noms suivent, le rendement tomber :

	1894.		1895.
	kg		kg
Chez M. Cavé (Indre), de	34500	à	13900
» M. Garenne (Saône-et-Loire), de	42000	à	24050
» M. Louis (Meurthe-et-Moselle), de	25000	à	15000
» M. Pluchet (Somme), de	34500	à	24500
» M. Saint-Martin (Eure), de	29000	à	12000
» M. Thiry (Meurthe-et-Moselle), de	32000	à	16100

C'est à la sécheresse excessive des mois d'août et de septembre 1895 que, sans hésitation, ces diminutions de rendement, si considérables en quelques cas, doivent être attribuées. En 1894, chez ces cultivateurs, les pluies de l'été n'ont eu ni la même fréquence, ni la même intensité que dans d'autres régions, et la pomme de terre, avançant régulièrement vers sa maturité, a, en fin de compte, donné de belles récoltes; en 1895, au contraire, la sécheresse et la chaleur ont, sur les mêmes exploitations, sévi d'une façon inaccoutumée et, dès le milieu d'août, la végétation pouvait être considérée comme suspendue.

Les différences de rendement qui, de sens contraire, se sont traduites par des augmentations de rendement en 1895 sont beaucoup moins nombreuses; j'en citerai six qui sont remarquables; elles se sont traduites chez les cultivateurs dont les noms figurent au Tableau ci-dessous par les chiffres suivants :

	1894.		1895.
	kg		kg
Chez M. Béguin (Allier)	15500	à	31000
» M. Blin (Orne)	15000	à	26000
» M. Chauvin (Corrèze)	9360	à	30000
» M. d'Havrincourt (Pas-de-Calais)	13000	à	21400
» M. Moutard (Eure)	17200	à	31000
» M. Touzard (Ille-et-Vilaine)	10000	à	30000

C'est à des causes diverses que doivent être attribuées, dans ce cas, les augmentations constatées en 1895, ou, pour parler plus justement, les infériorités constatées en 1894 par rapport aux rendements normaux.

Chez MM. Béguin et Chauvin, comme aussi chez M. Touzard, dans les grèves du Mont-Saint-Michel, la plantation en 1894 avait été, au début, fortement affectée par la sécheresse du printemps, la levée avait été mauvaise et des manques s'étaient produits.

Chez M. Blin, dans un terrain sablo-argileux reposant sur un sous-sol imperméable, les pluies de 1894 avaient exercé une influence désastreuse.

Chez M. d'Havrincourt, et par suite d'une erreur, la plantation faite en 1894, sur une prairie retournée, n'avait reçu aucun engrais.

Chez M. Moutard enfin, et malgré les ordres les plus précis, le chef de culture avait, en 1894, négligé de sulfater et, sous l'influence de la maladie, la récolte a baissé de moitié.

D'une matière générale, en un mot, c'est aux conditions météorologiques si fâcheuses de ces deux années, à la sécheresse qui, au printemps de 1894, a compromis la levée du plant, aux pluies qui, cette même année, ont terminé la campagne, c'est à la sécheresse et à la chaleur d'août et septembre 1895 qu'est due l'infériorité relative que je viens d'exposer.

On ne saurait l'attribuer à des fautes professionnelles, l'importance de celles-ci est presque nulle aujourd'hui; les procédés rationnels que j'ai fait connaître sont dès maintenant admis et pratiqués par la culture et lui assurent, lorsque les conditions météorologiques sont normales, de magnifiques récoltes.

C'est à peine si, en parcourant les comptes rendus que m'ont adressés mes collaborateurs, on y découvre quelques rares erreurs.

Chacun aujourd'hui laboure à $0^m,20$ ou $0^m,25$ au moins; beaucoup descendent à $0^m,30$ et $0^m,40$ et s'en trouvent bien.

Les engrais, en général, sont donnés avec l'abondance que la pomme de terre exige; fumier et engrais complémentaires sont, chez presque tous les bons cultivateurs, employés simultanément à la fertilisation du sol.

A de rares exceptions près, c'est par tubercules entiers qu'ont eu lieu, en 1894 et 1895, toutes les plantations faites par mes collaborateurs; l'expérience leur a, bien souvent déjà, démontré l'infériorité du système de plantation par fragments de tubercules.

L'espacement adopté est généralement celui que j'ai conseillé : $0^m,50$ et $0^m,60$; il permet de donner, à l'aide d'outils à traction de cheval, toutes les façons que la culture exige, en même temps qu'il laisse à la plante l'espace nécessaire à son développement aérien.

Tous les conseils, en un mot, que mes recherches m'ont conduit à donner aux cultivateurs qui ont bien voulu me prêter leur concours, sont aujourd'hui suivis par eux avec une méthode qui, dans des circonstances normales, leur assure le succès.

Parmi ces conseils, cependant, il en est un que trop de cultivateurs en France ont négligé en 1894 et dont l'oubli a été, pour beaucoup d'entre eux, la cause d'un véritable désastre; ce conseil, c'est celui que j'ai bien souvent répété, de combattre toujours, *préventivement*, la maladie de la pomme de terre au moyen des bouillies cuivriques.

Lorsque, le 9 mai 1894, je présentais à la Société nationale d'Agriculture les résultats de la campagne de 1893, je disais (1) :

« Nulle part la maladie n'a sévi en 1893; la température élevée, la sécheresse de l'atmosphère ont mis obstacle au développement du *phytophtora infestans*. Mais tous les cultivateurs doivent être persuadés que cette immunité est certainement passagère et que, pour l'année actuelle, ils devront prudemment recourir aux traitements préventifs qu'ils ont généralement négligés l'année dernière. »

Ce conseil n'a malheureusement été écouté que par un petit nombre de cultivateurs. En 1893, la maladie avait été entravé par la sécheresse et la chaleur, et ceux-là mêmes qui n'avaient pas sulfaté leurs champs n'ont de ce côté éprouvé aucun dommage. De là à conclure à l'inutilité du sulfatage il n'y avait qu'un pas; ce pas, beaucoup l'ont franchi en 1894.

Il en a été ainsi, même parmi mes collaborateurs directs, et la Société nationale d'Agriculture sera sans doute étonnée d'ap-

---

(1) *Voir* ci-dessus, page 251.

prendre qu'en 1894, parmi les quatre-vingt-huit cultivateurs qui ont bien voulu me fournir des renseignements à ce sujet, il en est soixante-six qui, pour la plupart, ayant sulfaté les années précédentes, mais convaincus que la maladie, parce qu'elle n'avait pas paru en 1893, ne reviendrait plus, ont renoncé, pour cette campagne, au sulfatage. Cette erreur a d'ailleurs coûté cher à beaucoup d'entre eux; trente-huit, en effet, ont vu, dans ces conditions, la maladie envahir leurs cultures, réduire leurs récoltes et quelquefois les détruire.

Cette leçon, il faut l'espérer, ne sera pas perdue et nos cultivateurs, dorénavant, se souvenant que tous les ans, et malgré tout, la maladie les guette, n'oublieront plus de la combattre *préventivement* en arrosant leurs champs, dès la fin du mois de juin, à l'aide des bouillies cuivriques.

Tels sont les résultats obtenus en 1894 et 1895 par ceux de mes collaborateurs dont j'ai continué à suivre les travaux. On ne saurait en concevoir de plus encourageants. Poursuivie pendant trois années consécutives dans des conditions météorologiques défavorables au premier chef, la culture améliorée de la pomme de terre, conduite d'après les procédés rationnels et intensifs dont j'ai, si souvent déjà, développé les avantages, n'en a pas moins, pendant ces trois années, obtenu des rendements rémunérateurs, alors qu'à côté d'elle, la culture routinière, cantonnée dans les procédés rudimentaires d'autrefois, aboutissait à des récoltes insignifiantes, quelquefois à peine supérieures au poids des tubercules plantés.

Les procédés à l'aide desquels les agriculteurs, grands ou petits, peuvent réaliser, et à coup sûr, l'amélioration de la culture de la pomme de terre, appartiennent aujourd'hui au domaine régulier de l'économie rurale, et leur place est désormais marquée parmi les procédés scientifiques qui doivent assurer l'avenir de l'Agriculture française.

FIN

TABLE DES MATIÈRES.

FIN DE LA TABLE DES MATIÈRES.

PARIS. — IMPRIMERIE GAUTHIER-VILLARS,
26984 Quai des Grands-Augustins, 55.

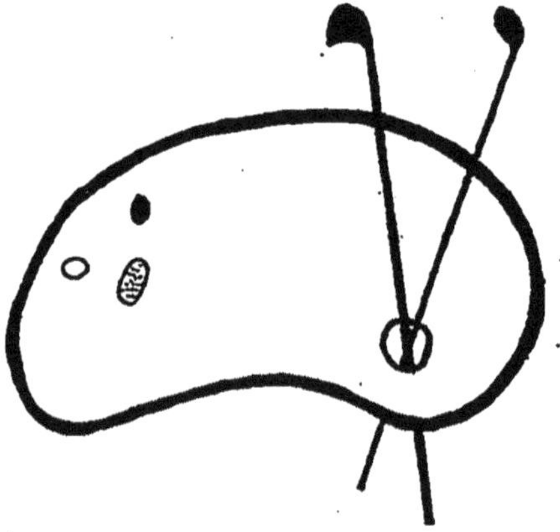

www.ingramcontent.com/pod-product-compliance
Ingram Content Group UK Ltd.
Pitfield, Milton Keynes, MK11 3LW, UK
UKHW020313230726
13925UKWH00002B/390